飞机气动弹性主动控制

赵永辉　刘豪杰　著

科 学 出 版 社

北 京

内 容 简 介

本书的研究对象是固定构型飞机和可变体飞机，包括气动弹性建模和气动弹性主动控制两部分内容。气动弹性建模部分包括常规时域建模方法、高精度时域建模方法、参变气动弹性系统的状态空间建模方法以及弹性飞机飞行动力学与气动弹性统一建模方法；气动弹性主动控制包括突风载荷减缓控制和颤振主动抑制。本书在理论上论述详细，并配有数值算例验证理论与方法的有效性。本书取材于作者团队近年来在该领域取得的若干最新研究成果。

本书可供力学、航空、航天等专业的研究人员、高年级大学生、研究生和相关领域的工程技术人员使用。

图书在版编目（CIP）数据

飞机气动弹性主动控制 / 赵永辉，刘豪杰著. -- 北京 : 科学出版社，2025. 6. -- ISBN 978-7-03-082224-6

Ⅰ. V211.47

中国国家版本馆 CIP 数据核字第 202538LD42 号

责任编辑：刘凤娟　郭学雯 / 责任校对：高辰雷
责任印制：张　伟 / 封面设计：楠竹文化

科学出版社 出版
北京东黄城根北街 16 号
邮政编码：100717
http://www.sciencep.com
中煤（北京）印务有限公司印刷
科学出版社发行　各地新华书店经销
*
2025 年 6 月第　一　版　开本：720×1000　1/16
2025 年 6 月第一次印刷　印张：11 1/4
字数：216 000

定价：99.00 元

（如有印装质量问题，我社负责调换）

前　言

气动弹性主动控制作为随控布局飞机采用的一类主动控制技术，是飞行器结构动力学、非定常空气动力学和控制理论这三门学科的综合交叉，其基本内涵是通过主动控制手段提高飞机的飞行性能并改善飞行品质。本书主要关注颤振主动抑制和突风载荷减缓这两类控制。前者属于气动弹性稳定性控制，后者属于气动弹性动态响应控制。颤振主动抑制可提高颤振速度，实现气动弹性稳定性边界的拓展；突风载荷减缓控制可有效减小突风干扰引起的附加过载，达到减小翼根弯矩、减缓结构疲劳破坏、提高乘坐品质的目的。这两种控制都是通过指令操纵面按一定规律偏转所产生的气动载荷的变化来实现的。

按照控制理论中的模型论思想，将控制对象或系统理想化，用某种数学模型加以描述，是进行主动控制律设计的基础和前提。因此，本书用较大的篇幅来阐述飞机气动伺服弹性数学模型的建立方法。

(1) 采用基于偶极子网格法的频域非定常气动力模型，计入控制面作动器动态特性，给出了操纵面偏转和突风扰动联合激励下气动伺服弹性状态方程的标准化建立方法，数值算例验证了状态空间模型的正确性。这部分内容是后续气动弹性主动控制律设计的基础。

(2) 通常，时域方法获得的突风分析结果不如频域方法准确。其根源在于：将频域气动力转换到时域后，会引入模型误差，突风气动力的模型误差尤为明显。针对此问题，作者提出了一种改进的气动伺服弹性状态空间建模方法。改进方法基于洛纳(Loewner)框架，由频域数据构造描述系统表示高精度空气动力子系统模型，避免了传统有理函数近似方法的人工干预和精度不足的问题。数值算例验证了改进方法的有效性，突风气动力模型和突风响应计算结果的精度得到了大幅提升。

(3) 大展弦比飞翼布局飞机的体自由度颤振以及跨声速区域的俯仰残余振荡等问题的研究，迫切需要建立一种飞行动力学与气动弹性的统一方程。不幸的是飞行动力学和气动弹性研究大都在各自的领域中单独进行，是割裂开来的：传统的飞行动力学不考虑飞机的弹性效应，传统的气动弹性研究又不考虑飞机的刚体运动。如何将飞行动力学和气动弹性统一在一个建模框架下，使得统一模型可同时处理飞行动力学问题和气动弹性问题，是一个十分重要的前沿课题。作者在小扰动框架下，基于偶极子网格非定常气动力模型，推导了飞行动力学与气动弹性的统一方程，使得在统一方程中，如果只保留刚体模态，则可完全复现飞行动力学方程(包括纵向小扰动方程和横向小扰动方程)；若同时计入刚体模态和弹性模态，则可进行飞行器刚柔耦合气动弹性分析以及飞机弹性对飞行动力学特性影响的分析。

(4) 与固定构型飞机相比，可变体飞机最主要的动力学特征就是具有“参变性”，即整个气动弹性系统随变体控制参数和气动参数的变化而变化。对已获得的参变空间内的若干当地气动弹性模型进行插值，是参变气动弹性系统的一种高效而实用的建模方法。然而，同一系统的状态空间实现不是唯一的，这导致各当地气动弹性模型可能存在不一致性问题，直接对这些不一致的当地气动弹性模型进行插值，将得到新参数点下错误的气动弹性模型。因此，可变体飞机参变气动伺服弹性建模需要解决的核心问题是模型的不一致性问题。针对这一问题，作者提出了一种实用、准确、高效的参变气动伺服弹性系统的建模方法，解决了结构动力学模型和非定常空气动力学模型的不一致性问题。在此基础上，建立了可变体飞机的参变气动伺服弹性模型。任意参数下的气动伺服弹性模型可通过当地模型的插值快速获得，大大提高了系统稳定性分析和慢时变响应计算的效率。

按照模型论思想，根据开环气动伺服弹性系统的数学模型，便可设计相应的气动弹性主动控制律，其中包括突风载荷减缓控制律和颤振主动抑制控制律。

(1) 飞机突风载荷减缓可使用经典的反馈控制，其优势在于闭环系统对被控对象的变化具有一定的鲁棒性。然而，由于在控制律设计中没有充分利用突风扰动这一重要信息，基于反馈控制的突风载荷减缓效果有时并不理想。相比而言，前馈控制对扰动的减缓更加迅速，但需要获得与突风扰动密切相关的参考信号作为控制器输入。如果能实时获得突风扰动信息，则利用前馈控制有望取得比反馈控制更好的突风载荷减缓效果。在突风信息可测量的前提下，作者提出了基于循环泄漏最小均方算法的自适应前馈控制方法，所设计的自适应控制器对离散和连续突风下的翼根弯矩响应均展现出了显著的减缓效果。

(2) 如果能在缺少突风测量设备的前提下又能获得突风扰动参考信息，将会获得减少突风载荷减缓控制对硬件条件的过多依赖，以及提高突风载荷减缓系统性能的双重收益。等效输入扰动方法给出了一种新的抗扰动控制框架。该方法从控制输入通道去估计虚拟的等效输入扰动而不是实际扰动，能够极大地降低扰动补偿的难度。无论实际扰动是否满足匹配条件，直接补偿等效输入扰动都可以提升控制系统的抗扰动性能。目前，等效输入扰动方法在振动主动控制领域已有少量应用，但尚未见到在飞机气动弹性主动控制中应用的报道。作者针对传统等效输入扰动方法的不足，提出了一种新的低通滤波器设计方法，并将改进的等效输入扰动方法成功应用到飞机突风载荷减缓控制中，对参数固定和参变气动弹性系统，均取得了很好的载荷减缓效果。

(3) 飞机颤振主动抑制研究大都限于固定构型飞机，对可变体飞机颤振主动抑制的研究很少。导纳方法最初作为一种为振动控制开发的极点配置方法，由于其优于基于矩阵的方法，在国际上引起了很大关注。该方法使用嵌入式传感器和作动器之间的传递函数，实现用于颤振边界扩展的极点分配。主动气动弹性控制技术通常需要模型降阶和状态观测器设计，而基于导纳的控制策略则不需要这些。作者将参数化气动伺服弹性建模方法与基于导纳的控制策略相结合，提出了一种参变气动弹性系统颤振主动抑制方法。该研究的创新之处在于设计并使用了参变的颤振主动控制律，可应用于诸如折叠翼等对折叠角和流速变化敏感的参变气动弹性系统，研究成果为可变体飞机的颤振主动控制律设计提供了一种新的思路和方法。

本书围绕上述科学问题展开论述，内容取材于作者近年来取得的最新科研成果。与作者 2015 年出版的《高等气动弹性力学与控制》(科学出版社)相比，本书更加关注气动弹性控制领域中的最新研究进展，适用于具有一定气动弹性力学基础的读者阅读。关于气动弹性力学与控制的更加基础性的内容，读者可参见作者 2007 年出版的《气动弹性力学与控制》(科学出版社)。气动弹性力学是具有很强工程应用背景的学科，在本书的写作过程中，作者始终坚持实用性、学术性和前沿性原则。限于作者的学术水平，书中难免有不当之处，恳请读者批评指正。

作者由衷感谢北京理工大学宇航学院胡海岩院士、南京航空航天大学航空学院黄锐教授，他们阅读了部分书稿，并提出了许多宝贵意见。

本书的出版得到了国家自然科学基金(No. 12472013)的资助，在此表示感谢。

作 者
于南京航空航天大学
航空航天结构力学及控制全国重点实验室
2025 年 3 月

目　　录

第 1 章　飞机气动伺服弹性系统的状态空间建模与分析

飞机轻量化设计通常面临两大挑战：一是机翼弯曲模态频率的进一步降低，使得刚体短周期模态与机翼一弯模态之间的耦合增强，导致体自由度颤振问题[1]；二是大展弦比布局使飞机对突风扰动的敏感度大大增加[2]，这涉及气动弹性振动引起的有害过载。在概念设计阶段，气动弹性问题需要通过主动或被动的方式来解决。被动增加结构刚度往往以增加机体重量为代价，主动控制方法可利用飞机现有的控制面，既可以避免结构增重，又能够达到气动弹性主动控制的目的，因而符合先进随控布局飞机的设计理念。

准确预测气动弹性行为和突风引起的结构载荷对于飞机结构和主动控制系统的设计具有重要意义。在兼顾模型精度和计算效率方面，基于空气动力影响系数(AIC)的频域气动力使用最多。颤振分析和突风响应计算均可围绕频域气动弹性方程来完成。现代控制理论延伸出的各种控制方法大都以时域状态空间方程为基础，因此时域分析方法更加方便和高效[3]。为了便于对控制系统进行分析、设计与仿真，气动弹性系统也应当结合伺服作动机构一并转换为状态空间形式，即建立时域气动伺服弹性(ASE)方程。

本章详细总结了飞机气动伺服弹性建模的标准方法。飞机结构动力学模型和非定常气动力模型分别采用有限元法(FEM)和偶极子网格法(DLM)建立。频域气动弹性方程建立在模态坐标下，并包含控制面偏转运动输入和突风扰动输入。状态空间方程的构造侧重于对突风载荷的处理，给出了带有突风气动力的有理函数拟合算法，以及输出结构内载荷的方法。具有飞行器气动弹性分析功能的商业软件大都不具备气动弹性控制功能，即使具备控制律输入接口，也避免不了功能单一和不灵活的缺点，更高级、更复杂的控制律很难实现与商业软件的无缝衔接。因此，在飞机气动弹性主动控制研究中，自行开发计算机程序显得十分必要。作者利用自编程序建立了一个弹性机翼的状态空间气动伺服弹性模型，完成了机翼颤振分析和突风响应计算。计算结果与 Nastran 的基于频域方法得到的结果进行了比较，验证了自编程序和状态空间模型的正确性，为后续气动弹性主动控制律设计奠定了重要基础。

1.1 频域气动弹性方程

1.1.1 结构有限元模型

飞机气动弹性响应涉及弹性结构与空气动力之间的相互作用，建立飞机的结构动力学模型是气动弹性分析的基础。与强度分析不同，气动弹性分析所涉及的结构动力学模型往往不需要构造大量的细节结构，但飞机的整体振动形态必须符合实际，能反映出飞机结构的主要动力学特性。

有限元方法提供了丰富的单元类型，足以满足飞机设计中不同阶段的建模需求。在飞机概念设计阶段，模型数据通常只有粗略的刚度和惯量分布。此时动力学建模宜采用梁式模型，即通过梁单元模拟飞机弹性轴上的刚度分布，并配合集中质量单元模拟惯性分布。而在设计后期，飞机结构的细节已经确定，盒式模型能够更准确地建立飞机局部构件的刚度特性。所涉及的单元以板壳单元为主，并结合梁杆单元以及多点约束建立子结构之间的连接。图 1.1.1 展示了这两种典型方法建立的结构有限元模型。

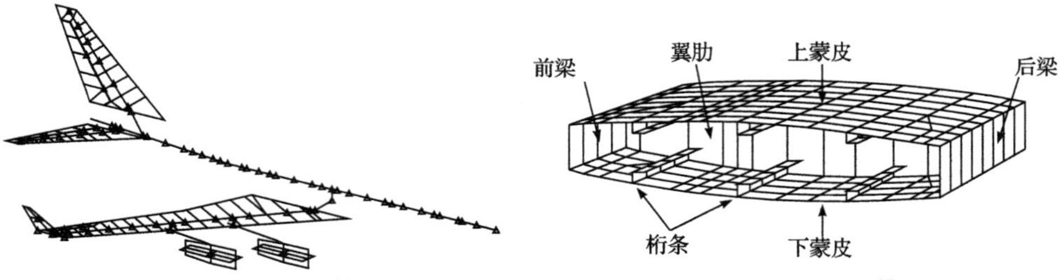

(a) 梁式有限元模型[4]　　(b) 盒式有限元模型[5]

图 1.1.1　典型的飞机结构有限元模型

沿用 Nastran 中关于自由度集的定义，引入 g 集自由度和 a 集自由度。g 集为全局自由度，其数量等于 6 倍的全部结点数；a 集为分析自由度，即 g 集去掉约束后的自由度。约束自由度可能来自于单点约束(SPC)，多点约束(MPC)，以及刚性单元(RBAR)中依赖于独立结点的自由度，它们均不会出现在 a 集中。结构动态响应计算和模态分析在 a 集中进行。

考察定常、水平直线飞行的配平状态，略去重力和发动机推力，在惯性参考系下，有限元方法获得的 a 集结构动力学方程可写为

$$\boldsymbol{M}_{\mathrm{s}}\ddot{\boldsymbol{u}}(t)+\boldsymbol{D}_{\mathrm{s}}\dot{\boldsymbol{u}}(t)+\boldsymbol{K}_{\mathrm{s}}\boldsymbol{u}(t)=\boldsymbol{F}=\boldsymbol{F}_{\mathrm{a}}+\boldsymbol{F}_{\mathrm{g}} \tag{1.1.1}$$

式中，$\boldsymbol{M}_{\mathrm{s}}$ 和 $\boldsymbol{K}_{\mathrm{s}}$ 分别是通过结构动力有限元分析得到的质量矩阵和刚度矩阵；$\boldsymbol{D}_{\mathrm{s}}$ 为阻尼矩阵；$\boldsymbol{u}(t)$ 为结构结点位移向量；$\boldsymbol{F}$ 为作用在有限元结点上的空气动力列向量，包括结构运动引起的气动力 $\boldsymbol{F}_{\mathrm{a}}$ 和突风引起的气动力 $\boldsymbol{F}_{\mathrm{g}}$。

1.1.2　非定常气动力模型

AIC 矩阵描述的频域非定常气动力是常规气动弹性分析的首选气动力模型。目前存在多种求解方法可供选择，比如 Nastran 中集成的 DLM 和 ZONA51 方法[6]，ZAERO 中集成的 ZONA6 和 ZONA7 方法[7]，以及其他面元法[8]等。这些方法所得到的非定常气动力可认为具有中等精度(相比于计算流体力学模拟)，适用于流线型的飞行器在小迎角下的气动力计算。本章的非定常气动力模型基于亚声速 DLM 方法建立。

DLM 方法中，机翼状物体被处理为与来流方向平行的无厚度升力面，并离散为一系列的空气动力网格，如图 1.1.2 所示。图中，U_∞ 为来流速度。

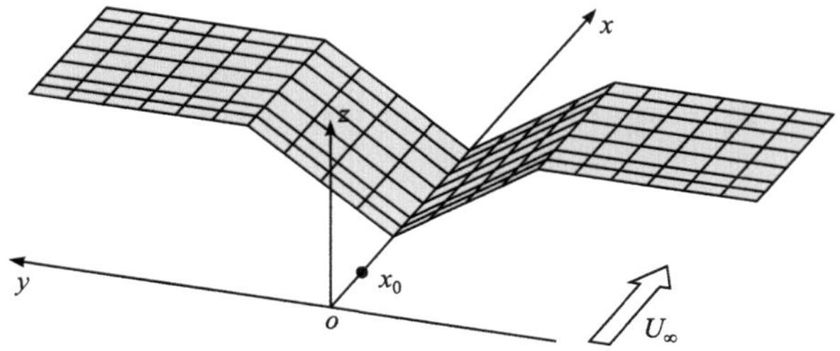

图 1.1.2　空气动力坐标系和 DLM 气动网格

由 DLM 气动力模型可得到如下关系式

$$\boldsymbol{D}_{\mathrm{aic}}(k, M_\infty)\bar{\boldsymbol{C}}_{\mathrm{p}} = \frac{\bar{\boldsymbol{w}}}{U_\infty} = \bar{\boldsymbol{W}}_{3/4} \tag{1.1.2}$$

式中，$\bar{\boldsymbol{w}}$ 为各空气动力单元控制点处法向诱导速度幅值组成的列向量。$\bar{\boldsymbol{W}}_{3/4}$ 为无量纲法洗速度列向量。

飞机的飞行速度通常远大于突风扰动速度。因此，大部分情况下突风场产生明显变化所经历的时间远大于飞机穿越此段突风的时间。Taylor 冻结场假设认为在计算突风响应的时间范围内，空间分布的突风速度是不变的[9]。一般来说，突风并非简谐，但本节侧重频域法，故先研究单谐波情况。对于一维简谐突风，即突风速度沿展向是均匀的，作用于气动网格上的突风速度可由单一突风参考点处感受的突风速度经时间延迟得到。

基于此，引入突风模态(模式)列向量 $\boldsymbol{\Phi}_{\mathrm{g}}$ 如下[10]

$$\boldsymbol{\Phi}_{\mathrm{g}}=\begin{bmatrix}\mathrm{e}^{-\mathrm{i}\omega\left(\frac{x_1-x_0}{U_\infty}\right)}\\ \mathrm{e}^{-\mathrm{i}\omega\left(\frac{x_2-x_0}{U_\infty}\right)}\\ \vdots\\ \mathrm{e}^{-\mathrm{i}\omega\left(\frac{x_m-x_0}{U_\infty}\right)}\end{bmatrix}=\begin{bmatrix}\mathrm{e}^{-\mathrm{i}k\left(\frac{x_1-x_0}{b_{\mathrm{R}}}\right)}\\ \mathrm{e}^{-\mathrm{i}k\left(\frac{x_2-x_0}{b_{\mathrm{R}}}\right)}\\ \vdots\\ \mathrm{e}^{-\mathrm{i}k\left(\frac{x_m-x_0}{b_{\mathrm{R}}}\right)}\end{bmatrix} \tag{1.1.3}$$

式中，$x_j(j=1,2,\cdots,m)$ 表示各空气动力单元控制点处的顺气流方向的 x 坐标。x_0 是突风参考点在飞机空气动力坐标系中的 x 坐标。k 是无量纲减缩频率，定义为 $k=\omega b_{\mathrm{R}}/U_\infty$，$b_{\mathrm{R}}$ 是参考半弦长。注意，当升力面有上反角时，式(1.1.3)各元素需要根据上反角进行修正。

当机翼有上反角时，突风模态列向量 $\boldsymbol{\Phi}_{\mathrm{g}}$ 应改为如下形式

$$\boldsymbol{\Phi}_{\mathrm{g}}=\begin{bmatrix}n_{z1}\cdot\mathrm{e}^{-\mathrm{i}\omega\left(\frac{x_1-x_0}{U_\infty}\right)}\\ n_{z2}\cdot\mathrm{e}^{-\mathrm{i}\omega\left(\frac{x_2-x_0}{U_\infty}\right)}\\ \vdots\\ n_{zm}\cdot\mathrm{e}^{-\mathrm{i}\omega\left(\frac{x_m-x_0}{U_\infty}\right)}\end{bmatrix}=\begin{bmatrix}n_{z1}\cdot\mathrm{e}^{-\mathrm{i}k\left(\frac{x_1-x_0}{b_{\mathrm{R}}}\right)}\\ n_{z2}\cdot\mathrm{e}^{-\mathrm{i}k\left(\frac{x_2-x_0}{b_{\mathrm{R}}}\right)}\\ \vdots\\ n_{zm}\cdot\mathrm{e}^{-\mathrm{i}k\left(\frac{x_m-x_0}{b_{\mathrm{R}}}\right)}\end{bmatrix} \tag{1.1.4}$$

式中，$n_{zj}(j=1,2,\cdots,m)$ 为升力面内各空气动力单元单位外法线向量在垂直突风速度方向上的分量，即升力面当地上反角的余弦值。

引入突风模态列向量 $\boldsymbol{\Phi}_{\mathrm{g}}$ 后，各空气动力单元控制点处的突风速度列向量 $\boldsymbol{w}_{\mathrm{g}}$ 可写为

$$\boldsymbol{w}_{\mathrm{g}}=\boldsymbol{\Phi}_{\mathrm{g}}\overline{w}_{\mathrm{g}}\mathrm{e}^{\mathrm{i}\omega t} \tag{1.1.5}$$

式中，$\overline{w}_{\mathrm{g}}$ 是突风参考点处感受到的突风速度幅值。于是，与突风有关的各空气动力单元控制点处的无量纲诱导速度幅值列向量 $\overline{\boldsymbol{W}}_{\mathrm{g}}$ 可表示为

$$\overline{\boldsymbol{W}}_{\mathrm{g}}=\frac{1}{U_\infty}\boldsymbol{\Phi}_{\mathrm{g}}\overline{w}_{\mathrm{g}} \tag{1.1.6}$$

在谐振荡条件下，空气动力单元控制点处的结构位移列向量 $\boldsymbol{h}_{\mathrm{a}(3/4)}$ 和顺气流斜率 $\boldsymbol{h}_{\alpha(3/4)}$ 列向量可表示为

$$\begin{cases}\boldsymbol{h}_{\mathrm{a}(3/4)}=\overline{\boldsymbol{h}}_{\mathrm{a}(3/4)}\mathrm{e}^{\mathrm{i}\omega t}\\ \boldsymbol{h}_{\alpha(3/4)}=\overline{\boldsymbol{h}}_{\alpha(3/4)}\mathrm{e}^{\mathrm{i}\omega t}\end{cases} \tag{1.1.7}$$

式中，$\bar{\boldsymbol{h}}_{\mathrm{a}(3/4)}$ 和 $\bar{\boldsymbol{h}}_{\alpha(3/4)}$ 分别表示气动单元控制点处的结构位移幅值列向量和顺气流斜率幅值列向量。

垂直突风的作用相当于升力面产生了一个迎角增量，可将这一迎角增量计入边界条件中。于是，总的无量纲法洗速度幅值 $\bar{\boldsymbol{W}}_{3/4}$ 可写为

$$\bar{\boldsymbol{W}}_{3/4}=\frac{\partial\bar{\boldsymbol{h}}_{\mathrm{a}(3/4)}}{\partial x}+\frac{\mathrm{i}k}{b_{\mathrm{R}}}\bar{\boldsymbol{h}}_{\mathrm{a}(3/4)}-\frac{1}{U_{\infty}}\boldsymbol{\Phi}_{\mathrm{g}}\bar{w}_{\mathrm{g}} \tag{1.1.8}$$

根据式(1.1.2)和式(1.1.8)，得到压差系数幅值列向量 $\bar{\boldsymbol{C}}_{\mathrm{p}}$ 为

$$\bar{\boldsymbol{C}}_{\mathrm{p}}=\boldsymbol{D}_{\mathrm{aic}}^{-1}(k,M_{\infty})\left[\frac{\partial\bar{\boldsymbol{h}}_{\mathrm{a}(3/4)}}{\partial x}+\frac{\mathrm{i}k}{b_{R}}\bar{\boldsymbol{h}}_{\mathrm{a}(3/4)}\right]-\boldsymbol{D}_{\mathrm{aic}}^{-1}(k,M_{\infty})\frac{1}{U_{\infty}}\boldsymbol{\Phi}_{\mathrm{g}}\bar{w}_{\mathrm{g}} \tag{1.1.9}$$

空气动力网格点处的位移 $\boldsymbol{h}_{\mathrm{a}(1/2)}$ 及顺气流斜率 $\boldsymbol{h}_{\alpha(1/2)}$ 与总体有限元结点位移 $\boldsymbol{u}$ 之间的关系可写为

$$\begin{cases}\boldsymbol{h}_{\mathrm{a}(1/2)}=\boldsymbol{G}_{\mathrm{as}(1/2)}\boldsymbol{u}\\ \boldsymbol{h}_{\alpha(1/2)}=\boldsymbol{G}_{\alpha\mathrm{s}(1/2)}\boldsymbol{u}\end{cases} \tag{1.1.10}$$

式中，$\boldsymbol{G}_{\mathrm{as}(1/2)}$ 和 $\boldsymbol{G}_{\alpha\mathrm{s}(1/2)}$ 是样条矩阵。

空气动力单元控制点处的位移 $\boldsymbol{h}_{\mathrm{a}(3/4)}$ 和顺气流斜率 $\boldsymbol{h}_{\alpha(3/4)}$ 可近似为

$$\begin{cases}\boldsymbol{h}_{\mathrm{a}(3/4)}\approx\boldsymbol{h}_{\mathrm{a}(1/2)}+\boldsymbol{C}_{\Delta}\boldsymbol{h}_{\alpha(1/2)}\\ \boldsymbol{h}_{\alpha(3/4)}\approx\boldsymbol{h}_{\alpha(1/2)}\end{cases} \tag{1.1.11}$$

式中

$$\boldsymbol{C}_{\Delta}=\frac{1}{4}\begin{bmatrix}\Delta x_1 & & & \\ & \Delta x_2 & & \\ & & \ddots & \\ & & & \Delta x_m\end{bmatrix} \tag{1.1.12}$$

Δx_i 为各空气动力单元顺气流局部平均弦长，m 为空气动力单元的数目。

将式(1.1.10)代入式(1.1.11)中，得到

$$\bar{\boldsymbol{h}}_{\mathrm{a}(3/4)}=(\boldsymbol{G}_{\mathrm{as}(1/2)}+\boldsymbol{C}_{\Delta}\boldsymbol{G}_{\alpha\mathrm{s}(1/2)})\bar{\boldsymbol{u}} \tag{1.1.13}$$

$$\bar{\boldsymbol{h}}_{\alpha(3/4)}=\boldsymbol{G}_{\alpha\mathrm{s}(1/2)}\bar{\boldsymbol{u}} \tag{1.1.14}$$

式中，$\bar{\boldsymbol{u}}$ 为简谐运动 $\boldsymbol{u}$ 的幅值。

将式(1.1.13)和式(1.1.14)代入式(1.1.9)中，得到压差系数幅值列向量 $\bar{\boldsymbol{C}}_{\mathrm{p}}$ 为

$$
\begin{aligned}
\bar{\boldsymbol{C}}_{\mathrm{p}} &= \boldsymbol{D}_{\mathrm{aic}}^{-1}(k,M_{\infty})\left[\boldsymbol{G}_{\alpha\mathrm{s}(1/2)} + \frac{\mathrm{i}k}{b_{\mathrm{R}}}(\boldsymbol{G}_{\mathrm{as}(1/2)} + \boldsymbol{C}_{\Delta}\boldsymbol{G}_{\alpha\mathrm{s}(1/2)})\right]\bar{\boldsymbol{u}} \\
&\quad - \boldsymbol{D}_{\mathrm{aic}}^{-1}(k,M_{\infty})\frac{1}{U_{\infty}}\boldsymbol{\Phi}_{\mathrm{g}}\bar{w}_{\mathrm{g}}
\end{aligned}
\tag{1.1.15}
$$

将上式两端同乘 $\mathrm{e}^{\mathrm{i}\omega t}$，得

$$
\begin{aligned}
\boldsymbol{C}_{\mathrm{p}} &= \boldsymbol{D}_{\mathrm{aic}}^{-1}(k,M_{\infty})\left[\boldsymbol{G}_{\alpha\mathrm{s}(1/2)} + \frac{\mathrm{i}k}{b_{\mathrm{R}}}(\boldsymbol{G}_{\mathrm{as}(1/2)} + \boldsymbol{C}_{\Delta}\boldsymbol{G}_{\alpha\mathrm{s}(1/2)})\right]\boldsymbol{u}(t) \\
&\quad - \boldsymbol{D}_{\mathrm{aic}}^{-1}(k,M_{\infty})\frac{1}{U_{\infty}}\boldsymbol{\Phi}_{\mathrm{g}}w_{\mathrm{g}}(t)
\end{aligned}
\tag{1.1.16}
$$

上式中，$w_{\mathrm{g}}(t) = \bar{w}_{\mathrm{g}}\mathrm{e}^{\mathrm{i}\omega t}$。此时 $w_{\mathrm{g}}(t)$ 的表达式已不再含有飞机空气动力坐标系任意一控制点的位置坐标 x，也不再含有突风参考点在空气动力坐标系中的位置坐标 x_0，因为这些位置坐标在突风模态矩阵 $\boldsymbol{\Phi}_{\mathrm{g}}$ 的表达式中已经考虑了。$w_{\mathrm{g}}(t)$ 的物理意义是：当飞机以速度 U_{∞} 在垂直突风场中运动时，突风参考点感受到的简谐突风速度的时间历程。

设单元空气动力作用在压力点上，则当压力点上的空气动力简化至空气动力网格点处后，将得到作用在空气动力网格点处的力和力矩，写为

$$
\begin{cases}
\boldsymbol{F}_{\mathrm{aero}} = q_{\infty}\boldsymbol{S}_{\Delta}\boldsymbol{C}_{\mathrm{p}} \\
\boldsymbol{M}_{\mathrm{aero}} = q_{\infty}\boldsymbol{C}_{\Delta}\boldsymbol{S}_{\Delta}\boldsymbol{C}_{\mathrm{p}}
\end{cases}
\tag{1.1.17}
$$

式中

$$
\boldsymbol{S}_{\Delta} = \begin{bmatrix} \Delta S_1 & & & \\ & \Delta S_2 & & \\ & & \ddots & \\ & & & \Delta S_m \end{bmatrix}
\tag{1.1.18}
$$

$\boldsymbol{S}_{\Delta}$ 是由各空气动力单元面积组成的对角矩阵，$q_{\infty} = 0.5\rho_{\infty}U_{\infty}^2$ 为动压。

气动力和气动力矩在空气动力网格点处所做的总虚功可表示为

$$
\begin{aligned}
\delta W_{\mathrm{a}} &= \delta\boldsymbol{h}_{\mathrm{a}(1/2)}^{\mathrm{T}}\boldsymbol{F}_{\mathrm{aero}} + \delta\boldsymbol{\theta}_{y\mathrm{a}(1/2)}^{\mathrm{T}}\boldsymbol{M}_{\mathrm{aero}} \\
&= \delta\boldsymbol{h}_{\mathrm{a}(1/2)}^{\mathrm{T}}\boldsymbol{F}_{\mathrm{aero}} - \delta\boldsymbol{h}_{\alpha(1/2)}^{\mathrm{T}}\boldsymbol{M}_{\mathrm{aero}} \\
&= \delta\boldsymbol{u}^{\mathrm{T}}(\boldsymbol{G}_{\mathrm{as}(1/2)}^{\mathrm{T}}\boldsymbol{F}_{\mathrm{aero}} - \boldsymbol{G}_{\alpha\mathrm{s}(1/2)}^{\mathrm{T}}\boldsymbol{M}_{\mathrm{aero}})
\end{aligned}
\tag{1.1.19}
$$

将式(1.1.17)代入式(1.1.19)中，得到总虚功 δW_{a} 的表达式为

$$
\delta W_{\mathrm{a}} = \delta\boldsymbol{u}^{\mathrm{T}}\boldsymbol{F}
\tag{1.1.20}
$$

式中，有限元结点力列向量 $\boldsymbol{F}$ 为

$$\boldsymbol{F} = q_\infty(\boldsymbol{G}_{\mathrm{as}(1/2)}^{\mathrm{T}} - \boldsymbol{G}_{\alpha\mathrm{s}(1/2)}^{\mathrm{T}}\boldsymbol{C}_\Delta)\boldsymbol{S}_\Delta\boldsymbol{C}_{\mathrm{p}} \tag{1.1.21}$$

将式(1.1.16)代入式(1.1.21)中，有限元结点力列向量 $\boldsymbol{F}$ 进一步表示为

$$\boldsymbol{F} = \boldsymbol{F}_{\mathrm{a}}(k, M_\infty, \boldsymbol{u}) + \boldsymbol{F}_{\mathrm{g}}(k, M_\infty) \tag{1.1.22}$$

式中

$$\begin{aligned}\boldsymbol{F}_{\mathrm{a}}(k, M_\infty, \boldsymbol{u}) = & q_\infty(\boldsymbol{G}_{\mathrm{as}(1/2)}^{\mathrm{T}} - \boldsymbol{G}_{\alpha\mathrm{s}(1/2)}^{\mathrm{T}}\boldsymbol{C}_\Delta)\boldsymbol{S}_\Delta\boldsymbol{D}_{\mathrm{aic}}^{-1} \\ & \cdot\left[\boldsymbol{G}_{\alpha\mathrm{s}(1/2)} + \frac{\mathrm{i}k}{b_{\mathrm{R}}}(\boldsymbol{G}_{\mathrm{as}(1/2)} + \boldsymbol{C}_\Delta\boldsymbol{G}_{\alpha\mathrm{s}(1/2)})\right]\boldsymbol{u}(t)\end{aligned} \tag{1.1.23}$$

$$\boldsymbol{F}_{\mathrm{g}}(k, M_\infty) = -q_\infty(\boldsymbol{G}_{\mathrm{as}(1/2)}^{\mathrm{T}} - \boldsymbol{G}_{\alpha\mathrm{s}(1/2)}^{\mathrm{T}}\boldsymbol{C}_\Delta)\boldsymbol{S}_\Delta\boldsymbol{D}_{\mathrm{aic}}^{-1}\frac{1}{U_\infty}\boldsymbol{\varPhi}_{\mathrm{g}}w_{\mathrm{g}}(t) \tag{1.1.24}$$

$\boldsymbol{F}_{\mathrm{a}}$ 是由结构振动引起的有限单元等效结点气动载荷，$\boldsymbol{F}_{\mathrm{g}}$ 是由突风引起的有限单元等效结点气动载荷。

1.1.3　模态坐标系下的气动弹性方程

根据式(1.1.1)和式(1.1.22)，物理空间内气动弹性系统的混合时频域运动方程可写为

$$\boldsymbol{M}_{\mathrm{s}}\ddot{\boldsymbol{u}}(t) + \boldsymbol{D}_{\mathrm{s}}\dot{\boldsymbol{u}}(t) + \boldsymbol{K}_{\mathrm{s}}\boldsymbol{u}(t) = \boldsymbol{F}_{\mathrm{a}}(k, M_\infty, \boldsymbol{u}) + \boldsymbol{F}_{\mathrm{g}}(k, M_\infty) \tag{1.1.25}$$

式中

$$\boldsymbol{F}_{\mathrm{a}}(k, M_\infty, \boldsymbol{u}) = q_\infty\hat{\boldsymbol{Q}}_{\mathrm{h}}\boldsymbol{u}(t) \tag{1.1.26}$$

$$\boldsymbol{F}_{\mathrm{g}}(k, M_\infty) = q_\infty\hat{\boldsymbol{Q}}_{\mathrm{g}}\boldsymbol{\varPhi}_{\mathrm{g}}\frac{w_{\mathrm{g}}(t)}{U_\infty} \tag{1.1.27}$$

$$\begin{aligned}\hat{\boldsymbol{Q}}_{\mathrm{h}} = & (\boldsymbol{G}_{\mathrm{as}(1/2)}^{\mathrm{T}} - \boldsymbol{G}_{\alpha\mathrm{s}(1/2)}^{\mathrm{T}}\boldsymbol{C}_\Delta)\boldsymbol{S}_\Delta\boldsymbol{D}_{\mathrm{aic}}^{-1} \\ & \cdot\left[\boldsymbol{G}_{\alpha\mathrm{s}(1/2)} + \frac{\mathrm{i}k}{b_R}(\boldsymbol{G}_{\mathrm{as}(1/2)} + \boldsymbol{C}_\Delta\boldsymbol{G}_{\alpha\mathrm{s}(1/2)})\right]\end{aligned} \tag{1.1.28}$$

$$\hat{\boldsymbol{Q}}_{\mathrm{g}} = -(\boldsymbol{G}_{\mathrm{as}(1/2)}^{\mathrm{T}} - \boldsymbol{G}_{\alpha\mathrm{s}(1/2)}^{\mathrm{T}}\boldsymbol{C}_\Delta)\boldsymbol{S}_\Delta\boldsymbol{D}_{\mathrm{aic}}^{-1} \tag{1.1.29}$$

飞机有限元模型通常包含大量自由度，直接使用式(1.1.25)进行气动弹性分析会导致过高的计算成本。为了降低模型阶次，气动弹性方程一般表达在模态坐标下。大量的数值经验表明，对于完整飞机结构，使用前五十阶模态足以获得收敛的计算结果；对于单个机翼结构，使用不超过十阶模态就足够了。因此，模态方法比直接方法更高效。

首先对结构进行模态分析，得到结构模态矩阵 $\boldsymbol{\varPhi}_{\mathrm{s}}$。随后引入控制面模态矩阵 $\boldsymbol{\varPhi}_{\mathrm{c}}$，则飞机结构上任意一点的位移可表示为

$$\boldsymbol{u}(t)=\boldsymbol{\Phi}\boldsymbol{q}(t)=[\boldsymbol{\Phi}_{\mathrm{s}} \quad \boldsymbol{\Phi}_{\mathrm{c}}]\begin{Bmatrix}\boldsymbol{q}_{\mathrm{s}}(t)\\ \boldsymbol{\delta}_{\mathrm{c}}(t)\end{Bmatrix} \tag{1.1.30}$$

式中，$\boldsymbol{\Phi}_{\mathrm{s}}$ 的列向量包含飞机的刚体模态和低阶弹性模态，$\boldsymbol{\Phi}_{\mathrm{c}}$ 的列向量为控制面单位偏转对应的结构位移。$\boldsymbol{q}_{\mathrm{s}}$ 和 $\boldsymbol{\delta}_{\mathrm{c}}$ 分别表示结构模态位移和控制面偏转角。

将式(1.1.30)代入式(1.1.25)中，并在方程两端同时左乘 $\boldsymbol{\Phi}^{\mathrm{T}}$，保留第一组方程，得到控制面偏转和突风联合激励下的气动弹性方程如下[11]

$$\begin{aligned}&\boldsymbol{M}_{\mathrm{ss}}\ddot{\boldsymbol{q}}_{\mathrm{s}}(t)+\boldsymbol{D}_{\mathrm{ss}}\dot{\boldsymbol{q}}_{\mathrm{s}}(t)+\boldsymbol{K}_{\mathrm{ss}}\boldsymbol{q}_{\mathrm{s}}(t)\\&=-\boldsymbol{M}_{\mathrm{sc}}\ddot{\boldsymbol{\delta}}_{\mathrm{c}}(t)+q_{\infty}\boldsymbol{Q}_{\mathrm{ss}}(k)\boldsymbol{q}_{\mathrm{s}}(t)+q_{\infty}\boldsymbol{Q}_{\mathrm{sc}}(k)\boldsymbol{\delta}_{\mathrm{c}}(t)+q_{\infty}\boldsymbol{Q}_{\mathrm{sg}}(k)\frac{w_{\mathrm{g}}(t)}{U_{\infty}}\end{aligned} \tag{1.1.31}$$

式中

$$\boldsymbol{M}_{\mathrm{ss}}=\boldsymbol{\Phi}_{\mathrm{s}}^{\mathrm{T}}\boldsymbol{M}_{\mathrm{s}}\boldsymbol{\Phi}_{\mathrm{s}}, \quad \boldsymbol{M}_{\mathrm{sc}}=\boldsymbol{\Phi}_{\mathrm{s}}^{\mathrm{T}}\boldsymbol{M}_{\mathrm{s}}\boldsymbol{\Phi}_{\mathrm{c}}, \quad \boldsymbol{K}_{\mathrm{ss}}=\boldsymbol{\Phi}_{\mathrm{s}}^{\mathrm{T}}\boldsymbol{K}_{\mathrm{s}}\boldsymbol{\Phi}_{\mathrm{s}} \tag{1.1.32}$$

$$\boldsymbol{Q}_{\mathrm{ss}}=\boldsymbol{\Phi}_{\mathrm{s}}^{\mathrm{T}}\hat{\boldsymbol{Q}}_{\mathrm{h}}\boldsymbol{\Phi}_{\mathrm{s}}, \quad \boldsymbol{Q}_{\mathrm{sc}}=\boldsymbol{\Phi}_{\mathrm{s}}^{\mathrm{T}}\hat{\boldsymbol{Q}}_{\mathrm{h}}\boldsymbol{\Phi}_{\mathrm{c}}, \quad \boldsymbol{Q}_{\mathrm{sg}}=\boldsymbol{\Phi}_{\mathrm{s}}^{\mathrm{T}}\hat{\boldsymbol{Q}}_{\mathrm{g}}\boldsymbol{\Phi}_{\mathrm{g}} \tag{1.1.33}$$

$\boldsymbol{M}_{\mathrm{ss}}$、$\boldsymbol{D}_{\mathrm{ss}}$ 和 $\boldsymbol{K}_{\mathrm{ss}}$ 分别为模态质量矩阵、模态阻尼矩阵和模态刚度矩阵。$\boldsymbol{M}_{\mathrm{sc}}$ 为控制面和主结构之间的耦合质量矩阵。$\boldsymbol{Q}_{\mathrm{ss}}$、$\boldsymbol{Q}_{\mathrm{sc}}$ 和 $\boldsymbol{Q}_{\mathrm{sg}}$ 分别为与结构模态运动、控制面偏转和突风扰动相关的频域广义空气动力(GAF)矩阵。

式(1.1.31)就是计入突风影响和控制面偏转激励下的飞行器气动弹性方程的一般形式，该方程是一种混合时频域表达形式。

1.2 时域状态方程

1.2.1 GAF 矩阵的有理函数拟合

注意到式(1.1.31)中的各 GAF 矩阵均为减缩频率 k 的函数，这意味着气动力项仅在简谐运动下成立。

基于 GAF 矩阵的频域气动弹性方程可用来进行稳定性分析，常用的方法有 *p-k* 法和 *g* 方法等[12,13]，也可以利用傅里叶(Fourier)变换进行气动弹性响应计算[10]。大量的控制律设计方法需要时域状态空间形式的系统方程，因此需要将频域气动弹性方程转换为时域状态空间形式。为此，GAF 矩阵需要做进一步的处理。

一般意义上的 GAF 矩阵可看作空气动力系统的频响函数。根据频域气动力计算方法，GAF 矩阵只能在给定的减缩频率和马赫数下计算，没有显式表达式。有理函数近似(RFA)技术[14,15]是建立气动弹性时域模型的有效手段，RFA 表达式根据一系列减缩频率下的列表 GAF 数据，通过拟合算法得到。基于解析延拓理论，表达式的有效性从折合频域扩展至整个拉普拉斯(Laplace)域，进而利用

Laplace 逆变换可导出气动弹性系统的时域方程。

传统 RFA 技术有 Roger 近似法和最小状态 (MS) 方法。MS 方法给出了 GAF 矩阵由折合频域扩展至 Laplace 域后的通用拟合式，表示为

$$\boldsymbol{Q}(p)=\boldsymbol{A}_0+\boldsymbol{A}_1 p+\boldsymbol{A}_2 p^2+\boldsymbol{D}_{\mathrm{a}}(p\boldsymbol{I}-\boldsymbol{R}_{\mathrm{a}})^{-1}\boldsymbol{E}_{\mathrm{a}} p \tag{1.2.1}$$

式中，$p=sb_R/U_\infty$ 为无量纲 Laplace 变量，s 为 Laplace 变量，$\boldsymbol{Q}$ 为以下三个 GAF 矩阵的组合

$$\boldsymbol{Q}(p)=[\boldsymbol{Q}_{\mathrm{ss}}(p)\quad \boldsymbol{Q}_{\mathrm{sc}}(p)\quad \boldsymbol{Q}_{\mathrm{sg}}(p)]\in\mathbb{C}^{n_{\mathrm{s}}\times n_{\mathrm{q}}} \tag{1.2.2}$$

式中，n_{s} 为结构模态数量，$n_{\mathrm{q}}=n_{\mathrm{h}}+n_{\mathrm{c}}+n_{\mathrm{g}}$，$n_{\mathrm{c}}$ 为控制面数量，n_{g} 为突风区域或突风参考点数量。由于本书不涉及多突风区域计算，因此取 $n_{\mathrm{g}}=1$。

在 RFA 表达式(1.2.1)中，包含系数矩阵 $\boldsymbol{A}_0$，$\boldsymbol{A}_1$ 和 $\boldsymbol{A}_2$ 的各项分别代表了气动刚度、气动阻尼和气动惯性效应。矩阵 $\boldsymbol{D}_{\mathrm{a}}$、$\boldsymbol{R}_{\mathrm{a}}$ 和 $\boldsymbol{E}_{\mathrm{a}}$ 构成的真有理函数表达式描述了非定常气动力的滞后效应。上述矩阵中 $\boldsymbol{R}_{\mathrm{a}}$ 必须事先给定，其余均由拟合算法给出。设 $\boldsymbol{R}_{\mathrm{a}}$ 的阶数为 n_{a}，同时 n_{a} 也是时域空气动力状态变量的数量。在数据准备阶段，令 $p=\mathrm{i}k$，计算减缩频率 $k=0$ 时的气动力矩阵 $\boldsymbol{Q}_0=\boldsymbol{Q}(0)$，以及 n_k 个非零减缩频率 k_l 下的气动力矩阵 $\boldsymbol{Q}_l=\boldsymbol{Q}(\mathrm{i}k_l)$，$l=1,\cdots,n_k$。拟合目标是根据这些 GAF 矩阵的采样数据来确定各未知系数矩阵的值。

参照式(1.2.2)中 GAF 矩阵的分块形式，对各系数矩阵也进行如下分块

$$\boldsymbol{A}_0=[\boldsymbol{A}_{\mathrm{ss0}}\quad \boldsymbol{A}_{\mathrm{sc0}}\quad \boldsymbol{A}_{\mathrm{sg0}}]\in\mathbb{R}^{n_{\mathrm{s}}\times n_{\mathrm{q}}},\quad \boldsymbol{A}_1=[\boldsymbol{A}_{\mathrm{ss1}}\quad \boldsymbol{A}_{\mathrm{sc1}}\quad \boldsymbol{A}_{\mathrm{sg1}}]\in\mathbb{R}^{n_{\mathrm{s}}\times n_{\mathrm{q}}} \tag{1.2.3}$$

$$\boldsymbol{A}_2=[\boldsymbol{A}_{\mathrm{ss2}}\quad \boldsymbol{A}_{\mathrm{sc2}}\quad \boldsymbol{A}_{\mathrm{sg2}}]\in\mathbb{R}^{n_{\mathrm{s}}\times n_{\mathrm{q}}},\quad \boldsymbol{E}_{\mathrm{a}}=[\boldsymbol{E}_{\mathrm{s}}\quad \boldsymbol{E}_{\mathrm{c}}\quad \boldsymbol{E}_{\mathrm{g}}]\in\mathbb{R}^{n_{\mathrm{a}}\times n_{\mathrm{q}}} \tag{1.2.4}$$

部分待定系数矩阵的值可通过拟合约束事先规定，以达到特定的拟合效果。本书使用如下约束形式

$$\boldsymbol{A}_0=\boldsymbol{Q}_0,\quad \boldsymbol{A}_{\mathrm{sg2}}=\boldsymbol{0} \tag{1.2.5}$$

式中，第一个约束式意味着 RFA 拟合结果应精确匹配 $k=0$ 时的气动力，即定常气动力的拟合值等于计算值；第二式表明突风速度的二阶导数不直接引起气动力，从而避免状态空间方程输入中出现突风速度的二阶导数。突风气动力约束的引入使得系数矩阵的求解算法不同于标准形式[16]，接下来给出本书所用 MS 方法的求解过程。

MS 方法中的 $\boldsymbol{R}_{\mathrm{a}}$ 矩阵为预先给定的对角阵，形式为 $\boldsymbol{R}_{\mathrm{a}}=\mathrm{diag}(\gamma_1\quad\cdots\quad\gamma_{n_{\mathrm{a}}})$，其中，$\gamma_1,\cdots,\gamma_{n_{\mathrm{a}}}$ 称为空气动力滞后根，是 n_{a} 个互异的负实数，需要在计算前人工指定。一般建议是：选取 4～6 个滞后根，其范围与拟合所用 GAF 矩阵的减缩频率范围相当。注意到 $\boldsymbol{A}_0$ 已由式(1.2.5)给出，待求系数矩阵只剩下 $\boldsymbol{A}_1$、$\boldsymbol{A}_2$、$\boldsymbol{D}_{\mathrm{a}}$ 和

$\boldsymbol{E}_a$ 四个。由于 $\boldsymbol{D}_a$ 和 $\boldsymbol{E}_a$ 矩阵均为自由变量，RFA 拟合式为系数矩阵的非线性函数。最优系数矩阵无法通过单次计算得到，需要迭代求解。

首先给定初始 $\boldsymbol{D}_a$ 矩阵，计算其余系数矩阵的最小二乘解；随后固定 $\boldsymbol{E}_a$ 矩阵再次计算系数矩阵的最小二乘解。通过 $D{\to}E{\to}D$ 迭代的方式在规定的迭代次数后得到收敛的最优系数矩阵。初始 $\boldsymbol{D}_a$ 矩阵要求每一行和每一列都至少有一个元素不为 0，最好选择行满秩或列满秩矩阵。如此规定是为了保证系数矩阵的所有元素都为独立自由的优化变量，实际操作中可以选择类似单位矩阵的矩形矩阵。下面给出计入约束式(1.2.5)后 $D{\to}E$ 步以及 $E{\to}D$ 步的求解算法。

(1) $D{\to}E$ 步求解。固定 $\boldsymbol{D}_a$ 矩阵不变，首先计算以下两个常矩阵

$$\boldsymbol{B}_d=\begin{bmatrix}\boldsymbol{0}_{n_h} & -k_1^2\boldsymbol{I}_{n_h} & k_1^2\boldsymbol{D}_a(k_1^2\boldsymbol{I}+\boldsymbol{R}_a^2)^{-1}\\ k_1\boldsymbol{I}_{n_h} & \boldsymbol{0}_{n_h} & -k_1\boldsymbol{D}_a(k_1^2\boldsymbol{I}+\boldsymbol{R}_a^2)^{-1}\boldsymbol{R}_a\\ \vdots & \vdots & \vdots\\ \boldsymbol{0}_{n_h} & -k_{n_k}^2\boldsymbol{I}_{n_h} & k_{n_k}^2\boldsymbol{D}_a(k_{n_k}^2\boldsymbol{I}+\boldsymbol{R}_a^2)^{-1}\\ k_{n_k}\boldsymbol{I}_{n_h} & \boldsymbol{0}_{n_h} & -k_{n_k}\boldsymbol{D}_a(k_{n_k}^2\boldsymbol{I}+\boldsymbol{R}_a^2)^{-1}\boldsymbol{R}_a\end{bmatrix},\quad \boldsymbol{Q}_d=\begin{bmatrix}\mathrm{Re}(\boldsymbol{Q}_1)-\boldsymbol{Q}_0\\ \mathrm{Im}(\boldsymbol{Q}_1)\\ \vdots\\ \mathrm{Re}(\boldsymbol{Q}_{n_k})-\boldsymbol{Q}_0\\ \mathrm{Im}(\boldsymbol{Q}_{n_k})\end{bmatrix} \tag{1.2.6}$$

随后，求解以下两个线性方程组的最小二乘解

$$\boldsymbol{X}_1=\boldsymbol{B}_d^{+}\boldsymbol{Q}_{d1},\quad \boldsymbol{X}_2=\boldsymbol{B}_{d2}^{+}\boldsymbol{Q}_{d2} \tag{1.2.7}$$

式中，$\boldsymbol{Q}_{d1}$ 为 $\boldsymbol{Q}_d$ 的前 n_s+n_c 列，$\boldsymbol{Q}_{d2}$ 为 $\boldsymbol{Q}_d$ 的后 n_g 列，$\boldsymbol{B}_{d2}$ 为 $\boldsymbol{B}_d$ 去掉第 n_s+1 至 $2n_s$ 列。线性方程组的解有以下形式

$$\boldsymbol{X}_1=\begin{bmatrix}\boldsymbol{A}_{ss1} & \boldsymbol{A}_{sc1}\\ \boldsymbol{A}_{ss2} & \boldsymbol{A}_{sc2}\\ \boldsymbol{E}_s & \boldsymbol{E}_c\end{bmatrix},\quad \boldsymbol{X}_2=\begin{bmatrix}\boldsymbol{A}_{sg1}\\ \boldsymbol{E}_g\end{bmatrix} \tag{1.2.8}$$

将 $\boldsymbol{X}_1$ 和 $\boldsymbol{X}_2$ 中的元素重新排列即得到当前步的系数矩阵 $\boldsymbol{A}_1$、$\boldsymbol{A}_2$ 和 $\boldsymbol{E}_a$。

(2) $E{\to}D$ 步求解。固定 $\boldsymbol{E}_a$ 矩阵不变，首先计算以下两个常矩阵

$$\boldsymbol{B}_e=\begin{bmatrix}\cdots & \boldsymbol{0}_{n_q} & k_l\boldsymbol{I}_{n_q} & \cdots\\ \cdots & -k_l^2\boldsymbol{I}_{(n_q-n_g)} & \boldsymbol{0}_{(n_q-n_g)\times(n_q+n_g)} & \cdots\\ \cdots & k_l^2(k_l^2\boldsymbol{I}+\boldsymbol{R}_a^2)^{-1}\boldsymbol{E}_a & -k_l(k_l^2\boldsymbol{I}+\boldsymbol{R}_a^2)^{-1}\boldsymbol{R}_a\boldsymbol{E}_a & \cdots\end{bmatrix} \tag{1.2.9}$$

$$\boldsymbol{Q}_e=\begin{bmatrix}\cdots & \mathrm{Re}(\boldsymbol{Q}_l)-\boldsymbol{Q}_0 & \mathrm{Im}(\boldsymbol{Q}_l) & \cdots\end{bmatrix},\quad l=1,\cdots,n_k \tag{1.2.10}$$

接着求解下列线性方程组的最小二乘解

$$\boldsymbol{X}=\boldsymbol{Q}_e\boldsymbol{B}_e^{+} \tag{1.2.11}$$

线性方程组的解有如下形式

$$\boldsymbol{X}=\begin{bmatrix}\boldsymbol{A}_1 & \boldsymbol{A}_{ss2} & \boldsymbol{A}_{sc2} & \boldsymbol{D}_a\end{bmatrix} \tag{1.2.12}$$

提取 $\boldsymbol{X}$ 中的元素即得到当前步的系数矩阵 $\boldsymbol{A}_1$、$\boldsymbol{A}_2$ 和 $\boldsymbol{D}_a$。

通常五十次左右的迭代计算即可得到收敛的系数矩阵。需要注意的是，RFA 的拟合精度受到滞后根的数量和取值的影响。对于整机模型，通常需要反复试验才能达到满意的效果。更多的滞后根意味着更高的拟合自由度，得到更准确拟合结果的同时也会增加最终状态空间方程的阶数。过多的滞后根还存在过拟合风险。实际操作中，减缩频率的范围可以取得稍低些，以减缓 GAF 矩阵的回绕现象，降低拟合难度。建议选择更多的低频率数据点，给低频气动力更高的误差权重。滞后根的最大值可以比最大减缩频率稍高一些，计算表明这样可以减小误差。此外，RFA 拟合气动力的外推误差难以预测，尤其需要注意低流速建模时拟合的频率范围。

1.2.2　状态空间方程的建立

经过有理函数近似，GAF 矩阵表示为式(1.2.1)的形式。考虑 GAF 矩阵的分块式(1.2.2)，RFA 系数矩阵的分块式(1.2.3)和式(1.2.4)，以及约束式(1.2.5)，则气动弹性系统方程式(1.1.31)可写为如下 Laplace 域形式

$$\begin{aligned}&\left[\left(\boldsymbol{M}_{ss}-\frac{q_\infty b_R^2}{U_\infty^2}\boldsymbol{A}_{ss2}\right)s^2+\left(\boldsymbol{D}_{ss}-\frac{q_\infty b_R}{U_\infty}\boldsymbol{A}_{ss1}\right)s+\left(\boldsymbol{K}_{ss}-q_\infty\boldsymbol{A}_{ss0}\right)\right]\boldsymbol{q}_s\\&=\left[q_\infty\boldsymbol{A}_{sc0}+\frac{q_\infty b_R}{U_\infty}\boldsymbol{A}_{sc1}s+\left(\frac{q_\infty b_R^2}{U_\infty^2}\boldsymbol{A}_{sc2}-\boldsymbol{M}_{sc}\right)s^2\right]\boldsymbol{\delta}_c\\&\quad+\left(\frac{q_\infty}{U_\infty}\boldsymbol{A}_{sg0}+\frac{q_\infty b_R}{U_\infty^2}\boldsymbol{A}_{sg1}s\right)w_g+q_\infty\boldsymbol{D}_a\boldsymbol{x}_a\end{aligned} \tag{1.2.13}$$

式中，$\boldsymbol{x}_a$ 为 n_a 阶的空气动力状态变量，满足如下运动方程

$$\boldsymbol{x}_a=\left(s\boldsymbol{I}-\frac{U_\infty}{b_R}\boldsymbol{R}_a\right)^{-1}\left(\boldsymbol{E}_s\boldsymbol{q}_s+\boldsymbol{E}_c\boldsymbol{\delta}_c+\frac{1}{U_\infty}\boldsymbol{E}_g w_g\right)s \tag{1.2.14}$$

将 Laplace 域中的方程式(1.2.13)和式(1.2.14)转换为如下时域方程

$$\begin{aligned}&\left(\boldsymbol{M}_{ss}-\frac{q_\infty b_R^2}{U_\infty^2}\boldsymbol{A}_{ss2}\right)\ddot{\boldsymbol{q}}_s+\left(\boldsymbol{D}_{ss}-\frac{q_\infty b_R}{U_\infty}\boldsymbol{A}_{ss1}\right)\dot{\boldsymbol{q}}_s+(\boldsymbol{K}_{ss}-q_\infty\boldsymbol{A}_{ss0})\boldsymbol{q}_s\\&=q_\infty\boldsymbol{A}_{sc0}\boldsymbol{\delta}_c+\frac{q_\infty b_R}{U_\infty}\boldsymbol{A}_{sc1}\dot{\boldsymbol{\delta}}_c+\left(\frac{q_\infty b_R^2}{U_\infty^2}\boldsymbol{A}_{sc2}-\boldsymbol{M}_{sc}\right)\ddot{\boldsymbol{\delta}}_c\\&\quad+\frac{q_\infty}{U_\infty}\boldsymbol{A}_{sg0}w_g+\frac{q_\infty b_R}{U_\infty^2}\boldsymbol{A}_{sg1}\dot{w}_g+q_\infty\boldsymbol{D}_a\boldsymbol{x}_a\end{aligned} \tag{1.2.15}$$

$$\dot{\boldsymbol{x}}_a=\frac{U_\infty}{b_R}\boldsymbol{R}_a\boldsymbol{x}_a+\boldsymbol{E}_s\dot{\boldsymbol{q}}_s+\boldsymbol{E}_c\dot{\boldsymbol{\delta}}_c+\frac{1}{U_\infty}\boldsymbol{E}_g\dot{w}_g \tag{1.2.16}$$

以上两式合并写为如下状态空间方程形式

$$\dot{\boldsymbol{x}}_{\text{ae}}=\boldsymbol{A}_{\text{ae}}\boldsymbol{x}_{\text{ae}}+\boldsymbol{B}_{\text{ae}}\boldsymbol{u}_{\text{ae}}+\boldsymbol{B}_{\text{aw}}\tilde{\boldsymbol{w}}_{\text{g}} \tag{1.2.17}$$

式中

$$\boldsymbol{x}_{\text{ae}}=\begin{Bmatrix}\boldsymbol{q}_{\text{s}}\\ \dot{\boldsymbol{q}}_{\text{s}}\\ \boldsymbol{x}_{\text{a}}\end{Bmatrix},\quad \boldsymbol{u}_{\text{ae}}=\begin{Bmatrix}\boldsymbol{\delta}_{\text{c}}\\ \dot{\boldsymbol{\delta}}_{\text{c}}\\ \ddot{\boldsymbol{\delta}}_{\text{c}}\end{Bmatrix},\quad \tilde{\boldsymbol{w}}_{\text{g}}=\begin{Bmatrix}w_{\text{g}}\\ \dot{w}_{\text{g}}\end{Bmatrix} \tag{1.2.18}$$

$$\boldsymbol{A}_{\text{ae}}=\begin{bmatrix}\boldsymbol{0} & \boldsymbol{I} & \boldsymbol{0}\\ -\hat{\boldsymbol{M}}_{\text{ss}}^{-1}\hat{\boldsymbol{K}}_{\text{ss}} & -\hat{\boldsymbol{M}}_{\text{ss}}^{-1}\hat{\boldsymbol{D}}_{\text{ss}} & q_{\infty}\hat{\boldsymbol{M}}_{\text{ss}}^{-1}\boldsymbol{D}_{\text{a}}\\ \boldsymbol{0} & \boldsymbol{E}_{\text{s}} & \dfrac{U_{\infty}}{b_{\text{R}}}\boldsymbol{R}_{\text{a}}\end{bmatrix} \tag{1.2.19}$$

$$\boldsymbol{B}_{\text{ae}}=\begin{bmatrix}\boldsymbol{0} & \boldsymbol{0} & \boldsymbol{0}\\ q_{\infty}\hat{\boldsymbol{M}}_{\text{ss}}^{-1}\boldsymbol{A}_{\text{sc0}} & \dfrac{q_{\infty}b_{\text{R}}}{U_{\infty}}\hat{\boldsymbol{M}}_{\text{ss}}^{-1}\boldsymbol{A}_{\text{sc1}} & -\hat{\boldsymbol{M}}_{\text{ss}}^{-1}\hat{\boldsymbol{M}}_{\text{sc}}\\ \boldsymbol{0} & \boldsymbol{E}_{\text{c}} & \boldsymbol{0}\end{bmatrix} \tag{1.2.20}$$

$$\boldsymbol{B}_{\text{aw}}=\begin{bmatrix}\boldsymbol{0} & \boldsymbol{0}\\ \dfrac{q_{\infty}}{U_{\infty}}\hat{\boldsymbol{M}}_{\text{ss}}^{-1}\boldsymbol{A}_{\text{sg0}} & \dfrac{q_{\infty}b_{\text{R}}}{U_{\infty}^{2}}\hat{\boldsymbol{M}}_{\text{ss}}^{-1}\boldsymbol{A}_{\text{sg1}}\\ \boldsymbol{0} & \boldsymbol{E}_{\text{g}}/U_{\infty}\end{bmatrix} \tag{1.2.21}$$

$$\hat{\boldsymbol{M}}_{\text{ss}}=\boldsymbol{M}_{\text{ss}}-\frac{q_{\infty}b_{\text{R}}^{2}}{U_{\infty}^{2}}\boldsymbol{A}_{\text{ss2}},\quad \hat{\boldsymbol{D}}_{\text{ss}}=\boldsymbol{D}_{\text{ss}}-\frac{q_{\infty}b_{\text{R}}}{U_{\infty}}\boldsymbol{A}_{\text{ss1}} \tag{1.2.22}$$

$$\hat{\boldsymbol{K}}_{\text{ss}}=\boldsymbol{K}_{\text{ss}}-q_{\infty}\boldsymbol{A}_{\text{ss0}},\quad \hat{\boldsymbol{M}}_{\text{sc}}=\boldsymbol{M}_{\text{sc}}-\frac{q_{\infty}b_{\text{R}}^{2}}{U_{\infty}^{2}}\boldsymbol{A}_{\text{sc2}} \tag{1.2.23}$$

1.2.3　输出方程与作动器方程

状态空间方程式(1.2.17)的输出方程为

$$\boldsymbol{y}_{\text{ae}}=\boldsymbol{C}_{\text{ae}}\boldsymbol{x}_{\text{ae}}+\boldsymbol{D}_{\text{ae}}\boldsymbol{u}_{\text{ae}}+\boldsymbol{D}_{\text{aw}}\tilde{\boldsymbol{w}}_{\text{g}} \tag{1.2.24}$$

状态变量 $\boldsymbol{x}_{\text{ae}}$ 本身包含结构模态位移 $\boldsymbol{q}_{\text{s}}$ 和模态速度 $\dot{\boldsymbol{q}}_{\text{s}}$，配合结构模态矩阵 $\boldsymbol{\Phi}_{\text{s}}$ 即可构造出结构结点位移和速度对应的输出矩阵。控制面偏转角 $\boldsymbol{\delta}_{\text{c}}$ 及其各阶时间导数包含在变量 $\boldsymbol{u}_{\text{ae}}$ 中，相应的输出也容易获得。接下来详细说明结构结点加速度和结构内载荷的计算方法。由于系统的每个输出都可以单独定义，因此只关注第 i 个输出 $y_{\text{ae},i}$ 对应的输出矩阵 $\boldsymbol{C}_{\text{ae},i}$、$\boldsymbol{D}_{\text{ae},i}$ 和 $\boldsymbol{D}_{\text{aw},i}$。

考虑目标输出为结构某结点自由度的加速度。设目标自由度在结构位移向量 $\boldsymbol{x}_{\mathrm{s}}$ 中的索引为 idx，定义 $\boldsymbol{\Phi}_{\mathrm{s,idx}}$ 和 $\boldsymbol{\Phi}_{\mathrm{c,idx}}$ 分别为模态矩阵 $\boldsymbol{\Phi}_{\mathrm{s}}$ 和 $\boldsymbol{\Phi}_{\mathrm{c}}$ 的第 idx 行，加速度输出矩阵按照以下方式构造

$$\boldsymbol{C}_{\mathrm{ae},i}=[\boldsymbol{0}_{1\times n_h}\quad \boldsymbol{\Phi}_{\mathrm{s,idx}}\quad \boldsymbol{0}_{1\times n_{\mathrm{a}}}]\boldsymbol{A}_{\mathrm{ae}} \tag{1.2.25}$$

$$\boldsymbol{D}_{\mathrm{ae},i}=[\boldsymbol{0}_{1\times n_{\mathrm{h}}}\quad \boldsymbol{\Phi}_{\mathrm{s,idx}}\quad \boldsymbol{0}_{1\times n_{\mathrm{a}}}]\boldsymbol{B}_{\mathrm{ae}}+[\boldsymbol{0}_{1\times 2n_{\mathrm{c}}}\quad \boldsymbol{\Phi}_{\mathrm{c,idx}}] \tag{1.2.26}$$

$$\boldsymbol{D}_{\mathrm{aw},i}=[\boldsymbol{0}_{1\times n_h}\quad \boldsymbol{\Phi}_{\mathrm{s,idx}}\quad \boldsymbol{0}_{1\times n_{\mathrm{a}}}]\boldsymbol{B}_{\mathrm{aw}} \tag{1.2.27}$$

结构内载荷计算有两种常用方法：模态位移(MD)法和力求和(SOF)法。MD 法使用模态叠加得到的结构位移直接乘以结构刚度矩阵获得内载荷。其优点是表达式简单，可以直接并入状态空间方程，但应注意集中外载荷引起的结构内力往往需要较多的模态数量才能使结果收敛。SOF 法对 g 集自由度的气动力和惯性力进行求和来获得内载荷。对于局部结构内载荷，SOF 法的计算结果随模态数量增加的收敛性优于 MD 法。然而 SOF 法更适合频域分析，时域分析需要构造额外的载荷 GAF 矩阵并做 RFA 拟合，计算效率较低，还会引入 RFA 带来的误差。对于突风扰动引起的翼根剪力、翼根弯矩等内载荷，MD 法足以获得可靠的结果。接下来从一般情况出发，给出基于 MD 法的输出矩阵构造方法。

考虑目标输出为结构特定部分所受内载荷的合力在载荷坐标系下的分量，或对载荷坐标轴的合力矩分量。首先进行如下准备工作。

(1) 确定载荷坐标系。假设结构有限元模型已转换至空气动力坐标系，即结构结点坐标是空气动力坐标系中的分量。计算空气动力坐标系到载荷坐标系的坐标变换矩阵 $\boldsymbol{T}\in\mathbb{R}^{3\times 3}$，$\boldsymbol{T}$ 乘以空气动力坐标系下的三维矢量，可得此矢量在载荷坐标系下的分量。

(2) 确定目标子结构上的全部结构结点。记第 l 个结点在载荷坐标系中的坐标向量为 $\boldsymbol{r}_l\in\mathbb{R}^3$，定义 $\boldsymbol{R}_l\in\mathbb{R}^{3\times 3}$ 为向量 $\boldsymbol{r}_l$ 对应的叉乘矩阵。

(3) 构造矩阵 $\bar{\boldsymbol{K}}_{\mathrm{s}}=\boldsymbol{K}_{\mathrm{s}}\boldsymbol{\Phi}_{\mathrm{s}}=\boldsymbol{M}_{\mathrm{s}}\boldsymbol{\Phi}_{\mathrm{s}}\boldsymbol{\Omega}_{\mathrm{s}}^2$，其中 $\boldsymbol{\Omega}_{\mathrm{s}}$ 为结构固有角频率组成的对角阵。对于第 l 个结点，定义 $\bar{\boldsymbol{K}}_{\mathrm{s}1,l}\in\mathbb{R}^{3\times n_s}$ 为提取 $\bar{\boldsymbol{K}}_{\mathrm{s}}$ 矩阵关于 l 结点的 3 个直线位移自由度所在的行组成的矩阵，定义 $\bar{\boldsymbol{K}}_{\mathrm{s}2,l}\in\mathbb{R}^{3\times n_h}$ 为提取 $\bar{\boldsymbol{K}}_{\mathrm{s}}$ 矩阵关于 l 结点的 3 个转角位移自由度所在的行组成的矩阵。

系统的输出矩阵按照以下方式构造。

(1) 沿载荷坐标轴方向的剪力输出

$$\boldsymbol{C}_{\mathrm{ae},i}=\left[\sum_l \boldsymbol{T}_i\bar{\boldsymbol{K}}_{\mathrm{s}1,l}\quad \boldsymbol{0}_{1\times(n_{\mathrm{s}}+n_{\mathrm{a}})}\right],\quad \boldsymbol{D}_{\mathrm{ae},i}=\boldsymbol{0}_{1\times 3n_{\mathrm{c}}},\quad \boldsymbol{D}_{\mathrm{aw},i}=\boldsymbol{0}_{1\times 2n_{\mathrm{g}}} \tag{1.2.28}$$

式中，$\boldsymbol{T}_i$ 根据输出剪力方向是沿着 x、y 或 z 轴，分别取 $\boldsymbol{T}$ 矩阵的第 1、2 或 3 行。

(2) 对载荷坐标轴的弯矩输出

$$\boldsymbol{C}_{\mathrm{ae},i}=\left[\sum_{l}(\boldsymbol{R}_{l,i}\boldsymbol{T}\bar{\boldsymbol{K}}_{\mathrm{s}1,l}+\boldsymbol{T}_{i}\bar{\boldsymbol{K}}_{\mathrm{s}2,l})\quad \boldsymbol{0}_{1\times(n_{\mathrm{s}}+n_{\mathrm{a}})}\right],\quad \boldsymbol{D}_{\mathrm{ae},i}=\boldsymbol{0}_{1\times 3n_{\mathrm{c}}},\quad \boldsymbol{D}_{\mathrm{aw},i}=\boldsymbol{0}_{1\times 2n_{\mathrm{g}}} \tag{1.2.29}$$

式中，$\boldsymbol{R}_{l,i}$ 和 $\boldsymbol{T}_i$ 根据输出弯矩是对 x、y 或 z 轴分别取 $\boldsymbol{R}_l$ 和 $\boldsymbol{T}$ 矩阵的第 1、2 或 3 行。

接下来考察状态空间方程式(1.2.17)中控制面偏转 $\boldsymbol{u}_{\mathrm{ae}}$ 的运动规律。在气动伺服弹性研究中，不管伺服作动机构多么复杂，实践中一般直接指定控制面指令偏转 $\boldsymbol{u}_{\mathrm{ac}}$ 到实际偏转角 $\boldsymbol{\delta}_{\mathrm{c}}$ 之间的传递函数，传递函数可由频响实验得到。每个控制面由独立的作动器驱动，单个控制面的作动指令偏转 $u_{\mathrm{ac},i}$ 与实际偏转角 $\delta_{\mathrm{c}i}$ 之间的传递关系可由以下三阶传递函数给出

$$\delta_{\mathrm{c}i}(s)=\frac{a_{0i}}{s^3+a_{2i}s^2+a_{1i}s+a_{0i}}u_{\mathrm{ac},i}(s),\quad i=1,\cdots,n_{\mathrm{c}} \tag{1.2.30}$$

整合所有 n_{c} 个作动器方程，将其转为如下能控标准型状态空间实现

$$\begin{Bmatrix}\dot{\boldsymbol{\delta}}_{\mathrm{c}}\\ \ddot{\boldsymbol{\delta}}_{\mathrm{c}}\\ \dddot{\boldsymbol{\delta}}_{\mathrm{c}}\end{Bmatrix}=\begin{bmatrix}\boldsymbol{0} & \boldsymbol{I} & \boldsymbol{0}\\ \boldsymbol{0} & \boldsymbol{0} & \boldsymbol{I}\\ -\boldsymbol{A}_{\mathrm{ac}0} & -\boldsymbol{A}_{\mathrm{ac}1} & -\boldsymbol{A}_{\mathrm{ac}2}\end{bmatrix}\begin{Bmatrix}\boldsymbol{\delta}_{\mathrm{c}}\\ \dot{\boldsymbol{\delta}}_{\mathrm{c}}\\ \ddot{\boldsymbol{\delta}}_{\mathrm{c}}\end{Bmatrix}+\begin{Bmatrix}\boldsymbol{0}\\ \boldsymbol{0}\\ \boldsymbol{A}_{\mathrm{ac}0}\end{Bmatrix}\boldsymbol{u}_{\mathrm{ac}} \tag{1.2.31}$$

式中

$$\begin{cases}\boldsymbol{A}_{\mathrm{ac}0}=\mathrm{diag}(a_{01}\quad\cdots\quad a_{0n_{\mathrm{c}}})\\ \boldsymbol{A}_{\mathrm{ac}1}=\mathrm{diag}(a_{11}\quad\cdots\quad a_{1n_{\mathrm{c}}})\\ \boldsymbol{A}_{\mathrm{ac}2}=\mathrm{diag}(a_{21}\quad\cdots\quad a_{2n_{\mathrm{c}}})\end{cases} \tag{1.2.32}$$

将式(1.2.31)简写为如下作动器方程

$$\dot{\boldsymbol{x}}_{\mathrm{ac}}=\boldsymbol{A}_{\mathrm{ac}}\boldsymbol{x}_{\mathrm{ac}}+\boldsymbol{B}_{\mathrm{ac}}\boldsymbol{u}_{\mathrm{ac}} \tag{1.2.33}$$

注意到作动器状态变量 $\boldsymbol{x}_{\mathrm{ac}}$ 就是状态空间方程式(1.2.17)中的控制输入 $\boldsymbol{u}_{\mathrm{ae}}$。结合状态空间方程式(1.2.17)，输出方程式(1.2.24)和作动器方程式(1.2.33)，得到气动伺服弹性系统的状态空间方程为

$$\begin{Bmatrix}\dot{\boldsymbol{x}}_{\mathrm{ae}}\\ \dot{\boldsymbol{x}}_{\mathrm{ac}}\end{Bmatrix}=\begin{bmatrix}\boldsymbol{A}_{\mathrm{ae}} & \boldsymbol{B}_{\mathrm{ae}}\\ \boldsymbol{0} & \boldsymbol{A}_{\mathrm{ac}}\end{bmatrix}\begin{Bmatrix}\boldsymbol{x}_{\mathrm{ae}}\\ \boldsymbol{x}_{\mathrm{ac}}\end{Bmatrix}+\begin{bmatrix}\boldsymbol{0}\\ \boldsymbol{B}_{\mathrm{ac}}\end{bmatrix}\boldsymbol{u}_{\mathrm{ac}}+\begin{bmatrix}\boldsymbol{B}_{\mathrm{aw}}\\ \boldsymbol{0}\end{bmatrix}\tilde{\boldsymbol{w}}_{\mathrm{g}} \tag{1.2.34}$$

$$\boldsymbol{y}_{\mathrm{ae}}=\begin{bmatrix}\boldsymbol{C}_{\mathrm{ae}} & \boldsymbol{D}_{\mathrm{ae}}\end{bmatrix}\begin{Bmatrix}\boldsymbol{x}_{\mathrm{ae}}\\ \boldsymbol{x}_{\mathrm{ac}}\end{Bmatrix}+\boldsymbol{D}_{\mathrm{aw}}\tilde{\boldsymbol{w}}_{\mathrm{g}} \tag{1.2.35}$$

上式简写为

$$\dot{\boldsymbol{x}}_{\mathrm{p}}=\boldsymbol{A}_{\mathrm{p}}\boldsymbol{x}_{\mathrm{p}}+\boldsymbol{B}_{\mathrm{p}}\boldsymbol{u}_{\mathrm{p}}+\boldsymbol{B}_{\mathrm{pw}}\tilde{\boldsymbol{w}}_{\mathrm{g}} \tag{1.2.36}$$

$$\boldsymbol{y}_{\mathrm{p}}=\boldsymbol{C}_{\mathrm{p}}\boldsymbol{x}_{\mathrm{p}}+\boldsymbol{D}_{\mathrm{pw}}\tilde{\boldsymbol{w}}_{\mathrm{g}} \tag{1.2.37}$$

1.2.4　标准突风模型与响应计算

标准突风模型是飞机飞行过程中遇到的几类典型突风扰动的归纳和简化，这些理想化的模型广泛用于气动布局设计、结构强度分析以及飞行品质评估中。我国民用航空标准定义了两类突风模型，即离散突风与连续突风。离散突风模型在空间分布上具有确定形式和脉冲特性。早期研究通常使用锐边突风和斜边突风，目前广泛使用 1-cos 离散突风模型。连续突风模型使用统计方式描述紊流特性，标准形式有 Dryden 突风和 von Kármán 突风两种，连续突风的统计特性由功率谱密度(PSD)函数给出。von Kármán 模型对紊流的模拟更接近实际，而 Dryden 模型为有理函数形式，便于在时域仿真中实现。

在 1-cos 离散突风模型中，垂直方向突风速度 w_g 的空间定义为

$$w_g(x_g)=\begin{cases}0, & x_g<0\\ \dfrac{w_{g\max}}{2}\left(1-\cos\dfrac{2\pi x_g}{L_g}\right), & 0\leqslant x_g\leqslant L_g\\ 0, & x_g>L_g\end{cases} \tag{1.2.38}$$

式中，$w_{g\max}$ 为 1-cos 突风速度幅值或设计突风速度，L_g 为突风尺度，x_g 为突风场的空间水平坐标。将 $x_g=U_\infty t$ 代入 1-cos 突风定义式(1.2.38)，飞机上的某一突风参考点(这里假设 $t=0$ 时刻，突风参考点与突风场坐标系的原点重合)处感受到的突风速度就与时间有关了，即

$$w_g(t)=\begin{cases}\dfrac{w_{g\max}}{2}(1-\cos 2\pi f_g t), & 0\leqslant t\leqslant \dfrac{L_g}{U_\infty}\\ 0, & t>\dfrac{L_g}{U_\infty}\end{cases} \tag{1.2.39}$$

式中，$w_{g\max}$ 为最大突风速度，$f_g=U_\infty/L_g$ 为突风激励频率。

连续突风使用统计方法描述大气紊流，突风速度规定为零均值的平稳过程。对于垂直突风，Dryden 和 von Kármán 突风 PSD 函数分别为

$$\Phi_w(\omega)=\sigma_w^2\frac{\tau_w}{\pi}\frac{1+3(\omega\tau_w)^2}{[1+(\omega\tau_w)^2]^2} \tag{1.2.40}$$

$$\Phi_w(\omega)=\sigma_w^2\frac{\tau_w}{\pi}\frac{1+\dfrac{8}{3}(1.339\omega\tau_w)^2}{[1+(1.339\omega\tau_w)^2]^{11/6}} \tag{1.2.41}$$

式中，$\tau_w=L_w/U_\infty$，单位为时间 s。L_w 为突风特征尺度，单位为 m。σ_w 为突风速度的均方根值，单位为 m/s。ω 为圆频率，单位为 rad/s。突风速度的均方值按

下式计算

$$\sigma_{\mathrm{w}}^2 = \int_0^{\infty} \varPhi_{\mathrm{w}}(\omega)\mathrm{d}\omega \tag{1.2.42}$$

时域分析中，满足式(1.2.40)或式(1.2.41)的突风扰动 w_{g} 可利用 PSD = 1 的白噪声 w 通过成型滤波器 $T_{\mathrm{w}}(s)$ 生成。

以 Dryden 突风为例，利用关系 $\varPhi_{\mathrm{w}}(\omega) = |T_{\mathrm{w}}(\mathrm{j}\omega)|^2$，推出成型滤波器的传递函数为

$$T_{\mathrm{w}}(s) = \sigma_{\mathrm{w}} \frac{\sqrt{3}\tau_{\mathrm{w}}^{-1/2}s + \tau_{\mathrm{w}}^{-3/2}}{(s+1/\tau_{\mathrm{w}})^2} \cdot \frac{a}{s+a} \tag{1.2.43}$$

上式中额外加入了一个低通滤波器 $a/(s+a)$，其中 a 为截止频率。目的是避免状态空间方程中出现白噪声的直接传输项。将 $T_{\mathrm{w}}(s)$ 转为状态空间实现即可在时域仿真中生成 w_{g} 和 $\dot{w}_{\mathrm{g}}$，表示为

$$\dot{\boldsymbol{x}}_{\mathrm{w}} = \boldsymbol{A}_{\mathrm{w}}\boldsymbol{x}_{\mathrm{w}} + \boldsymbol{B}_{\mathrm{w}}w \tag{1.2.44}$$

$$\tilde{\boldsymbol{w}}_{\mathrm{g}} = \boldsymbol{C}_{\mathrm{w}}\boldsymbol{x}_{\mathrm{w}} \tag{1.2.45}$$

式中

$$\boldsymbol{A}_{\mathrm{w}} = \begin{bmatrix} 0 & 1 & 0 \\ -\tau_{\mathrm{w}}^{-2} & -2/\tau_{\mathrm{w}} & a \\ 0 & 0 & -a \end{bmatrix}, \quad \boldsymbol{B}_{\mathrm{w}} = \begin{Bmatrix} 0 \\ 0 \\ \sigma_{\mathrm{w}} \end{Bmatrix} \tag{1.2.46}$$

$$\boldsymbol{C}_{\mathrm{w}} = \begin{bmatrix} \tau_{\mathrm{w}}^{-3/2} & \sqrt{3}\tau_{\mathrm{w}}^{-1/2} & 0 \\ -\sqrt{3}\tau_{\mathrm{w}}^{-5/2} & (1-2\sqrt{3})\tau_{\mathrm{w}}^{-3/2} & \sqrt{3}a\tau_{\mathrm{w}}^{-1/2} \end{bmatrix} \tag{1.2.47}$$

利用式(1.2.39)或者式(1.2.44)和式(1.2.45)，ASE 系统在突风干扰下的动态响应计算容易进行。对于连续突风，有时希望获得突风响应的统计特征。使用状态空间模型计算统计特征时，首先将 ASE 系统 $(\boldsymbol{A}_{\mathrm{p}}, \boldsymbol{B}_{\mathrm{pw}}, \boldsymbol{C}_{\mathrm{p}}, \boldsymbol{D}_{\mathrm{pw}})$ 与连续突风模型 $(\boldsymbol{A}_{\mathrm{w}}, \boldsymbol{B}_{\mathrm{w}}, \boldsymbol{C}_{\mathrm{w}})$ 结合，构造如下系统矩阵

$$\boldsymbol{A}_{\mathrm{v}} = \begin{bmatrix} \boldsymbol{A}_{\mathrm{p}} & \boldsymbol{B}_{\mathrm{pw}}\boldsymbol{C}_{\mathrm{w}} \\ \boldsymbol{0} & \boldsymbol{A}_{\mathrm{w}} \end{bmatrix}, \quad \boldsymbol{B}_{\mathrm{v}} = \begin{Bmatrix} \boldsymbol{0} \\ \boldsymbol{B}_{\mathrm{w}} \end{Bmatrix}, \quad \boldsymbol{C}_{\mathrm{v}} = \begin{bmatrix} \boldsymbol{C}_{\mathrm{p}} & \boldsymbol{D}_{\mathrm{pw}}\boldsymbol{C}_{\mathrm{w}} \end{bmatrix} \tag{1.2.48}$$

系统输出 $\boldsymbol{y}_{\mathrm{p}}$ 的 PSD 函数表示为

$$\boldsymbol{\varPhi}_y(\omega) = |\boldsymbol{C}_{\mathrm{v}}(\mathrm{j}\omega\boldsymbol{I} - \boldsymbol{A}_{\mathrm{v}})^{-1}\boldsymbol{B}_{\mathrm{v}}|^2 \tag{1.2.49}$$

式中，$|\cdot|^2$ 表示向量中每一个元素模的平方。计算系统输出的均方根值(RMS)不必像频域法那样对 PSD 曲线进行数值积分，而是先求解以下李雅普诺夫(Lyapunov)方程

$$\boldsymbol{A}_{\mathrm{v}}\boldsymbol{X}_{\mathrm{v}}+\boldsymbol{X}_{\mathrm{v}}\boldsymbol{A}_{\mathrm{v}}^{\mathrm{T}}+\boldsymbol{B}_{\mathrm{v}}\boldsymbol{B}_{\mathrm{v}}^{\mathrm{T}}=\boldsymbol{0} \tag{1.2.50}$$

输出 $\boldsymbol{y}_{\mathrm{p}}$ 的 RMS 值直接由下式给出

$$\boldsymbol{\sigma}_{y}=\sqrt{\mathrm{diag}(\boldsymbol{C}_{\mathrm{v}}\boldsymbol{X}_{\mathrm{v}}\boldsymbol{C}_{\mathrm{v}}^{\mathrm{T}})} \tag{1.2.51}$$

式中，$\boldsymbol{C}_{\mathrm{v}}\boldsymbol{X}_{\mathrm{v}}\boldsymbol{C}_{\mathrm{v}}^{\mathrm{T}}$ 为 $\boldsymbol{y}_{\mathrm{p}}$ 的协方差矩阵，其对角元的平方根即为 RMS 值。

1.3 开环气动伺服弹性分析算例

基于以上建模流程和公式，作者在 MATLAB 平台中开发了 ASE 系统状态空间建模与分析程序。程序集成了动气动弹性分析的基本模块，并能够调用 Nastran 中建立的结构有限元模型。具体功能包括：读取有限元结点信息以及结构质量、刚度和模态矩阵，定义控制面模态矩阵，DLM 气动网格划分，AIC 矩阵计算，构造样条矩阵，生成结构模态、控制面和突风扰动相关的 GAF 矩阵，Roger 近似法和 MS 方法的有理函数拟合，开环 ASE 系统矩阵的构造，基于状态空间法的颤振特性分析，离散和连续突风响应的计算。

本节通过数值算例考察一个弹性机翼的 ASE 系统建模与突风响应计算，来验证理论公式与自编程序的正确性。机翼结构有限元模型如图 1.3.1 所示。结构采用翼根固支约束，包含 171 个梁单元和 49 个集中质量单元，通过 18 个多点约束和 2 个扭转弹簧单元建立主体结构与前缘外侧(LEO)、后缘外侧(TEO)两个控制面之间的连接。在控制面附近布置两个传感器用于输出结构垂直方向的加速度。图 1.3.2 展示了机翼 DLM 气动网格划分，网格单元数量为 598。模态分析得到的结构前 6 阶固有频率和固有振型如图 1.3.3 所示。

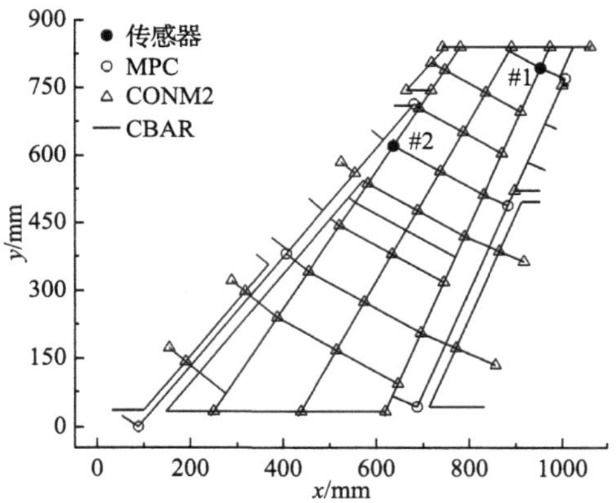

图 1.3.1 机翼结构有限元模型

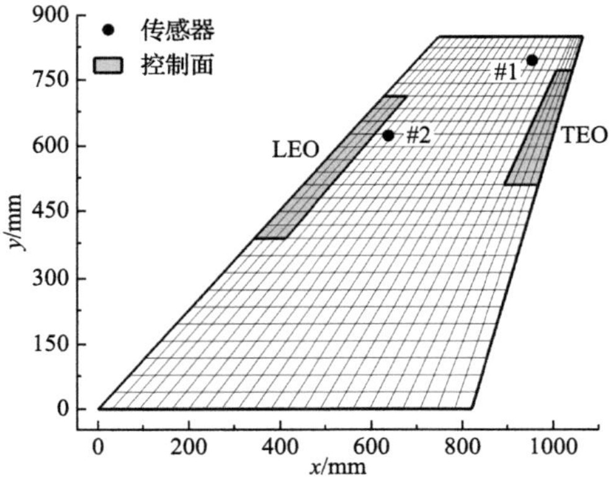

图 1.3.2　机翼 DLM 气动网格划分

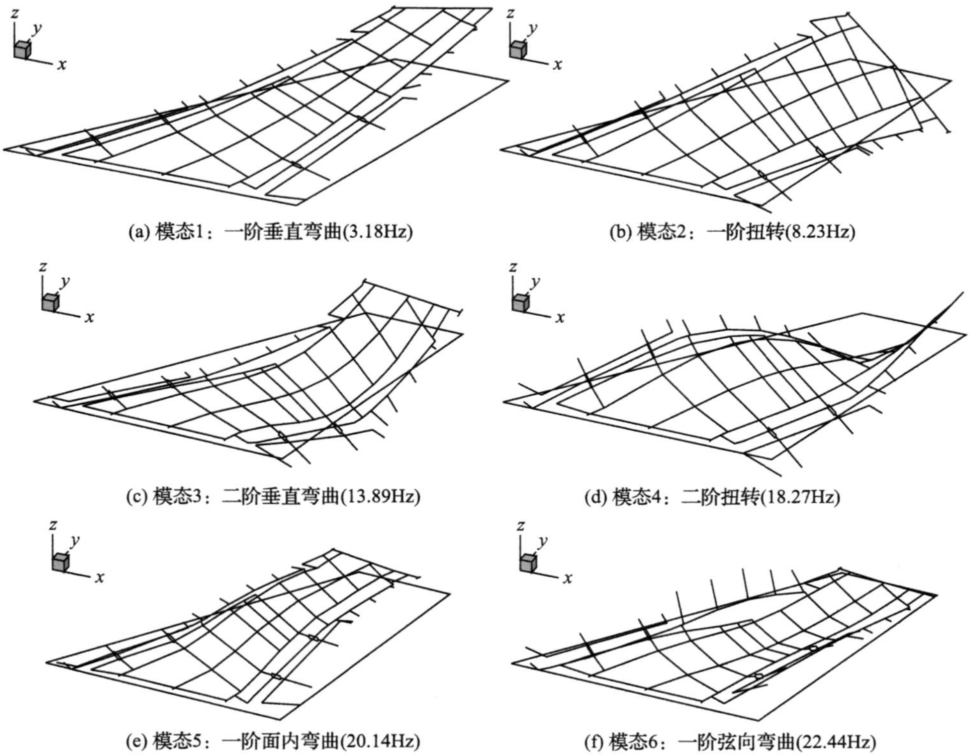
(a) 模态1：一阶垂直弯曲(3.18Hz)
(b) 模态2：一阶扭转(8.23Hz)
(c) 模态3：二阶垂直弯曲(13.89Hz)
(d) 模态4：二阶扭转(18.27Hz)
(e) 模态5：一阶面内弯曲(20.14Hz)
(f) 模态6：一阶弦向弯曲(22.44Hz)

图 1.3.3　机翼结构的前 6 阶固有频率和固有振型

考虑机翼受到垂直突风扰动，突风参考点选择机翼前缘 $x_0 = 0\text{m}$ 处。根据结构模态数量和控制面数量，GAF 矩阵 $\boldsymbol{Q}_{\text{ss}}$、$\boldsymbol{Q}_{\text{sc}}$ 和 $\boldsymbol{Q}_{\text{sg}}$ 的阶数分别为 6 行 6 列，6 行 2 列和 6 行 1 列。参照式(1.2.2)合并后的 $\boldsymbol{Q}$ 矩阵为 6 行 9 列。GAF 列表数据

在 0～1.5 范围内的 16 个减缩频率处计算。RFA 拟合使用 MS 方法，选择以下 6 个滞后根：−0.05、−0.2、−0.46、−0.83、−1.3、−2.4。图 1.3.4 展示了 $\boldsymbol{Q}$ 矩阵中部分元素的拟合结果。结果显示 RFA 拟合值与计算值符合良好，且未出现过拟合现象。图 1.3.4(b)和(d)中的突风气动力展示出较强的回绕特性，不过在本算例中并未因此引入大的建模误差。

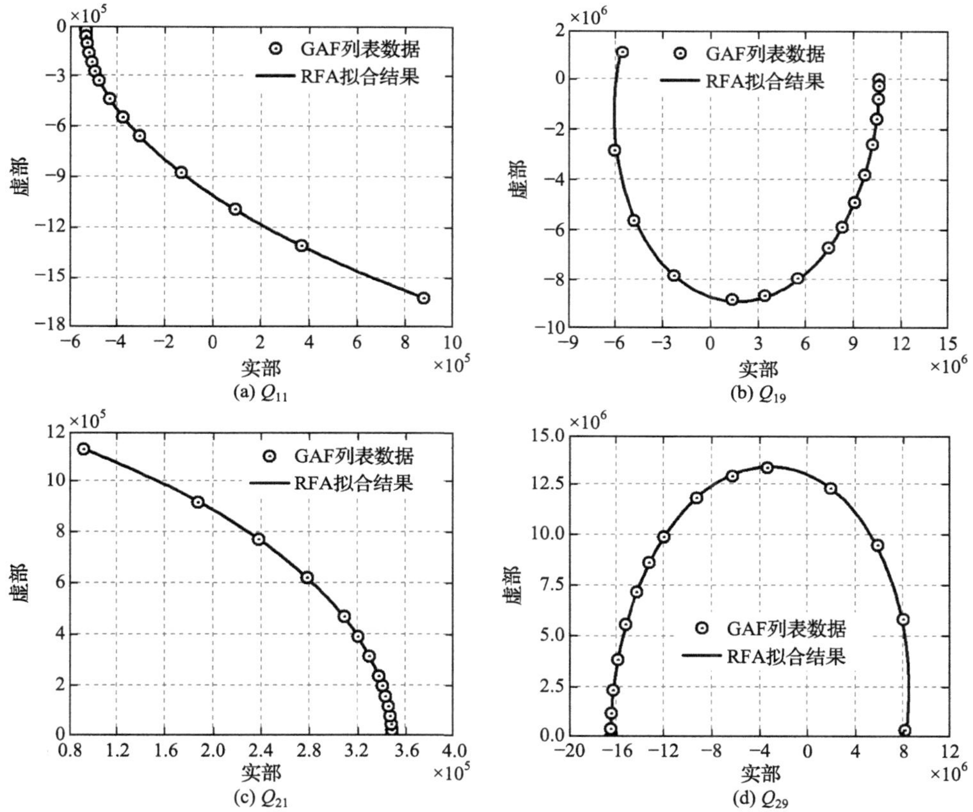

(a) Q_{11}　(b) Q_{19}　(c) Q_{21}　(d) Q_{29}

图 1.3.4　GAF 矩阵的有理函数拟合结果

状态空间法的颤振分析通过式(1.2.17)中的 $\boldsymbol{A}_{ae}$ 矩阵进行，考察 $\boldsymbol{A}_{ae}$ 的特征值随流速的变化即可得到颤振速度和颤振频率。颤振分析结果如图 1.3.5 所示，程序自动排除了空气动力状态变量引入的模态分支，仅保留与结构运动模态相关的 6 个分支。图中结果显示第 2 个模态分支出现了正阻尼，对应的颤振速度为 29.02m/s，颤振频率为 6.15Hz。为了对比，在 Nastran 中使用 *p-k* 法计算出的颤振速度和频率分别为 28.99m/s 和 6.09Hz。由于 RFA 拟合结果非常准确，因此状态空间法和 *p-k* 法得到了几乎一样的结果。

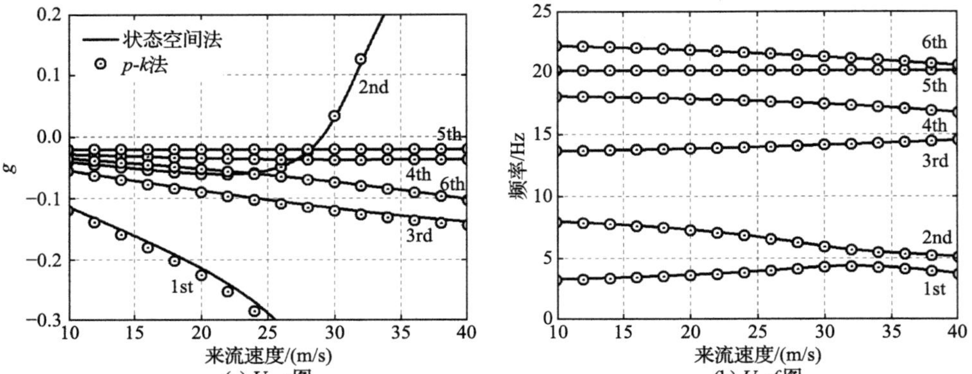

(a) U_∞-g图　　(b) U_∞-f图

图 1.3.5　状态空间法和 *p-k* 法的颤振分析结果比较

接下来考察开环 ASE 系统的突风响应。来流速度设置为 21m/s，低于颤振速度。1-cos 离散突风频率设置为 5Hz，最大突风速度为 1m/s。图 1.3.6 展示了两个加速度传感器、翼根剪力和翼根弯矩的响应时间历程。自编程序使用状态空间方程计算，Nastran 中的频域方法使用 Fourier 变换与逆变换计算。结果显示状态空间法的计算结果与频域法完全一致。

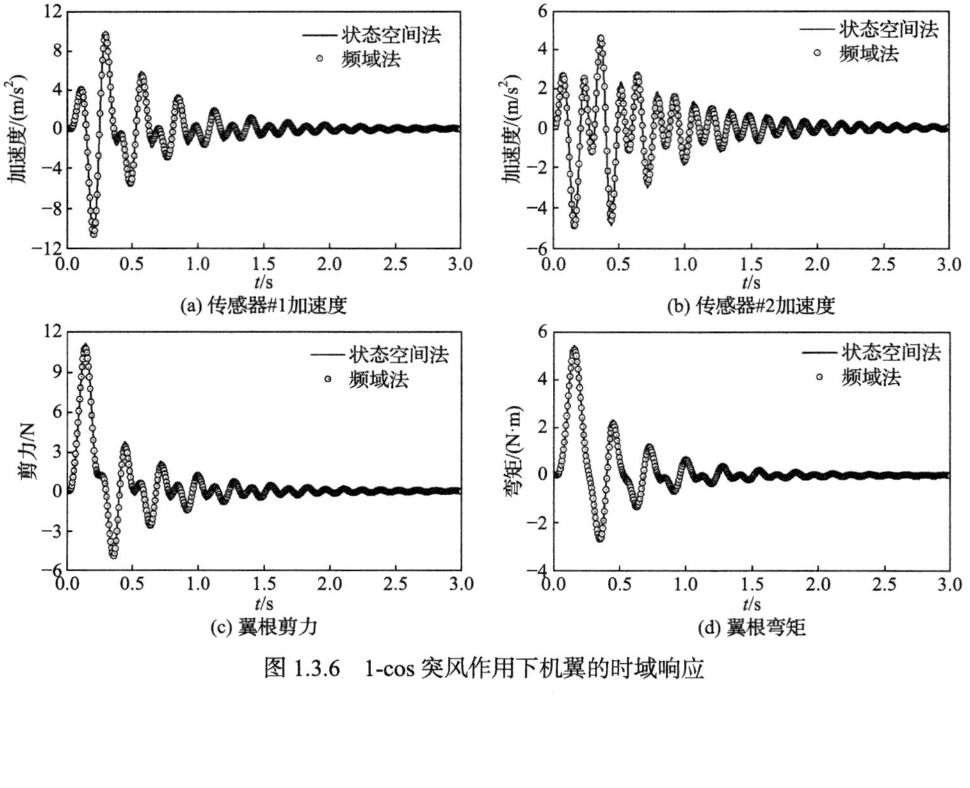

(a) 传感器#1加速度　　(b) 传感器#2加速度

(c) 翼根剪力　　(d) 翼根弯矩

图 1.3.6　1-cos 突风作用下机翼的时域响应

Dryden 连续突风尺度设置为 5m，突风速度的 RMS 值设为 1m/s。图 1.3.7 展示了两个加速度传感器、翼根剪力和翼根弯矩的 PSD 响应曲线。可以看出，状态空间法计算结果与 Nastran 中的频域分析结果符合良好。利用式(1.2.51)计算突风响应的 RMS 值，得到两个加速度传感器的 RMS 分别为 11.11m/s^2 和 8.73m/s^2，翼根剪力的 RMS 为 12.06N，翼根弯矩的 RMS 为 $5.74\text{N}\cdot\text{m}$。Nastran 采用式(1.2.42)中的积分计算，其结果为：两个加速度传感器的 RMS 分别为 11.05m/s^2 和 8.20m/s^2，翼根剪力的 RMS 为 11.69N，翼根弯矩的 RMS 为 $5.59\text{N}\cdot\text{m}$。一致的计算结果验证了自编程序的正确性。

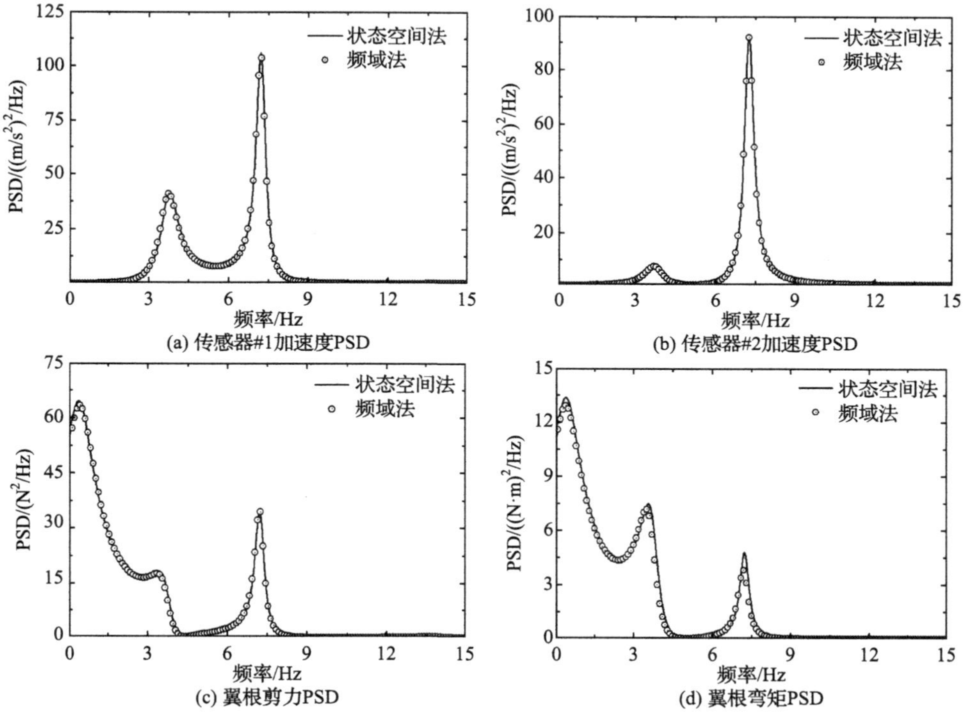

图 1.3.7　Dryden 突风作用下机翼的 PSD 响应曲线

1.4　本 章 小 结

本章根据频域非定常气动力模型，详细推导了控制面偏转和突风联合激励下飞机气动伺服弹性系统状态空间模型，这是飞机气动伺服弹性力学中最重要的基础内容。飞机的结构动力学模型使用外部通用有限元程序建立。本章的突风气动力公式建立在沿展向均匀分布的一维突风的基础上，经适当扩展可计算二维突风响应。在频域气动力的 RFA 拟合中，引入了突风气动力的约束条件，因此求解算法不同于标准形式。最后，数值算例展示了一个机翼的开环气动伺服弹性建模与突风响应分析的完整过程。自编程序采用时域状态空间方法，获得了与 Nastran 中频域方法相一致的计算结果，验证了所建的状态空间模型和自编程序的正确性。

参 考 文 献

[1] Love M, Zink P, Wieselmann P, et al. Body freedom flutter of high aspect ratio flying wings. AIAA Paper, AIAA 2005-1947, 2005.

[2] Regan C D, Jutte C V. Survey of applications of active control technology for gust alleviation and new challenges for lighter-weight aircraft. NASA/TM-2012-216008, 2012.

[3] Knoblach A, Looye G. Efficient determination of worst-case gust loads using system norms. Journal of Aircraft, 2017, 54(3): 1205-1210.

[4] Moulin B, Karpel M. Gust loads alleviation using special control surfaces. Journal of Aircraft, 2007, 44(1): 17-25.

[5] Stodieck O, Cooper J E, Weaver P M, et al. Aeroelastic tailoring of a representative wing box using tow-steered composites. AIAA Journal, 2016, 55(4): 1425-1439.

[6] MSC.Nastran. Aeroelastic analysis user’s guide. CA, USA, Version 68, 2004.

[7] ZONA Technology, ZAERO user’s manual, ver. 8.5, Scottsdale, AZ, 2011.

[8] Afonso F, Vale J, Oliveira É, et al. A review on non-linear aeroelasticity of high aspect-ratio wings. Progress in Aerospace Sciences, 2017, 89: 40-57.

[9] Eichenbaum F D. A general theory of aircraft response to three-dimensional turbulence. Journal of Aircraft, 1971, 8(5): 353-360.

[10] Karpel M, Moulin B, Chen P C. Dynamic response of aeroservoelastic systems to gust excitation. Journal of Aircraft, 2005, 42(5): 1264-1272.

[11] 赵永辉,黄锐. 高等气动弹性力学与控制. 北京: 科学出版社, 2015.

[12] Hassig H J. An approximate true damping solution of the flutter equation by determinant iteration. Journal of Aircraft, 1971, 8(11): 885-889.

[13] Chen P C. Damping perturbation method for flutter solution: the g-method. AIAA Journal, 2000, 38(9): 1519-1524.

[14] Roger K L. Airplane math modeling methods for active control design. Conference Proceedings, Advisory Group for Aerospace Research and Development, AGARD-CP-228, 1977.

[15] Karpel M. Design for active flutter suppression and gust alleviation using state-space aeroelastic modeling. Journal of Aircraft, 1982, 19(3): 221-227.

[16] 赵永辉. 气动弹性力学与控制. 北京: 科学出版社, 2007.

第 2 章　基于 Loewner 框架的气动伺服弹性建模方法

突风载荷是确定结构限制载荷的重要依据，适航标准明确要求要对突风载荷进行全面的动态响应分析[1]。准确的气动模型是突风响应分析的关键。频域气动模型的主要优点是业界有成熟的标准方法，比如 DLM 气动模型，动态响应计算也可以基于频域气动弹性方程实现。然而，时域模型在控制系统设计中更具优势，状态空间形式的气动伺服弹性模型在控制器设计中具有不可替代的作用[2,3]。

有理函数拟合技术可以将频域 GAF 矩阵拟合为有理函数形式，是建立传统时域气动弹性方程的必要步骤。其特点一是需要人工选择滞后根，二是需要迭代计算非线性最小二乘(LS)问题获得系数矩阵。滞后根的取值影响模型精度，经常需要反复试验确定。理论上增加滞后根的数量可以降低拟合误差，然而过多的滞后根不但使系统阶数增加，还会使 LS 拟合出现病态解或过拟合结果[4]。对于全机模型，突风 GAF 矩阵往往表现出强烈的回绕特性，RFA 通常不能充分拟合回绕曲线，使得突风气动力精度降低。

洛纳(Loewner)框架是一种用于近似线性和非线性系统的插值方法。为了改进传统 RFA 方法的缺点，本章在 Loewner 框架基础上开发了一种新的空气动力子系统实现技术[5]。得益于 Mayo 和 Antoulas 开创性的工作[6]，直接由频域传递函数的采样数据构造描述系统的实现非常便捷高效。首先，利用 DLM 非定常气动模型生成的频域 GAF 数据构造出准确的描述系统实现。随后，为了将描述系统转为状态空间形式，提出了一种基于模型分解和降阶的后处理方法，在保证系统稳定性和精度的基础上尽可能地降低系统的阶数。最终生成的空气动力子系统模型可完全替代 RFA 拟合式，进而构造出气动伺服弹性状态空间模型。利用空气动力子系统的实现技术，避免了 RFA 方法中非线性 LS 拟合和人工选择滞后根的不足。本章最后通过一个运输机的数值算例验证了方法的有效性，突风气动模型的准确性得到了大幅提升。突风响应仿真结果表明，状态空间方法能够获得与频域方法一致的结果。

2.1　线性描述系统与切向插值问题

参照气动弹性方程式(1.1.31)，系统的气动力部分由基于 DLM 的 GAF 矩阵描述。GAF 矩阵可看作空气动力子系统的传递函数，在给定的减缩频率和马赫数下可计算具体数值，但没有直接的显式表达。建立气动弹性系统的状态空间方程归结于空气动力子系统的实现问题。传统 RFA 方法利用一系列减缩频率下的 GAF 矩阵拟合得到式(1.2.1)中的有理函数表达式，该表达式包含一个二次多项式，各次项分别代表气动力的刚度、阻尼和惯性效应，另外，使用一个真有理函数项表示非定常气动力的滞后效应。RFA 方法实际上建立了一个非真的有理传递函数，这是传统状态空间实现的扩展。因此，空气动力子系统自然可以用更一般的描述系统来表示。

考察以下线性系统

$$\boldsymbol{E}\dot{\boldsymbol{x}}(t)=\boldsymbol{A}\boldsymbol{x}(t)+\boldsymbol{B}\boldsymbol{u}(t)\,,\quad \boldsymbol{y}(t)=\boldsymbol{C}\boldsymbol{x}(t)+\boldsymbol{D}\boldsymbol{u}(t) \tag{2.1.1}$$

式中，$\boldsymbol{x}\in\mathbb{R}^n$ 称为状态变量或内部变量，$\boldsymbol{u}\in\mathbb{R}^m$ 为输入，$\boldsymbol{y}\in\mathbb{R}^q$ 为输出。$\boldsymbol{A}$、$\boldsymbol{B}$、$\boldsymbol{C}$、$\boldsymbol{D}$ 均为常矩阵，其阶数与相关变量匹配。$\boldsymbol{E}$ 为方阵，可能是奇异矩阵。以上形式的系统称为描述系统。根据研究领域的不同，有时也称为广义状态空间系统[7]。

有实际意义的描述系统要求矩阵束 $(\boldsymbol{A},\boldsymbol{E})$ 为正则的，即存在有限值 $s\in\mathbb{C}$ 使 $(s\boldsymbol{E}-\boldsymbol{A})$ 非奇异，此时描述系统存在唯一解。使 $(s\boldsymbol{E}-\boldsymbol{A})$ 奇异的点 s 称为系统的极点，即矩阵束 $(\boldsymbol{A},\boldsymbol{E})$ 的广义特征值。

描述系统的传递函数为矩阵形式的有理分式，表示为

$$\boldsymbol{H}(s)=\boldsymbol{C}(s\boldsymbol{E}-\boldsymbol{A})^{-1}\boldsymbol{B}+\boldsymbol{D} \tag{2.1.2}$$

任何有理传递函数矩阵都存在描述系统实现[8]，因此上式也是有理传递函数矩阵的通用格式。非真的传递函数一定具有奇异的 $\boldsymbol{E}$ 矩阵，反之不一定成立。传递函数的实现形式并不唯一，当且仅当实现是完全可观和完全可控时，系统具有最小阶数[9]。最小实现系统的阶数一般不能代表其传递函数中多项式的次数，通常引入有理函数矩阵的麦克米伦(McMillan)次数来描述系统传递函数的复杂度。如果系统是最小实现的，传递函数的 McMillan 次数等于 $\boldsymbol{E}$ 矩阵的秩[6]。

讨论描述系统时，$\boldsymbol{D}$ 矩阵的存在与否并不影响模型的一般性，系统可通过合并矩阵的方式转换成消除 $\boldsymbol{D}$ 矩阵的形式，上述关于系统实现的结论在规定系统无 $\boldsymbol{D}$ 矩阵时仍然成立。需要说明的是，限制 $\boldsymbol{D}$ 矩阵为零的情况下系统的最小实现可看作有条件的最小实现，与无限制的情况相比，后者可能具有更小的系统阶数，但两者都等价于系统完全可观和完全可控[10]。

考虑目标系统具有可估值的传递函数 $\boldsymbol{H}(s)$，但没有具体的表达式。广义实现问题表示为利用 $\boldsymbol{H}(s)$ 在复平面不同点处的采样数据构造式(2.1.2)中的描述系统实现。进一步，广义实现问题可推广为切向插值问题，即寻找一个描述系统实现，相应的传递函数 $\hat{\boldsymbol{H}}(s)$ 视作插值函数，在采样点处满足如下右切向插值条件和左切向插值条件

$$\hat{\boldsymbol{H}}(\lambda_i)\boldsymbol{r}_i = \boldsymbol{H}(\lambda_i)\boldsymbol{r}_i\ ,\quad i=1,\cdots,\overline{n} \tag{2.1.3}$$

$$\boldsymbol{l}_j^{\mathrm{T}}\hat{\boldsymbol{H}}(\mu_j) = \boldsymbol{l}_j^{\mathrm{T}}\boldsymbol{H}(\mu_j)\ ,\quad j=1,\cdots,\underline{n} \tag{2.1.4}$$

式中，$\lambda_i \in \mathbb{C}$ 和 $\mu_j \in \mathbb{C}$ 分别为右采样频率点和左采样频率点，对 $\forall i,j$ 要求 $\lambda_i \neq \mu_j$；此外，传递函数在采样频率点处为有限值，即采样点不是系统的极点。$\boldsymbol{r}_i \in \mathbb{C}^m$ 和 $\boldsymbol{l}_j \in \mathbb{C}^q$ 分别为任意给定的右切向向量和左切向向量。

注意切向插值是广义实现问题的推广而不是特殊化，这是因为切向插值的问题描述中包含了矩阵插值。如果对每一个 λ_i 都重复采样 m 次，相关的右切向选取单位阵 $\boldsymbol{I}_m$ 的不同列；再对每一个 μ_j 重复采样 q 次，相关的左切向选取单位阵 $\boldsymbol{I}_q$ 的不同列；那么，切向插值问题相当于构造系统 $\hat{\boldsymbol{H}}(s)$ 使其与 $\boldsymbol{H}(s)$ 的矩阵值在采样点处相等。

2.2　Loewner 框架下空气动力子系统的实现

2.2.1　生成切向数据集

由于 GAF 矩阵表示的传递函数定义在无量纲复频率 p 下，空气动力子系统的时域方程也应无量纲化处理，参照式(2.1.1)，将其写为以下形式

$$\boldsymbol{E}\boldsymbol{x}'(\tau) = \boldsymbol{A}\boldsymbol{x}(\tau) + \boldsymbol{B}\boldsymbol{u}(\tau)\ ,\quad \boldsymbol{y}(\tau) = \boldsymbol{C}\boldsymbol{x}(\tau) + \boldsymbol{D}\boldsymbol{u}(\tau) \tag{2.2.1}$$

式中，$\tau = U_\infty t / b_{\mathrm{R}}$ 为无量纲时间，$(\ )'$ 表示对 τ 的导数。相应地，空气动力传递函数表示为

$$\boldsymbol{Q}(p) = \boldsymbol{C}(p\boldsymbol{E} - \boldsymbol{A})^{-1}\boldsymbol{B} + \boldsymbol{D} \tag{2.2.2}$$

利用传递函数采样数据寻找描述系统实现 $(\boldsymbol{E}, \boldsymbol{A}, \boldsymbol{B}, \boldsymbol{C}, \boldsymbol{D})$ 可按照切向插值问题求解。首先给出针对气动力系统的采样频率和切向量的生成方法。为方便叙述，不加区分地以 $\boldsymbol{Q}(p)$ 表示式(1.2.2)中的任意 GAF 矩阵或是它们的组合。由于传递函数建立的时域输入输出关系是实值的，因此 $\boldsymbol{Q}(p)$ 一定有如下复共轭特性

$$\boldsymbol{Q}(\overline{p}) = \overline{\boldsymbol{Q}}(p) \tag{2.2.3}$$

式中，$\overline{(\ )}$ 表示复共轭。根据频域气动力计算方法，仅能获得虚轴上的空气动力传递函数值，即 $p = \mathrm{i}k$。考虑到复共轭关系，进一步限制采样频率范围为 $k \geqslant 0$。给定一系列的减缩频率点，得到气动力系统的原始采样数据如下

$$\left\{(k_l, \boldsymbol{Q}_l) \mid k_l \geqslant 0, \boldsymbol{Q}_l \in \mathbb{C}^{q\times m}, l = 0,1,\cdots,N\right\} \tag{2.2.4}$$

式中，$\boldsymbol{Q}_l$ 即为传递函数在减缩频率 k_l 处的值 $\boldsymbol{Q}(\mathrm{i}k_l)$。规定 k_l 各不相同且按升序排

列，数据集中总是包含零频率的传递函数值，即 $k_0=0$，且 $N\geqslant 1$。

为了构造实系统矩阵，原始数据集中需要附带复共轭的频域数据。根据式(2.2.3)给出的关系，负频率处的传递函数值可自然获得。接下来将共计 $2N+1$ 组的数据划分为两组，生成如下右切向数据和左切向数据

$$\left\{(\lambda_i, \boldsymbol{r}_i, \boldsymbol{w}_i) \mid \boldsymbol{r}_i \in \mathbb{C}^m, \boldsymbol{w}_i \in \mathbb{C}^q, i=1,\cdots,\overline{n}\right\} \tag{2.2.5}$$

$$\left\{(\mu_j, \boldsymbol{l}_j, \boldsymbol{v}_j) \mid \boldsymbol{l}_j \in \mathbb{C}^q, \boldsymbol{v}_j \in \mathbb{C}^m, j=1,\cdots,\underline{n}\right\} \tag{2.2.6}$$

式中，λ_i 和 μ_j 分别为右复频率点和左复频率点，$\boldsymbol{r}_i$ 和 $\boldsymbol{l}_j$ 分别为给定的右切向向量和左切向向量，$\boldsymbol{w}_i$ 和 $\boldsymbol{v}_j$ 分别为传递函数的右切向响应和左切向响应，按下式计算

$$\boldsymbol{w}_i = \boldsymbol{Q}(\lambda_i)\boldsymbol{r}_i\,,\quad i=1,\cdots,\overline{n} \tag{2.2.7}$$

$$\boldsymbol{v}_j^{\mathrm{T}} = \boldsymbol{l}_j^{\mathrm{T}}\boldsymbol{Q}(\mu_j)\,,\quad j=1,\cdots,\underline{n} \tag{2.2.8}$$

数据划分和切向量的选择必须保证所得切向数据集对共轭运算封闭，在此前提下有多种可能的处理方式[11,12]。图 2.2.1 展示了两种划分数据的方法。在交替取点方案中，右复频率点和左复频率点连同它们的共轭值按照采样频率顺序交替选取；在中间划分方案中，右复频率点及其共轭值选择采样频率中数值较小的一半，左复频率点包含剩余的数据。Ionita 讨论了这两种划分方式对 Loewner 矩阵数值特性的影响[13]。其中，交替取点划分倾向于减少矩阵的病态程度，因此本章采用这种划分方式。切向量可在整个向量空间中自由选择，通常使用单位向量或随机向量。为了规范计算流程，建议使用单位向量，即切向量按照频率顺序依次选择单位矩阵的不同列，因而切向响应在每个频率点处只取频响函数的一行或一列。附录 A 中给出了具体的切向数据格式。

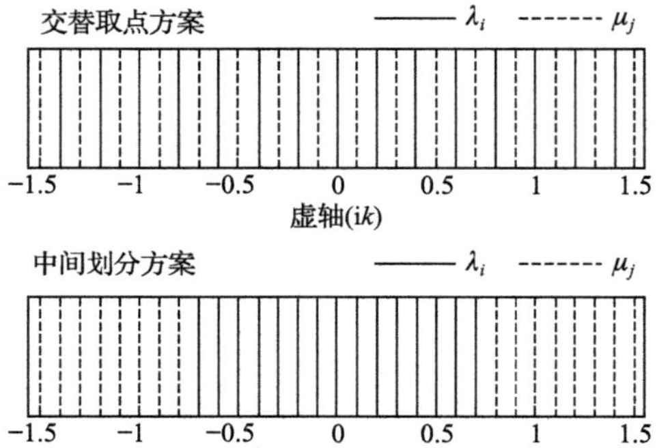

图 2.2.1　两种数据划分方式

空气动力子系统的实现问题按照切向插值问题表述为：利用式(2.2.5)和式(2.2.6)中的切向数据构造一个描述系统实现 $(\boldsymbol{E}, \boldsymbol{A}, \boldsymbol{B}, \boldsymbol{C})$ (无 $\boldsymbol{D}$ 矩阵形式)，各系

统矩阵均为实矩阵且具有适中的阶数，所构造系统的传递函数满足以下右切向插值条件和左切向插值条件

$$\boldsymbol{C}(\lambda_i\boldsymbol{E}-\boldsymbol{A})^{-1}\boldsymbol{B}\boldsymbol{r}_i=\boldsymbol{w}_i\ ,\quad i=1,\cdots,\overline{n} \tag{2.2.9}$$

$$\boldsymbol{l}_j^{\mathrm{T}}\boldsymbol{C}(\mu_j\boldsymbol{E}-\boldsymbol{A})^{-1}\boldsymbol{B}=\boldsymbol{v}_j^{\mathrm{T}}\ ,\quad j=1,\cdots,\underline{n} \tag{2.2.10}$$

2.2.2 Loewner 矩阵与偏移 Loewner 矩阵

上述切向插值问题可在 Loewner 框架下解决。Loewner 矩阵最初是为了构造标量有理插值函数而引入的，Mayo 和 Antoulas 在此基础上通过引入额外的偏移 Loewner 矩阵而解决了矩阵插值问题[6]。首先根据式(2.2.5)和式(2.2.6)中给出的切向数据定义如下 Loewner 矩阵

$$\mathbb{L}=\begin{bmatrix}\dfrac{\boldsymbol{v}_1^{\mathrm{T}}\boldsymbol{r}_1-\boldsymbol{l}_1^{\mathrm{T}}\boldsymbol{w}_1}{\mu_1-\lambda_1} & \cdots & \dfrac{\boldsymbol{v}_1^{\mathrm{T}}\boldsymbol{r}_{\overline{n}}-\boldsymbol{l}_1^{\mathrm{T}}\boldsymbol{w}_{\overline{n}}}{\mu_1-\lambda_{\overline{n}}}\\ \vdots & \ddots & \vdots\\ \dfrac{\boldsymbol{v}_{\underline{n}}^{\mathrm{T}}\boldsymbol{r}_1-\boldsymbol{l}_{\underline{n}}^{\mathrm{T}}\boldsymbol{w}_1}{\mu_{\underline{n}}-\lambda_1} & \cdots & \dfrac{\boldsymbol{v}_{\underline{n}}^{\mathrm{T}}\boldsymbol{r}_{\overline{n}}-\boldsymbol{l}_{\underline{n}}^{\mathrm{T}}\boldsymbol{w}_{\overline{n}}}{\mu_{\underline{n}}-\lambda_{\overline{n}}}\end{bmatrix}\in\mathbb{C}^{\underline{n}\times\overline{n}} \tag{2.2.11}$$

随后将右切向响应 $\boldsymbol{w}_i$ 和左切向响应 $\boldsymbol{v}_j$ 替换成 $\lambda_i\boldsymbol{w}_i$ 和 $\mu_j\boldsymbol{v}_j$，其含义为对传递函数 $p\cdot\boldsymbol{Q}(p)$ 进行切向采样，可定义如下偏移 Loewner 矩阵

$$\mathbb{L}_{\mathrm{s}}=\begin{bmatrix}\dfrac{\mu_1\boldsymbol{v}_1^{\mathrm{T}}\boldsymbol{r}_1-\boldsymbol{l}_1^{\mathrm{T}}\boldsymbol{w}_1\lambda_1}{\mu_1-\lambda_1} & \cdots & \dfrac{\mu_1\boldsymbol{v}_1^{\mathrm{T}}\boldsymbol{r}_{\overline{n}}-\boldsymbol{l}_1^{\mathrm{T}}\boldsymbol{w}_{\overline{n}}\lambda_{\overline{n}}}{\mu_1-\lambda_{\overline{n}}}\\ \vdots & \ddots & \vdots\\ \dfrac{\mu_{\underline{n}}\boldsymbol{v}_{\underline{n}}^{\mathrm{T}}\boldsymbol{r}_1-\boldsymbol{l}_{\underline{n}}^{\mathrm{T}}\boldsymbol{w}_1\lambda_1}{\mu_{\underline{n}}-\lambda_1} & \cdots & \dfrac{\mu_{\underline{n}}\boldsymbol{v}_{\underline{n}}^{\mathrm{T}}\boldsymbol{r}_{\overline{n}}-\boldsymbol{l}_{\underline{n}}^{\mathrm{T}}\boldsymbol{w}_{\overline{n}}\lambda_{\overline{n}}}{\mu_{\underline{n}}-\lambda_{\overline{n}}}\end{bmatrix}\in\mathbb{C}^{\underline{n}\times\overline{n}} \tag{2.2.12}$$

容易验证 $\mathbb{L}$ 和 $\mathbb{L}_{\mathrm{s}}$ 分别满足如下西尔维斯特(Sylvester)方程，并且是方程的唯一解

$$\boldsymbol{M}\mathbb{L}-\mathbb{L}\boldsymbol{\Lambda}=\boldsymbol{V}\boldsymbol{R}-\boldsymbol{L}\boldsymbol{W} \tag{2.2.13}$$

$$\boldsymbol{M}\mathbb{L}_{\mathrm{s}}-\mathbb{L}_{\mathrm{s}}\boldsymbol{\Lambda}=\boldsymbol{M}\boldsymbol{V}\boldsymbol{R}-\boldsymbol{L}\boldsymbol{W}\boldsymbol{\Lambda} \tag{2.2.14}$$

式中，$\boldsymbol{\Lambda}\in\mathbb{C}^{\overline{n}\times\overline{n}}$，$\boldsymbol{R}\in\mathbb{C}^{m\times\overline{n}}$，$\boldsymbol{W}\in\mathbb{C}^{q\times\overline{n}}$ 为右切向数据构成的矩阵

$$\boldsymbol{\Lambda}=\mathrm{diag}(\lambda_1\quad\cdots\quad\lambda_{\overline{n}})\ ,\quad \boldsymbol{R}=[\boldsymbol{r}_1\quad\cdots\quad\boldsymbol{r}_{\overline{n}}],\quad \boldsymbol{W}=[\boldsymbol{w}_1\quad\cdots\quad\boldsymbol{w}_{\overline{n}}] \tag{2.2.15}$$

而 $\boldsymbol{M}\in\mathbb{C}^{\underline{n}\times\underline{n}}$，$\boldsymbol{L}\in\mathbb{C}^{\underline{n}\times q}$，$\boldsymbol{V}\in\mathbb{C}^{\underline{n}\times m}$ 为左切向数据构成的矩阵

$$\boldsymbol{M}=\mathrm{diag}(\mu_1\quad\cdots\quad\mu_{\underline{n}})\ ,\quad \boldsymbol{L}^{\mathrm{T}}=[\boldsymbol{l}_1\quad\cdots\quad\boldsymbol{l}_{\underline{n}}],\quad \boldsymbol{V}^{\mathrm{T}}=[\boldsymbol{v}_1\quad\cdots\quad\boldsymbol{v}_{\underline{n}}] \tag{2.2.16}$$

将式(2.2.14)的左右两侧各减去 $\boldsymbol{M}\mathbb{L}\boldsymbol{\Lambda}$，调整后得到如下等式

$$\boldsymbol{M}(\mathbb{L}_{\mathrm{s}}-\mathbb{L}\boldsymbol{\Lambda}-\boldsymbol{VR})-(\mathbb{L}_{\mathrm{s}}-\boldsymbol{M}\mathbb{L}-\boldsymbol{LW})\boldsymbol{\Lambda}=\boldsymbol{0} \tag{2.2.17}$$

上式看作以 $\boldsymbol{M}$ 和 $\boldsymbol{\Lambda}$ 为已知量的 Sylvester 方程有唯一零解，由此推出 $\mathbb{L}$ 和 $\mathbb{L}_{\mathrm{s}}$ 满足如下关系

$$\mathbb{L}_{\mathrm{s}}-\mathbb{L}\boldsymbol{\Lambda}=\boldsymbol{VR}\text{，}\quad \mathbb{L}_{\mathrm{s}}-\boldsymbol{M}\mathbb{L}=\boldsymbol{LW} \tag{2.2.18}$$

2.2.3 构造插值描述系统

Loewner 矩阵的秩能够揭示目标系统的复杂程度。假设式(2.2.5)和式(2.2.6)中的切向数据来自最小实现的 n 阶描述系统 $(\boldsymbol{E}, \boldsymbol{A}, \boldsymbol{B}, \boldsymbol{C})$，可推出式(2.2.11)和式(2.2.12)中定义的 Loewner 矩阵和偏移 Loewner 矩阵具有如下重要的分解式[9]

$$\mathbb{L}=-\mathcal{O}\boldsymbol{E}\mathcal{R}\text{，}\quad \mathbb{L}_{\mathrm{s}}=-\mathcal{O}\boldsymbol{A}\mathcal{R} \tag{2.2.19}$$

式中，$\mathcal{O}\in\mathbb{C}^{\underline{n}\times n}$ 为广义切向能观性矩阵，$\mathcal{R}\in\mathbb{C}^{n\times\overline{n}}$ 为广义切向能控性矩阵，定义如下

$$\mathcal{O}=\begin{bmatrix} \boldsymbol{l}_1^{\mathrm{T}}\boldsymbol{C}(\mu_1\boldsymbol{E}-\boldsymbol{A})^{-1} \\ \vdots \\ \boldsymbol{l}_{\underline{n}}^{\mathrm{T}}\boldsymbol{C}(\mu_{\underline{n}}\boldsymbol{E}-\boldsymbol{A})^{-1} \end{bmatrix}\text{，}\quad \mathcal{R}=\begin{bmatrix}(\lambda_1\boldsymbol{E}-\boldsymbol{A})^{-1}\boldsymbol{Br}_1 & \cdots & (\lambda_{\overline{n}}\boldsymbol{E}-\boldsymbol{A})^{-1}\boldsymbol{Br}_{\overline{n}}\end{bmatrix} \tag{2.2.20}$$

如果矩阵 $\mathcal{O}$ 列满秩，矩阵 $\mathcal{R}$ 行满秩，可证明 Loewner 矩阵的秩满足如下关系

$$\operatorname{rank}\mathbb{L}=\operatorname{rank}\boldsymbol{E}\text{，}\quad \operatorname{rank}\mathbb{L}_{\mathrm{s}}=\operatorname{rank}\boldsymbol{A} \tag{2.2.21}$$

$$\operatorname{rank}(x\mathbb{L}-\mathbb{L}_{\mathrm{s}})=\operatorname{rank}[\mathbb{L}\quad \mathbb{L}_{\mathrm{s}}]=\operatorname{rank}\begin{bmatrix}\mathbb{L}\\ \mathbb{L}_{\mathrm{s}}\end{bmatrix}=n\text{，}\quad \forall x\in\{\lambda_i\}\cup\{\mu_j\} \tag{2.2.22}$$

上式证明任意矩阵左乘列满秩矩阵或右乘行满秩矩阵后秩不变，以及 x 不为系统极点时矩阵 $(x\boldsymbol{E}-\boldsymbol{A})$ 非奇异。如果采样点足够多($\overline{n}, \underline{n}\gg n$)，切向量 $\boldsymbol{r}_i$ 和 $\boldsymbol{l}_j$ 的选择具有一般性(不限制在某子空间)，获得列满秩的 $\mathcal{O}$ 和行满秩的 $\mathcal{R}$ 是容易的。实际操作中不直接计算 $\mathcal{O}$ 和 $\mathcal{R}$，但是分解式(2.2.19)意味着 Loewner 矩阵的秩具有式(2.2.21)和式(2.2.22)中给出的上限。采样富余时，继续增加采样点将不会改变 Loewner 矩阵的秩，矩阵的奇异值分布会出现明显的突降现象。

气动力系统由小扰动速度势方程支配，理论上 $\boldsymbol{Q}(p)$ 的阶数非常高。当面对高阶系统时，通常难以采集大量的样本来保证 $\mathcal{O}$ 和 $\mathcal{R}$ 满秩。实际上，由于偏微分方程数值求解方法的限制，采样始终是在有限的频率区域内进行的，目标系统可看作中等阶数的系统。随着采样点数的增加，Loewner 矩阵的秩同样存在上限。这种情况下矩阵的奇异值分布也许不会出现突降现象，而是呈现平缓下降趋势，通过奇异值判断矩阵的秩需要由给定的阈值确定。

以上结论表明只要采样数据足够多，Loewner 矩阵能够揭示潜在系统的阶数

和 McMillan 次数。在实际操作中，当矩阵 $(x\mathbb{L}-\mathbb{L}_{\mathrm{s}})$ 存在多个阈值以下的小奇异值时，即可判定采样数据足够，同时插值的前提条件式(2.2.22)满足。如果式(2.2.22)条件满足，则按照以下方式构造的描述系统 $(\boldsymbol{E}, \boldsymbol{A}, \boldsymbol{B}, \boldsymbol{C})$，其传递函数满足切向插值条件式(2.2.9)和式(2.2.10)，并且是最小实现的。

首先做如下截断奇异值分解(SVD)

$$[\mathbb{L}\quad \mathbb{L}_{\mathrm{s}}]=\boldsymbol{Y}\boldsymbol{\Sigma}_{1}\boldsymbol{X}_{1}^{*}, \quad \begin{bmatrix}\mathbb{L}\\ \mathbb{L}_{\mathrm{s}}\end{bmatrix}=\boldsymbol{Y}_{\mathrm{r}}\boldsymbol{\Sigma}_{\mathrm{r}}\boldsymbol{X}^{*} \tag{2.2.23}$$

式中，$\boldsymbol{Y}\in\mathbb{C}^{\underline{n}\times n}$ 和 $\boldsymbol{X}\in\mathbb{C}^{\bar{n}\times n}$ 的列向量单位正交，$\boldsymbol{\Sigma}_{1}$ 和 $\boldsymbol{\Sigma}_{\mathrm{r}}\in\mathbb{R}^{n\times n}$ 为正奇异值组成的对角阵，$(\ )^{*}$ 表示共轭转置。最小实现的 n 阶描述系统矩阵按照下式计算

$$\boldsymbol{E}=-\boldsymbol{Y}^{*}\mathbb{L}\boldsymbol{X}, \quad \boldsymbol{A}=-\boldsymbol{Y}^{*}\mathbb{L}_{\mathrm{s}}\boldsymbol{X}, \quad \boldsymbol{B}=\boldsymbol{Y}^{*}\boldsymbol{V}, \quad \boldsymbol{C}=\boldsymbol{W}\boldsymbol{X} \tag{2.2.24}$$

切向插值条件成立的证明见本书的附录 B。

2.2.4　建立实系统矩阵

由于切向数据和 Loewner 矩阵均为复值，因此式(2.2.24)中得到的描述系统矩阵也一般是复矩阵。注意到切向数据的选取能够保证式(2.2.15)中矩阵 $\boldsymbol{\Lambda}$、$\boldsymbol{R}$、$\boldsymbol{W}$ 的对角元或列向量中的复值总是共轭成对出现，且所处位置一致。式(2.2.16)中矩阵 $\boldsymbol{M}$、$\boldsymbol{L}$、$\boldsymbol{V}$ 的对角元或行向量也是如此。因此容易构造两个酉矩阵 $\boldsymbol{G}\in\mathbb{C}^{\bar{n}\times\bar{n}}$ 和 $\boldsymbol{P}\in\mathbb{C}^{\underline{n}\times\underline{n}}$，通过下式将上述各矩阵转换为实值

$$\boldsymbol{\Lambda}_{\mathrm{R}}=\boldsymbol{G}\boldsymbol{\Lambda}\boldsymbol{G}^{*}, \quad \boldsymbol{R}_{\mathrm{R}}=\boldsymbol{R}\boldsymbol{G}^{*}, \quad \boldsymbol{W}_{\mathrm{R}}=\boldsymbol{W}\boldsymbol{G}^{*} \tag{2.2.25}$$

$$\boldsymbol{M}_{\mathrm{R}}=\boldsymbol{P}\boldsymbol{M}\boldsymbol{P}^{*}, \quad \boldsymbol{L}_{\mathrm{R}}=\boldsymbol{P}\boldsymbol{L}, \quad \boldsymbol{V}_{\mathrm{R}}=\boldsymbol{P}\boldsymbol{V} \tag{2.2.26}$$

定义实 Loewner 矩阵 $\mathbb{L}_{\mathrm{R}}$、$\mathbb{L}_{\mathrm{Rs}}\in\mathbb{R}^{\underline{n}\times\bar{n}}$ 为如下两个 Sylvester 方程的唯一解

$$\boldsymbol{M}_{\mathrm{R}}\mathbb{L}_{\mathrm{R}}-\mathbb{L}_{\mathrm{R}}\boldsymbol{\Lambda}_{\mathrm{R}}=\boldsymbol{V}_{\mathrm{R}}\boldsymbol{R}_{\mathrm{R}}-\boldsymbol{L}_{\mathrm{R}}\boldsymbol{W}_{\mathrm{R}} \tag{2.2.27}$$

$$\boldsymbol{M}_{\mathrm{R}}\mathbb{L}_{\mathrm{Rs}}-\mathbb{L}_{\mathrm{Rs}}\boldsymbol{\Lambda}_{\mathrm{R}}=\boldsymbol{M}_{\mathrm{R}}\boldsymbol{V}_{\mathrm{R}}\boldsymbol{R}_{\mathrm{R}}-\boldsymbol{L}_{\mathrm{R}}\boldsymbol{W}_{\mathrm{R}}\boldsymbol{\Lambda}_{\mathrm{R}} \tag{2.2.28}$$

对比以上两个 Sylvester 方程与式(2.2.13)和式(2.2.14)，可推出实值的 $\mathbb{L}_{\mathrm{R}}$、$\mathbb{L}_{\mathrm{Rs}}$ 与原 $\mathbb{L}$、$\mathbb{L}_{\mathrm{s}}$ 之间存在如下变换关系

$$\mathbb{L}_{\mathrm{R}}=\boldsymbol{P}\mathbb{L}\boldsymbol{G}^{*}, \quad \mathbb{L}_{\mathrm{Rs}}=\boldsymbol{P}\mathbb{L}_{\mathrm{s}}\boldsymbol{G}^{*} \tag{2.2.29}$$

上式表明 $\mathbb{L}_{\mathrm{R}}$、$\mathbb{L}_{\mathrm{Rs}}$ 与 $\mathbb{L}$、$\mathbb{L}_{\mathrm{s}}$ 的奇异值和秩均相同，式(2.2.21)和式(2.2.22)中关于矩阵秩的性质也适用于实 Loewner 矩阵。因此完全可以根据实 Loewner 矩阵的秩去判断系统阶数，以及构造插值描述系统。附录 C 中给出了转换矩阵 $\boldsymbol{G}$ 和 $\boldsymbol{P}$ 的具体形式，以及求解实 Loewner 矩阵的实用方法。得到 $\mathbb{L}_{\mathrm{R}}$、$\mathbb{L}_{\mathrm{Rs}}$ 后，实系统矩阵按照以下方式构造。

首先做如下截断 SVD

$$[\mathbb{L}_{\mathrm{R}} \quad \mathbb{L}_{\mathrm{Rs}}] = \boldsymbol{Y}_{\mathrm{R}}\boldsymbol{\Sigma}_{1}\boldsymbol{X}_{1}^{\mathrm{T}}, \quad \begin{bmatrix} \mathbb{L}_{\mathrm{R}} \\ \mathbb{L}_{\mathrm{Rs}} \end{bmatrix} = \boldsymbol{Y}_{\mathrm{r}}\boldsymbol{\Sigma}_{\mathrm{r}}\boldsymbol{X}_{\mathrm{R}}^{\mathrm{T}} \tag{2.2.30}$$

式中，$\boldsymbol{Y}_{\mathrm{R}} \in \mathbb{R}^{\underline{n}\times n}$ 和 $\boldsymbol{X}_{\mathrm{R}} \in \mathbb{R}^{\overline{n}\times n}$ 的列向量单位正交，$\boldsymbol{\Sigma}_1$ 和 $\boldsymbol{\Sigma}_{\mathrm{r}} \in \mathbb{R}^{n\times n}$ 为正奇异值组成的对角阵。最小实现的 n 阶实系统矩阵按照下式计算

$$\boldsymbol{E}_{\mathrm{R}} = -\boldsymbol{Y}_{\mathrm{R}}^{\mathrm{T}}\mathbb{L}_{\mathrm{R}}\boldsymbol{X}_{\mathrm{R}}, \quad \boldsymbol{A}_{\mathrm{R}} = -\boldsymbol{Y}_{\mathrm{R}}^{\mathrm{T}}\mathbb{L}_{\mathrm{Rs}}\boldsymbol{X}_{\mathrm{R}}, \quad \boldsymbol{B}_{\mathrm{R}} = \boldsymbol{Y}_{\mathrm{R}}^{\mathrm{T}}\boldsymbol{V}_{\mathrm{R}}, \quad \boldsymbol{C}_{\mathrm{R}} = \boldsymbol{W}_{\mathrm{R}}\boldsymbol{X}_{\mathrm{R}} \tag{2.2.31}$$

根据式(2.2.23)、式(2.2.29)和式(2.2.30)可知，$\boldsymbol{Y}_{\mathrm{R}}$ 与 $\boldsymbol{PY}$ 均为 $[\mathbb{L}_{\mathrm{R}} \quad \mathbb{L}_{\mathrm{Rs}}]$ 的正交基，以及 $\boldsymbol{X}_{\mathrm{R}}$ 与 $\boldsymbol{GX}$ 均为 $[\mathbb{L}_{\mathrm{R}}^{\mathrm{T}} \quad \mathbb{L}_{\mathrm{Rs}}^{\mathrm{T}}]$ 的正交基。因此，两组基之间存在过渡矩阵 $\boldsymbol{P}_{\mathrm{T}}$、$\boldsymbol{G}_{\mathrm{T}}$ 满足 $\boldsymbol{Y}_{\mathrm{R}} = \boldsymbol{PYP}_{\mathrm{T}}$、$\boldsymbol{X}_{\mathrm{R}} = \boldsymbol{GXG}_{\mathrm{T}}$，可将式(2.2.24)中的复系统变换为式(2.2.31)中的实系统，即复系统和实系统实际上是等价系统。

2.3　状态空间建模中的问题

Loewner 方法能够通过传递函数的采样数据直接构造描述系统实现，系统阶数由 Loewner 矩阵的秩判定，最终建立的系统具有满足切向插值条件的最小阶数。对于空气动力子系统来说，算法建立了高精度的有理函数拟合，表示为

$$\boldsymbol{Q}(p) = \boldsymbol{C}_{\mathrm{R}}(p\boldsymbol{E}_{\mathrm{R}} - \boldsymbol{A}_{\mathrm{R}})^{-1}\boldsymbol{B}_{\mathrm{R}} \tag{2.3.1}$$

传统 RFA 方法中，气动力矩阵的拟合表达式由直接传输项和滞后项两部分组成。直接传输项为二次多项式形式，滞后项为状态空间形式，具有稳定的系统矩阵。对比 RFA 方法，将 Loewner 方法应用于状态空间建模还需要解决两个问题：其一是算法不保证系统稳定，需要处理可能出现的不稳定极点；其二是描述系统的直接项包含在各系统矩阵中，需要提取出由无穷极点代表的有理函数中的非真部分。

Gosea 和 Antoulas[14] 在 Loewner 框架的基础上增加了保持稳定性的后处理方法，通过求解 RH_2 或 RH_∞估计问题获得与原系统最接近的稳定系统。Quero 等[15]将 Loewner 方法结合以上稳定处理方法应用于气动弹性系统的状态空间建模。在直接项的提取操作中，他们使用特定形式的有理函数来拟合描述系统中的非真部分，随后将 GAF 矩阵减去此非真项，再构造一个具有真有理函数形式的描述系统。然而这个过程并不严谨，因为 GAF 矩阵改变后所构造的描述系统的极点也会改变，这种做法不能保证第二次生成的描述系统是真有理函数形式。Kabir 和 Khazaka[12]使用系统分解的方法对直接项进行分离和估计，他们的工作为我们提供了启发。本章采取了一种更通用的系统分解方法，能够排除系统的不稳定极点和无穷极点；随后对稳定部分进行平衡截断降阶，在较少损失精度的前提下减小模型的阶数；最终采用 LS 再拟合方法获得期望形式的传递函数表达式。下面给

出具体做法。

2.3.1　系统加性分解

此步的目标是将式(2.3.1)中的描述系统按照极点类别分解为以下两部分之和

$$\boldsymbol{C}_\mathrm{R}(p\boldsymbol{E}_\mathrm{R}-\boldsymbol{A}_\mathrm{R})^{-1}\boldsymbol{B}_\mathrm{R}=\boldsymbol{C}_\mathrm{D}(p\boldsymbol{E}_\mathrm{D}-\boldsymbol{A}_\mathrm{D})^{-1}\boldsymbol{B}_\mathrm{D}+\boldsymbol{C}_\mathrm{U}(p\boldsymbol{E}_\mathrm{U}-\boldsymbol{A}_\mathrm{U})^{-1}\boldsymbol{B}_\mathrm{U} \tag{2.3.2}$$

式中，第一部分$(\boldsymbol{E}_\mathrm{D},\boldsymbol{A}_\mathrm{D},\boldsymbol{B}_\mathrm{D},\boldsymbol{C}_\mathrm{D})$称为期望系统，仅包含原系统中有限且稳定的极点；第二部分$(\boldsymbol{E}_\mathrm{U},\boldsymbol{A}_\mathrm{U},\boldsymbol{B}_\mathrm{U},\boldsymbol{C}_\mathrm{U})$包含了原系统中不需要的无穷极点和不稳定极点。

首先对矩阵束$(\boldsymbol{A}_\mathrm{R},\boldsymbol{E}_\mathrm{R})$做如下 QZ 分解

$$\boldsymbol{Q}_\mathrm{R}\boldsymbol{A}_\mathrm{R}\boldsymbol{Z}_\mathrm{R}=\boldsymbol{S}_\mathrm{R}\,,\quad \boldsymbol{Q}_\mathrm{R}\boldsymbol{E}_\mathrm{R}\boldsymbol{Z}_\mathrm{R}=\boldsymbol{T}_\mathrm{R} \tag{2.3.3}$$

式中，$\boldsymbol{Q}_\mathrm{R}$、$\boldsymbol{Z}_\mathrm{R}\in\mathbb{R}^{n\times n}$为正交变换矩阵，$\boldsymbol{S}_\mathrm{R}$、$\boldsymbol{T}_\mathrm{R}\in\mathbb{R}^{n\times n}$分别为准上三角阵和上三角阵，$\boldsymbol{S}_\mathrm{R}$和$\boldsymbol{T}_\mathrm{R}$对角块的特征值与$(\boldsymbol{A}_\mathrm{R},\boldsymbol{E}_\mathrm{R})$的特征值一致。虽然特征值的顺序是任意的，但总是能通过对$\boldsymbol{Q}_\mathrm{R}$和$\boldsymbol{Z}_\mathrm{R}$的正交相似变换，使$\boldsymbol{S}_\mathrm{R}$和$\boldsymbol{T}_\mathrm{R}$的对角块呈现期望的特征值顺序(MATLAB 命令：qz，ordeig，ordqz)。根据系统极点的划分规则得到如下分块矩阵

$$\boldsymbol{S}_\mathrm{R}=\begin{bmatrix}\boldsymbol{A}_\mathrm{D} & \boldsymbol{A}_\mathrm{N}\\ \boldsymbol{0} & \boldsymbol{A}_\mathrm{U}\end{bmatrix},\quad \boldsymbol{T}_\mathrm{R}=\begin{bmatrix}\boldsymbol{E}_\mathrm{D} & \boldsymbol{E}_\mathrm{N}\\ \boldsymbol{0} & \boldsymbol{E}_\mathrm{U}\end{bmatrix} \tag{2.3.4}$$

式中，矩阵束$(\boldsymbol{A}_\mathrm{D},\boldsymbol{E}_\mathrm{D})\in\mathbb{R}^{n_\mathrm{s}\times n_\mathrm{s}}$包含了期望保留的特征值，$(\boldsymbol{A}_\mathrm{U},\boldsymbol{E}_\mathrm{U})\in\mathbb{R}^{n_\mathrm{u}\times n_\mathrm{u}}$包含了不需要的特征值，$n_\mathrm{s}+n_\mathrm{u}=n$。为了消除非对角块$\boldsymbol{A}_\mathrm{N}$和$\boldsymbol{E}_\mathrm{N}$，接下来求解如下广义 Sylvester 方程

$$\boldsymbol{A}_\mathrm{D}\boldsymbol{X}_\mathrm{N}+\boldsymbol{Y}_\mathrm{N}\boldsymbol{A}_\mathrm{U}=-\boldsymbol{A}_\mathrm{N} \tag{2.3.5}$$

$$\boldsymbol{E}_\mathrm{D}\boldsymbol{X}_\mathrm{N}+\boldsymbol{Y}_\mathrm{N}\boldsymbol{E}_\mathrm{U}=-\boldsymbol{E}_\mathrm{N} \tag{2.3.6}$$

矩阵束$(\boldsymbol{A}_\mathrm{D},\boldsymbol{E}_\mathrm{D})$和$(\boldsymbol{A}_\mathrm{U},\boldsymbol{E}_\mathrm{U})$的特征值互不相同，因此方程的解$\boldsymbol{X}_\mathrm{N}$、$\boldsymbol{Y}_\mathrm{N}\in\mathbb{R}^{n_\mathrm{s}\times n_\mathrm{u}}$是唯一的。方程的解法参考文献[16]，或使用 Varga 开发的描述系统工具箱 DSTOOLS[8]。求得$\boldsymbol{X}_\mathrm{N}$和$\boldsymbol{Y}_\mathrm{N}$后构造如下两个可逆变换矩阵

$$\boldsymbol{Q}_\mathrm{N}=\begin{bmatrix}\boldsymbol{I} & \boldsymbol{Y}_\mathrm{N}\\ \boldsymbol{0} & \boldsymbol{I}\end{bmatrix},\quad \boldsymbol{Z}_\mathrm{N}=\begin{bmatrix}\boldsymbol{I} & \boldsymbol{X}_\mathrm{N}\\ \boldsymbol{0} & \boldsymbol{I}\end{bmatrix} \tag{2.3.7}$$

很明显矩阵$\boldsymbol{Q}_\mathrm{N}$、$\boldsymbol{Z}_\mathrm{N}$可将$\boldsymbol{S}_\mathrm{R}$、$\boldsymbol{T}_\mathrm{R}$转换为块对角形式，从而完成对系统的分解。分解系统的输入和输出矩阵按照下式计算

$$\begin{bmatrix}\boldsymbol{B}_\mathrm{D}\\ \boldsymbol{B}_\mathrm{U}\end{bmatrix}=\boldsymbol{Q}_\mathrm{N}\boldsymbol{Q}_\mathrm{R}\boldsymbol{B}_\mathrm{R}\,,\quad [\boldsymbol{C}_\mathrm{D}\quad \boldsymbol{C}_\mathrm{U}]=\boldsymbol{C}_\mathrm{R}\boldsymbol{Z}_\mathrm{R}\boldsymbol{Z}_\mathrm{N} \tag{2.3.8}$$

式中，$\boldsymbol{B}_\mathrm{D}\in\mathbb{R}^{n_\mathrm{s}\times m}$，$\boldsymbol{B}_\mathrm{U}\in\mathbb{R}^{n_\mathrm{u}\times m}$，$\boldsymbol{C}_\mathrm{D}\in\mathbb{R}^{q\times n_\mathrm{s}}$，$\boldsymbol{C}_\mathrm{U}\in\mathbb{R}^{q\times n_\mathrm{u}}$。

由于矩阵束$(\boldsymbol{A}_{\mathrm{D}}, \boldsymbol{E}_{\mathrm{D}})$的特征值全部为有限值，矩阵$\boldsymbol{E}_{\mathrm{D}}$一定非奇异，因此期望系统的传递函数是严真的，系统矩阵可以转换为状态空间形式。注意到$\boldsymbol{E}_{\mathrm{D}}$为上三角阵，很容易进行求逆计算，这里采用简单的求逆方法将期望系统转换成标准的状态空间形式如下

$$\boldsymbol{C}_{\mathrm{D}}(p\boldsymbol{E}_{\mathrm{D}} - \boldsymbol{A}_{\mathrm{D}})^{-1}\boldsymbol{B}_{\mathrm{D}} = \boldsymbol{C}_{\mathrm{S}}(p\boldsymbol{I} - \boldsymbol{A}_{\mathrm{S}})^{-1}\boldsymbol{B}_{\mathrm{S}} \tag{2.3.9}$$

式中，系统矩阵$\boldsymbol{A}_{\mathrm{S}} \in \mathbb{R}^{n_s \times n_s}$，$\boldsymbol{B}_{\mathrm{S}} \in \mathbb{R}^{n_s \times m}$，$\boldsymbol{C}_{\mathrm{S}} \in \mathbb{R}^{q \times n_s}$按照下式计算

$$\boldsymbol{A}_{\mathrm{S}} = \boldsymbol{E}_{\mathrm{D}}^{-1}\boldsymbol{A}_{\mathrm{D}}，\ \boldsymbol{B}_{\mathrm{S}} = \boldsymbol{E}_{\mathrm{D}}^{-1}\boldsymbol{B}_{\mathrm{D}}，\ \boldsymbol{C}_{\mathrm{S}} = \boldsymbol{C}_{\mathrm{D}} \tag{2.3.10}$$

2.3.2 平衡截断降阶解

Loewner 方法能够自动识别潜在系统的阶数，初始生成的高精度气动力模型往往阶数较高。为降低模型阶数可使用多种方法，比如 Krylov 子空间法[17]，汉克尔(Hankel)范数近似法[18]，平衡截断法[19]等。本章采用平衡截断法对式(2.3.9)中分离出的系统做进一步的降阶，原因是其能够保持降阶系统的稳定性，并且误差边界可预测。首先求解以下两个 Lyapunov 方程

$$\boldsymbol{A}_{\mathrm{S}}\boldsymbol{P}_{\mathrm{S}} + \boldsymbol{P}_{\mathrm{S}}\boldsymbol{A}_{\mathrm{S}}^{\mathrm{T}} + \boldsymbol{B}_{\mathrm{S}}\boldsymbol{B}_{\mathrm{S}}^{\mathrm{T}} = \boldsymbol{0} \tag{2.3.11}$$

$$\boldsymbol{A}_{\mathrm{S}}^{\mathrm{T}}\boldsymbol{Q}_{\mathrm{S}} + \boldsymbol{Q}_{\mathrm{S}}\boldsymbol{A}_{\mathrm{S}} + \boldsymbol{C}_{\mathrm{S}}^{\mathrm{T}}\boldsymbol{C}_{\mathrm{S}} = \boldsymbol{0} \tag{2.3.12}$$

式中，方程的解$\boldsymbol{P}_{\mathrm{S}}$、$\boldsymbol{Q}_{\mathrm{S}} \in \mathbb{R}^{n_s \times n_s}$分别为系统的能控和能观性 Gram 矩阵。由于$\boldsymbol{A}_{\mathrm{S}}$稳定且$(\boldsymbol{A}_{\mathrm{S}}, \boldsymbol{B}_{\mathrm{S}}, \boldsymbol{C}_{\mathrm{S}})$为最小实现，因此方程的解唯一且$\boldsymbol{P}_{\mathrm{S}}$、$\boldsymbol{Q}_{\mathrm{S}}$正定。随后对$\boldsymbol{P}_{\mathrm{S}}$、$\boldsymbol{Q}_{\mathrm{S}}$做如下楚列斯基(Cholesky)分解，得到矩阵$\boldsymbol{L}_{\mathrm{S}}$、$\boldsymbol{R}_{\mathrm{S}} \in \mathbb{R}^{n_s \times n_s}$为非奇异的上三角阵。

$$\boldsymbol{P}_{\mathrm{S}} = \boldsymbol{L}_{\mathrm{S}}^{\mathrm{T}}\boldsymbol{L}_{\mathrm{S}}，\ \boldsymbol{Q}_{\mathrm{S}} = \boldsymbol{R}_{\mathrm{S}}^{\mathrm{T}}\boldsymbol{R}_{\mathrm{S}} \tag{2.3.13}$$

系统的 Hankel 奇异值定义为$\boldsymbol{P}_{\mathrm{S}}\boldsymbol{Q}_{\mathrm{S}}$特征值的平方根，其大小反映了平衡实现系统的各状态变量对输入输出的贡献。Hankel 奇异值也可以表示为$\boldsymbol{R}_{\mathrm{S}}\boldsymbol{L}_{\mathrm{S}}^{\mathrm{T}}$的奇异值，由$\boldsymbol{R}_{\mathrm{S}}\boldsymbol{L}_{\mathrm{S}}^{\mathrm{T}}$可逆可知奇异值全部为正。对矩阵$\boldsymbol{R}_{\mathrm{S}}\boldsymbol{L}_{\mathrm{S}}^{\mathrm{T}}$做如下 SVD

$$\boldsymbol{R}_{\mathrm{S}}\boldsymbol{L}_{\mathrm{S}}^{\mathrm{T}} = \boldsymbol{Y}_{\mathrm{S}}\boldsymbol{\Sigma}_{\mathrm{S}}\boldsymbol{X}_{\mathrm{S}}^{\mathrm{T}} \tag{2.3.14}$$

式中，$\boldsymbol{Y}_{\mathrm{S}}$、$\boldsymbol{X}_{\mathrm{S}} \in \mathbb{R}^{n_s \times n_s}$为正交矩阵，$\boldsymbol{\Sigma}_{\mathrm{S}} \in \mathbb{R}^{n_s \times n_s}$为正 Hankel 奇异值组成的对角阵，按照降序排列。接下来按照下式构造可逆变换矩阵

$$\boldsymbol{T}_{\mathrm{S}}^{-1} = \boldsymbol{\Sigma}_{\mathrm{S}}^{-1/2}\boldsymbol{Y}_{\mathrm{S}}^{\mathrm{T}}\boldsymbol{R}_{\mathrm{S}}，\ \boldsymbol{T}_{\mathrm{S}} = \boldsymbol{L}_{\mathrm{S}}^{\mathrm{T}}\boldsymbol{X}_{\mathrm{S}}\boldsymbol{\Sigma}_{\mathrm{S}}^{-1/2} \tag{2.3.15}$$

由此得到平衡实现的系统矩阵为

$$\boldsymbol{A}_{\mathrm{L}} = \boldsymbol{T}_{\mathrm{S}}^{-1}\boldsymbol{A}_{\mathrm{S}}\boldsymbol{T}_{\mathrm{S}}，\ \boldsymbol{B}_{\mathrm{L}} = \boldsymbol{T}_{\mathrm{S}}^{-1}\boldsymbol{B}_{\mathrm{S}}，\ \boldsymbol{C}_{\mathrm{L}} = \boldsymbol{C}_{\mathrm{S}}\boldsymbol{T}_{\mathrm{S}} \tag{2.3.16}$$

平衡实现下系统的能控和能观性 Gram 矩阵为对角阵$\boldsymbol{\Sigma}_{\mathrm{S}}$，数值较小的奇异值表示对应的状态变量对输入输出的贡献较小，因此可以截去这部分状态变量达到降阶的目的。确定要保留的系统阶数r，对平衡实现系统矩阵做如下分块

$$\boldsymbol{A}_{\mathrm{L}}=\begin{bmatrix}\boldsymbol{A}_{11} & \boldsymbol{A}_{12}\\ \boldsymbol{A}_{21} & \boldsymbol{A}_{22}\end{bmatrix},\quad \boldsymbol{B}_{\mathrm{L}}=\begin{bmatrix}\boldsymbol{B}_{1}\\ \boldsymbol{B}_{2}\end{bmatrix},\quad \boldsymbol{C}_{\mathrm{L}}=[\boldsymbol{C}_{1}\quad \boldsymbol{C}_{2}] \tag{2.3.17}$$

式中，$\boldsymbol{A}_{11}\in\mathbb{R}^{r\times r}$，$\boldsymbol{B}_{1}\in\mathbb{R}^{r\times m}$，$\boldsymbol{C}_{1}\in\mathbb{R}^{q\times r}$。为了保证降阶系统的定常响应与全阶系统的一致，降阶系统矩阵按照以下方式计算。注意降阶系统中存在非零的直接传输项。

$$\begin{cases}\boldsymbol{A}_{\mathrm{B}}=\boldsymbol{A}_{11}-\boldsymbol{A}_{12}\boldsymbol{A}_{22}^{-1}\boldsymbol{A}_{21}\\ \boldsymbol{B}_{\mathrm{B}}=\boldsymbol{B}_{1}-\boldsymbol{A}_{12}\boldsymbol{A}_{22}^{-1}\boldsymbol{B}_{2}\\ \boldsymbol{C}_{\mathrm{B}}=\boldsymbol{C}_{1}-\boldsymbol{C}_{2}\boldsymbol{A}_{22}^{-1}\boldsymbol{A}_{21}\\ \boldsymbol{D}_{\mathrm{B}}=-\boldsymbol{C}_{2}\boldsymbol{A}_{22}^{-1}\boldsymbol{B}_{2}\end{cases} \tag{2.3.18}$$

2.3.3 最小二乘再拟合

通过系统分解与降阶，空气动力传递函数变为以下形式

$$\boldsymbol{Q}(p)=\boldsymbol{C}_{\mathrm{B}}(p\boldsymbol{I}-\boldsymbol{A}_{\mathrm{B}})^{-1}\boldsymbol{B}_{\mathrm{B}}+\underbrace{\boldsymbol{D}_{\mathrm{B}}+\boldsymbol{C}_{\mathrm{U}}(p\boldsymbol{E}_{\mathrm{U}}-\boldsymbol{A}_{\mathrm{U}})^{-1}\boldsymbol{B}_{\mathrm{U}}}_{\text{直接传输项}} \tag{2.3.19}$$

式(2.3.19)中的直接传输项可用二次多项式拟合，但会引入较大误差[20]。实际上，考虑到式(2.3.1)中的描述系统是由传递函数采样数据建立的，直接项的提取可再次利用原始数据进行。为了使拟合更准确，将 $\boldsymbol{B}_{\mathrm{B}}$ 释放为自由变量，空气动力传递函数的拟合式为

$$\boldsymbol{Q}(p)=\boldsymbol{C}_{\mathrm{B}}(p\boldsymbol{I}-\boldsymbol{A}_{\mathrm{B}})^{-1}(\boldsymbol{B}_{\mathrm{B0}}+p\boldsymbol{B}_{\mathrm{B1}}+p^{2}\boldsymbol{B}_{\mathrm{B2}})+\boldsymbol{D}_{\mathrm{B0}}+p\boldsymbol{D}_{\mathrm{B1}}+p^{2}\boldsymbol{D}_{\mathrm{B2}} \tag{2.3.20}$$

式(2.3.20)中矩阵 $\boldsymbol{C}_{\mathrm{B}}$ 和 $\boldsymbol{A}_{\mathrm{B}}$ 固定不变，其他矩阵根据式(2.2.4)中的采样数据确定。求解线性最小二乘拟合问题无需迭代计算，拟合过程也不改变系统的稳定性和阶数。首先规定矩阵 $\boldsymbol{D}_{\mathrm{B0}}$ 为

$$\boldsymbol{D}_{\mathrm{B0}}=\boldsymbol{Q}_{0}+\boldsymbol{C}_{\mathrm{B}}\boldsymbol{A}_{\mathrm{B}}^{-1}\boldsymbol{B}_{\mathrm{B0}} \tag{2.3.21}$$

表明 $p=0$ 时传递函数精确等于采样值。其余矩阵通过以下方程的最小二乘解获得

$$\begin{bmatrix}\boldsymbol{F}_{01} & \boldsymbol{F}_{11} & \boldsymbol{F}_{21} & \boldsymbol{0} & -k_{1}^{2}\boldsymbol{I}\\ \boldsymbol{G}_{01} & \boldsymbol{G}_{11} & \boldsymbol{G}_{21} & k_{1}\boldsymbol{I} & \boldsymbol{0}\\ \vdots & \vdots & \vdots & \vdots & \vdots\\ \boldsymbol{F}_{0N} & \boldsymbol{F}_{1N} & \boldsymbol{F}_{2N} & \boldsymbol{0} & -k_{N}^{2}\boldsymbol{I}\\ \boldsymbol{G}_{0N} & \boldsymbol{G}_{1N} & \boldsymbol{G}_{2N} & k_{N}\boldsymbol{I} & \boldsymbol{0}\end{bmatrix}\begin{bmatrix}\boldsymbol{B}_{\mathrm{B0}}\\ \boldsymbol{B}_{\mathrm{B1}}\\ \boldsymbol{B}_{\mathrm{B2}}\\ \boldsymbol{D}_{\mathrm{B1}}\\ \boldsymbol{D}_{\mathrm{B2}}\end{bmatrix}=\begin{bmatrix}\mathrm{Re}(\boldsymbol{Q}_{1})-\boldsymbol{Q}_{0}\\ \mathrm{Im}(\boldsymbol{Q}_{1})\\ \vdots\\ \mathrm{Re}(\boldsymbol{Q}_{N})-\boldsymbol{Q}_{0}\\ \mathrm{Im}(\boldsymbol{Q}_{N})\end{bmatrix} \tag{2.3.22}$$

式中，$\boldsymbol{F}_{0l}$、$\boldsymbol{F}_{1l}$、$\boldsymbol{F}_{2l}\in\mathbb{R}^{q\times r}$ 和 $\boldsymbol{G}_{0l}$、$\boldsymbol{G}_{1l}$、$\boldsymbol{G}_{2l}\in\mathbb{R}^{q\times r}$ 分别为以下三个传递函数采样值的实部和虚部，$l=1,2,\cdots,N$。

$$\boldsymbol{F}_{0l}+\mathrm{i}\boldsymbol{G}_{0l}=\boldsymbol{C}_{\mathrm{B}}(\mathrm{i}k_{l}\boldsymbol{I}-\boldsymbol{A}_{\mathrm{B}})^{-1}+\boldsymbol{C}_{\mathrm{B}}\boldsymbol{A}_{\mathrm{B}}^{-1} \tag{2.3.23}$$

$$\boldsymbol{F}_{1l}+\mathrm{i}\boldsymbol{G}_{1l}=\mathrm{i}k_{l}\boldsymbol{C}_{\mathrm{B}}(\mathrm{i}k_{l}\boldsymbol{I}-\boldsymbol{A}_{\mathrm{B}})^{-1} \tag{2.3.24}$$

$$\boldsymbol{F}_{2l}+\mathrm{i}\boldsymbol{G}_{2l}=-k_l^2\boldsymbol{C}_{\mathrm{B}}(\mathrm{i}k_l\boldsymbol{I}-\boldsymbol{A}_{\mathrm{B}})^{-1} \tag{2.3.25}$$

将式(2.3.20)转换为如下空气动力传递函数的最终形式

$$\boldsymbol{Q}(p)=\boldsymbol{C}_{\mathrm{A}}(p\boldsymbol{I}-\boldsymbol{A}_{\mathrm{A}})^{-1}\boldsymbol{B}_{\mathrm{A}}p+\boldsymbol{D}_{\mathrm{A0}}+p\boldsymbol{D}_{\mathrm{A1}}+p^2\boldsymbol{D}_{\mathrm{A2}} \tag{2.3.26}$$

式中

$$\boldsymbol{C}_{\mathrm{A}}=\boldsymbol{C}_{\mathrm{B}}, \quad \boldsymbol{A}_{\mathrm{A}}=\boldsymbol{A}_{\mathrm{B}}, \quad \boldsymbol{B}_{\mathrm{A}}=\boldsymbol{A}_{\mathrm{B}}^{-1}\boldsymbol{B}_{\mathrm{B0}}+\boldsymbol{B}_{\mathrm{B1}}+\boldsymbol{A}_{\mathrm{B}}\boldsymbol{B}_{\mathrm{B2}} \tag{2.3.27}$$

$$\boldsymbol{D}_{\mathrm{A0}}=\boldsymbol{D}_{\mathrm{B0}}-\boldsymbol{C}_{\mathrm{B}}\boldsymbol{A}_{\mathrm{B}}^{-1}\boldsymbol{B}_{\mathrm{B0}}, \quad \boldsymbol{D}_{\mathrm{A1}}=\boldsymbol{D}_{\mathrm{B1}}+\boldsymbol{C}_{\mathrm{B}}\boldsymbol{B}_{\mathrm{B2}}, \quad \boldsymbol{D}_{\mathrm{A2}}=\boldsymbol{D}_{\mathrm{B2}} \tag{2.3.28}$$

使用式(2.3.26)的好处在于矩阵 $\boldsymbol{D}_{\mathrm{A0}}$ 代表了 $p=0$ 时的定常气动力，矩阵中的元素包含飞机的静稳定性导数，显式的 $\boldsymbol{D}_{\mathrm{A0}}$ 方便飞机刚体气动力的检查与修正。

至此已得到了空气动力子系统的一个准确且稳定的模型，模型具有分离的直接项和滞后项，气动伺服弹性系统的状态空间方程可以由此生成。图 2.3.1 展示了

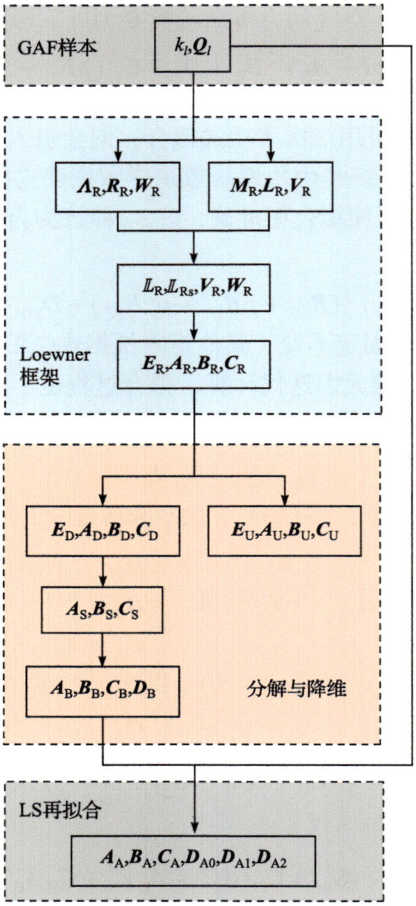

图 2.3.1　气动力系统建模流程图

本书建模方法的流程图。

2.3.4 ASE 状态空间模型

按照以上建模方法对式(1.1.31)中的 GAF 矩阵进行处理，得到结构模态运动相关的$\boldsymbol{Q}_{\mathrm{ss}}$、控制面偏转相关的$\boldsymbol{Q}_{\mathrm{sc}}$以及突风相关的$\boldsymbol{Q}_{\mathrm{sg}}$表示为

$$\boldsymbol{Q}_{\mathrm{ss}}(p)=\boldsymbol{C}_{\mathrm{a}}(p\boldsymbol{I}-\boldsymbol{A}_{\mathrm{a}})^{-1}\boldsymbol{B}_{\mathrm{a}}p+\boldsymbol{D}_{\mathrm{a0}}+p\boldsymbol{D}_{\mathrm{a1}}+p^2\boldsymbol{D}_{\mathrm{a2}} \tag{2.3.29}$$

$$\boldsymbol{Q}_{\mathrm{sc}}(p)=\boldsymbol{C}_{\mathrm{a}}(p\boldsymbol{I}-\boldsymbol{A}_{\mathrm{a}})^{-1}\boldsymbol{B}_{\mathrm{c}}p+\boldsymbol{D}_{\mathrm{c0}}+p\boldsymbol{D}_{\mathrm{c1}}+p^2\boldsymbol{D}_{\mathrm{c2}} \tag{2.3.30}$$

$$\boldsymbol{Q}_{\mathrm{sg}}(p)=\boldsymbol{C}_{\mathrm{g}}(p\boldsymbol{I}-\boldsymbol{A}_{\mathrm{g}})^{-1}\boldsymbol{B}_{\mathrm{g}}p+\boldsymbol{D}_{\mathrm{g0}}+p\boldsymbol{D}_{\mathrm{g1}} \tag{2.3.31}$$

经典 MS 方法通常将全部气动力项合并为一个整体进行估计，显然$\boldsymbol{Q}_{\mathrm{sc}}$和$\boldsymbol{Q}_{\mathrm{sg}}$的引入会对$\boldsymbol{Q}_{\mathrm{ss}}$的拟合结果造成影响。考虑到模态气动力建立了基础的气动弹性耦合效应，同时也决定了系统的稳定性边界，不应受到控制面和突风输入的影响，因此本章对$\boldsymbol{Q}_{\mathrm{ss}}$项进行单独建模。控制面模态作为结构模态的扩展，相关的 GAF 与结构模态气动力有类似的数值结构，因此$\boldsymbol{Q}_{\mathrm{sc}}$的表达式中使用$\boldsymbol{Q}_{\mathrm{ss}}$中已建立的$\boldsymbol{C}_{\mathrm{a}}$和$\boldsymbol{A}_{\mathrm{a}}$，仅通过线性 LS 拟合得到其余矩阵的值。突风模态中的延迟项导致突风气动力存在特殊的回绕现象，为了获得更准确的突风气动力，对$\boldsymbol{Q}_{\mathrm{sg}}$项也进行单独建模。只是在最后一步的 LS 再拟合中，额外约束$\boldsymbol{Q}_{\mathrm{sg}}$表达式中的二次项系数为零，避免状态空间方程中出现突风速度的二阶导数。

将式(2.3.29)～式(2.3.31)代入频域气动弹性系方程式(1.1.31)中，考虑$p=sb_{\mathrm{R}}/U_\infty$并对 GAF 有理表达式做 Laplace 逆变换，得到时域气动弹性系统方程如下

$$\begin{aligned}
&\boldsymbol{M}_{\mathrm{ss}}\ddot{\boldsymbol{q}}_{\mathrm{s}}(t)+\boldsymbol{D}_{\mathrm{ss}}\dot{\boldsymbol{q}}_{\mathrm{s}}(t)+\boldsymbol{K}_{\mathrm{ss}}\boldsymbol{q}_{\mathrm{s}}(t)+\boldsymbol{M}_{\mathrm{sc}}\ddot{\boldsymbol{\delta}}_{\mathrm{c}}(t)\\
&=q_\infty\boldsymbol{C}_{\mathrm{a}}\boldsymbol{x}_{\mathrm{a}}(t)+q_\infty\boldsymbol{C}_{\mathrm{g}}\boldsymbol{x}_{\mathrm{g}}(t)\\
&\quad+q_\infty\left(\boldsymbol{D}_{\mathrm{a0}}\boldsymbol{q}_{\mathrm{s}}(t)+\frac{b_{\mathrm{R}}}{U_\infty}\boldsymbol{D}_{\mathrm{a1}}\dot{\boldsymbol{q}}_{\mathrm{s}}(t)+\frac{b_{\mathrm{R}}^2}{U_\infty^2}\boldsymbol{D}_{\mathrm{a2}}\ddot{\boldsymbol{q}}_{\mathrm{s}}(t)\right)\\
&\quad+q_\infty\left(\boldsymbol{D}_{\mathrm{c0}}\boldsymbol{\delta}_{\mathrm{c}}(t)+\frac{b_{\mathrm{R}}}{U_\infty}\boldsymbol{D}_{\mathrm{c1}}\dot{\boldsymbol{\delta}}_{\mathrm{c}}(t)+\frac{b_{\mathrm{R}}^2}{U_\infty^2}\boldsymbol{D}_{\mathrm{c2}}\ddot{\boldsymbol{\delta}}_{\mathrm{c}}(t)\right)\\
&\quad+q_\infty\left(\boldsymbol{D}_{\mathrm{g0}}\frac{w_{\mathrm{g}}(t)}{U_\infty}+\frac{b_{\mathrm{R}}}{U_\infty}\boldsymbol{D}_{\mathrm{g1}}\frac{\dot{w}_{\mathrm{g}}(t)}{U_\infty}\right)
\end{aligned} \tag{2.3.32}$$

式中，$\boldsymbol{x}_{\mathrm{a}}$和$\boldsymbol{x}_{\mathrm{g}}$分别为结构运动和突风气动力滞后项对应的状态变量，满足

$$\dot{\boldsymbol{x}}_{\mathrm{a}}(t)=\frac{U_\infty}{b_{\mathrm{R}}}\boldsymbol{A}_{\mathrm{a}}\boldsymbol{x}_{\mathrm{a}}(t)+\boldsymbol{B}_{\mathrm{a}}\dot{\boldsymbol{q}}_{\mathrm{s}}(t)+\boldsymbol{B}_{\mathrm{c}}\dot{\boldsymbol{\delta}}_{\mathrm{c}}(t) \tag{2.3.33}$$

$$\dot{\boldsymbol{x}}_{\mathrm{g}}(t)=\frac{U_{\infty}}{b_{\mathrm{R}}}\boldsymbol{A}_{\mathrm{g}}\boldsymbol{x}_{\mathrm{g}}(t)+\boldsymbol{B}_{\mathrm{g}}\frac{\dot{w}_{\mathrm{g}}(t)}{U_{\infty}} \tag{2.3.34}$$

结合式(2.3.32)～式(2.3.34)，得到气动弹性系统的时域状态空间方程如下

$$\dot{\boldsymbol{x}}_{\mathrm{ae}}=\boldsymbol{A}_{\mathrm{ae}}\boldsymbol{x}_{\mathrm{ae}}+\boldsymbol{B}_{\mathrm{ae}}\boldsymbol{u}_{\mathrm{ae}}+\boldsymbol{B}_{\mathrm{aw}}\tilde{\boldsymbol{w}}_{\mathrm{g}} \tag{2.3.35}$$

$$\boldsymbol{y}_{\mathrm{ae}}=\boldsymbol{C}_{\mathrm{ae}}\boldsymbol{x}_{\mathrm{ae}}+\boldsymbol{D}_{\mathrm{ae}}\boldsymbol{u}_{\mathrm{ae}}+\boldsymbol{D}_{\mathrm{aw}}\tilde{\boldsymbol{w}}_{\mathrm{g}} \tag{2.3.36}$$

式中

$$\boldsymbol{x}_{\mathrm{ae}}=\begin{Bmatrix}\boldsymbol{q}_{\mathrm{s}}\\ \dot{\boldsymbol{q}}_{\mathrm{s}}\\ \boldsymbol{x}_{\mathrm{a}}\\ \boldsymbol{x}_{\mathrm{g}}\end{Bmatrix},\quad \boldsymbol{u}_{\mathrm{ae}}=\begin{Bmatrix}\boldsymbol{\delta}_{\mathrm{c}}\\ \dot{\boldsymbol{\delta}}_{\mathrm{c}}\\ \ddot{\boldsymbol{\delta}}_{\mathrm{c}}\end{Bmatrix},\quad \tilde{\boldsymbol{w}}_{\mathrm{g}}=\begin{Bmatrix}w_{\mathrm{g}}\\ \dot{w}_{\mathrm{g}}\end{Bmatrix} \tag{2.3.37}$$

$$\boldsymbol{A}_{\mathrm{ae}}=\begin{bmatrix}\boldsymbol{0} & \boldsymbol{I} & \boldsymbol{0} & \boldsymbol{0}\\ -\hat{\boldsymbol{M}}_{\mathrm{ss}}^{-1}\hat{\boldsymbol{K}}_{\mathrm{ss}} & -\hat{\boldsymbol{M}}_{\mathrm{ss}}^{-1}\hat{\boldsymbol{D}}_{\mathrm{ss}} & q_{\infty}\hat{\boldsymbol{M}}_{\mathrm{ss}}^{-1}\boldsymbol{C}_{\mathrm{a}} & q_{\infty}\hat{\boldsymbol{M}}_{\mathrm{ss}}^{-1}\boldsymbol{C}_{\mathrm{g}}\\ \boldsymbol{0} & \boldsymbol{B}_{\mathrm{a}} & \dfrac{U_{\infty}}{b_{\mathrm{R}}}\boldsymbol{A}_{\mathrm{a}} & \boldsymbol{0}\\ \boldsymbol{0} & \boldsymbol{0} & \boldsymbol{0} & \dfrac{U_{\infty}}{b_{\mathrm{R}}}\boldsymbol{A}_{\mathrm{g}}\end{bmatrix} \tag{2.3.38}$$

$$\boldsymbol{B}_{\mathrm{ae}}=\begin{bmatrix}\boldsymbol{0} & \boldsymbol{0} & \boldsymbol{0}\\ q_{\infty}\hat{\boldsymbol{M}}_{\mathrm{ss}}^{-1}\boldsymbol{D}_{\mathrm{c0}} & \dfrac{q_{\infty}b_{\mathrm{R}}}{U_{\infty}}\hat{\boldsymbol{M}}_{\mathrm{ss}}^{-1}\boldsymbol{D}_{\mathrm{c1}} & -\hat{\boldsymbol{M}}_{\mathrm{ss}}^{-1}\hat{\boldsymbol{M}}_{\mathrm{sc}}\\ \boldsymbol{0} & \boldsymbol{B}_{\mathrm{c}} & \boldsymbol{0}\\ \boldsymbol{0} & \boldsymbol{0} & \boldsymbol{0}\end{bmatrix} \tag{2.3.39}$$

$$\boldsymbol{B}_{\mathrm{aw}}=\begin{bmatrix}\boldsymbol{0} & \boldsymbol{0}\\ \dfrac{q_{\infty}}{U_{\infty}}\hat{\boldsymbol{M}}_{\mathrm{ss}}^{-1}\boldsymbol{D}_{\mathrm{g0}} & \dfrac{q_{\infty}b_{\mathrm{R}}}{U_{\infty}^{2}}\hat{\boldsymbol{M}}_{\mathrm{ss}}^{-1}\boldsymbol{D}_{\mathrm{g1}}\\ \boldsymbol{0} & \boldsymbol{0}\\ \boldsymbol{0} & \boldsymbol{B}_{\mathrm{g}}/U_{\infty}\end{bmatrix} \tag{2.3.40}$$

$$\hat{\boldsymbol{M}}_{\mathrm{ss}}=\boldsymbol{M}_{\mathrm{ss}}-\frac{q_{\infty}b_{\mathrm{R}}^{2}}{U_{\infty}^{2}}\boldsymbol{D}_{\mathrm{a2}},\quad \hat{\boldsymbol{D}}_{\mathrm{ss}}=\boldsymbol{D}_{\mathrm{ss}}-\frac{q_{\infty}b_{\mathrm{R}}}{U_{\infty}}\boldsymbol{D}_{\mathrm{a1}} \tag{2.3.41}$$

$$\hat{\boldsymbol{K}}_{\mathrm{ss}}=\boldsymbol{K}_{\mathrm{ss}}-q_{\infty}\boldsymbol{D}_{\mathrm{a0}},\quad \hat{\boldsymbol{M}}_{\mathrm{sc}}=\boldsymbol{M}_{\mathrm{sc}}-\frac{q_{\infty}b_{\mathrm{R}}^{2}}{U_{\infty}^{2}}\boldsymbol{D}_{\mathrm{c2}} \tag{2.3.42}$$

最后，参照式(1.2.33)，将作动器方程与式(2.3.35)和式(2.3.36)合并，得到开环

气动伺服弹性系统方程如下

$$\begin{Bmatrix} \dot{\boldsymbol{x}}_{\mathrm{ae}} \\ \dot{\boldsymbol{x}}_{\mathrm{ac}} \end{Bmatrix} = \begin{bmatrix} \boldsymbol{A}_{\mathrm{ae}} & \boldsymbol{B}_{\mathrm{ae}} \\ \boldsymbol{0} & \boldsymbol{A}_{\mathrm{ac}} \end{bmatrix} \begin{Bmatrix} \boldsymbol{x}_{\mathrm{ae}} \\ \boldsymbol{x}_{\mathrm{ac}} \end{Bmatrix} + \begin{bmatrix} \boldsymbol{0} \\ \boldsymbol{B}_{\mathrm{ac}} \end{bmatrix} \boldsymbol{u}_{\mathrm{ac}} + \begin{bmatrix} \boldsymbol{B}_{\mathrm{aw}} \\ \boldsymbol{0} \end{bmatrix} \tilde{\boldsymbol{w}}_{\mathrm{g}} \tag{2.3.43}$$

$$\boldsymbol{y}_{\mathrm{ae}} = [\boldsymbol{C}_{\mathrm{ae}} \quad \boldsymbol{D}_{\mathrm{ae}}] \begin{Bmatrix} \boldsymbol{x}_{\mathrm{ae}} \\ \boldsymbol{x}_{\mathrm{ac}} \end{Bmatrix} + \boldsymbol{D}_{\mathrm{aw}} \tilde{\boldsymbol{w}}_{\mathrm{g}} \tag{2.3.44}$$

以上状态空间方程简写为

$$\dot{\boldsymbol{x}}_{\mathrm{p}} = \boldsymbol{A}_{\mathrm{p}} \boldsymbol{x}_{\mathrm{p}} + \boldsymbol{B}_{\mathrm{p}} \boldsymbol{u}_{\mathrm{p}} + \boldsymbol{B}_{\mathrm{pw}} \tilde{\boldsymbol{w}}_{\mathrm{g}} \tag{2.3.45}$$

$$\boldsymbol{y}_{\mathrm{p}} = \boldsymbol{C}_{\mathrm{p}} \boldsymbol{x}_{\mathrm{p}} + \boldsymbol{D}_{\mathrm{pw}} \tilde{\boldsymbol{w}}_{\mathrm{g}} \tag{2.3.46}$$

2.4　数 值 算 例

2.4.1　通用航空运输机模型

本节通过数值算例考察一架通用航空运输机的气动伺服弹性系统建模与突风响应计算，以验证本书提出方法的特点和有效性。图 2.4.1 为飞机的结构有限元模型和 DLM 气动网格。飞机质量为 7203.74kg，翼展为 19m，全机长度和高度分别为 22m 和 6m。机翼具有 2.2m 的均匀弦长，机翼面积为 41.8m^2。在 Nastran 中建立飞机结构的梁式模型，机身、机翼和尾翼由梁单元表示，结构的惯性效应由集中质量单元表示。运输机包含 5 个控制面，分别为一对副翼，一对升降舵和一个方向舵，均使用弹簧单元与主结构连接。气动模型通过 DLM 方法建立，只考虑升力面上作用的气动力而忽略机身气动力。升力面总共划分为 624 个气动网格，主结构和控制面上的气动网格分别使用梁样条方法和无限板样条方法与结构结点连接。

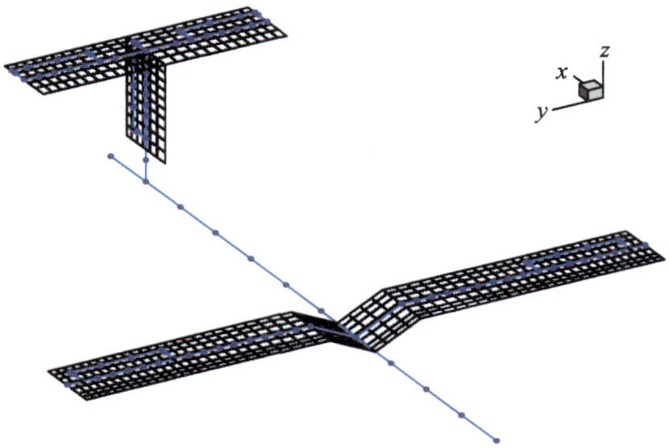

图 2.4.1　飞机结构有限元模型与 DLM 气动网格

考虑飞机受到一维垂直突风扰动，突风角度设置为$\alpha = 90^\circ$，突风参考点选择翼根前缘处$x_0 = 6.9\text{m}$。飞机在垂直突风激励下的运动关于对称面对称，因此模态分析结果仅保留主要的对称模态。表 2.4.1 给出了模型采用的 9 个结构模态，其中包括沉浮和俯仰 2 个零频率的刚体模态，以及前 7 阶弹性模态，固有频率范围从 7.96～41.11Hz。纵向飞行运动的刚体模态与弹性模态之间没有交互影响，因此模型中排除了前后刚体模态。控制面模态包含副翼和升降舵在内一共有 4 个，结构阻尼通过设置 2% 的模态阻尼比引入。

表 2.4.1　飞机结构的主要对称模态

序号	固有频率/Hz	振型描述
3	0.00	沉浮刚体模态
5	0.00	俯仰刚体模态
7	7.96	机翼一阶弯曲
10	13.97	平尾一阶扭转
11	17.45	机翼一阶扭转
14	26.28	机翼一阶扭转+副翼偏转
17	32.47	机翼二阶弯曲+机身弯曲
18	37.92	平尾一阶弯曲+升降舵偏转
20	41.11	机翼二阶扭转

2.4.2　气动力模型的验证

飞行环境设定为海平面高度和 0.3 马赫数，飞行速度为 102m/s。根据结构模态数量的选择，GAF 矩阵$\boldsymbol{Q}_{\text{ss}}$、$\boldsymbol{Q}_{\text{sc}}$、$\boldsymbol{Q}_{\text{sg}}$的尺寸分别为 9 行 9 列，9 行 4 列和 9 行 1 列。为了使 GAF 矩阵中各元素的数量级基本保持一致，结构模态矩阵$\boldsymbol{\Phi}_{\text{s}}$中包含刚体模态在内的固有振型应按照主质量归一化，否则判定气动力系统阶数时会受到大数值的干扰。首先在 0～3 范围内选取 32 个减缩频率点，计算这些减缩频率下的 GAF 矩阵。随后利用分段二次函数插值生成 691 个减缩频率点下的 GAF 采样数据，用于构造 Loewner 矩阵。

根据本书 ASE 系统的建模方法，对结构气动力矩阵$\boldsymbol{Q}_{\text{ss}}$和突风气动力矩阵$\boldsymbol{Q}_{\text{sg}}$分别使用 Loewner 框架进行建模。获得 GAF 采样数据后，气动力系统的阶数由 Loewner 矩阵的秩判定。根据式(2.2.13)和式(2.2.14)构造复 Loewner 矩阵，并根据式(2.2.39)和式(2.2.40)构造实 Loewner 矩阵，计算矩阵$(x\mathbb{L} - \mathbb{L}_{\text{s}})$和$(x\mathbb{L}_{\text{R}} - \mathbb{L}_{\text{Rs}})$的奇异值并做归一化处理，图 2.4.2 展示了归一化的奇异值分布。计算结果验证了复

Loewner 矩阵和实 Loewner 矩阵的奇异值是完全相同的，因此实际建模时采用 2.2.4 节中的方法，使全部计算都在实数范围内进行。从图中看出，奇异值初始呈现平缓下降的趋势，在某个点开始曲线出现明显的斜率改变，并且此后数量级不再发生大的变化。斜率的转折点揭示了 Loewner 矩阵的数值秩，将 Loewner 矩阵划分出奇异部分和正则部分。据此判定系统的阶数，能够得到准确并且正则的描述系统。

图 2.4.2 给出的结果表明，结构气动力和突风气动力子系统的初始阶数分别为 50 阶和 28 阶。随后按照 2.3 节的方法进行系统分解和平衡截断，然后提取气动力直接传输项。最终得到结构气动力和突风气动力的系统阶数分别为 30 阶和 20 阶。系统分解中，设定 $300k_{\max}$ 的容差来区分有限极点和无穷极点，其中 $k_{\max}$ 为气动力数据中最大的减缩频率。为了比较，同时使用传统的 MS 方法对 GAF 矩阵进行有理函数拟合。MS 方法所需的气动力滞后根由以下经验公式得到[21]

$$R_i = -1.7k_{\max}\left(\frac{i}{n_{\mathrm{a}}+1}\right)^2,\quad i=1,\cdots,n_{\mathrm{a}} \tag{2.4.1}$$

式中，n_{a} 为滞后根数量，最大减缩频率 $k_{\max}=3$。MS 拟合使用初始生成的 32 个减缩频率点下的 GAF 矩阵以及 10 个滞后根。通常最佳的滞后根数量需要反复试验确定，理论上更多的滞后根可获得更低的拟合误差。然而，采用高于 10 个滞后根时，MS 方法给出了过拟合的有理函数拟合结果，导致生成了不稳定的气动弹性系统。

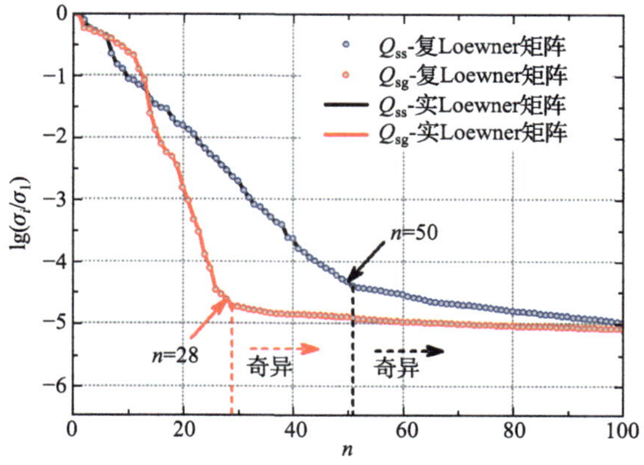

图 2.4.2　Loewner 矩阵的归一化奇异值分布

图 2.4.3 展示了应用本章方法和 MS 方法对结构气动力子系统的建模结果，并与原始的列表 GAF 数据进行对比，图中曲线上的数字表示减缩频率。可见，在整个建模频率范围内，本章方法得到了与原始数据高度吻合的气动力传递函数，

而 MS 方法生成的拟合曲线则存在不规则的扭动现象。在零频率处两种方法的建模结果均与原始数据相同,但 MS 方法从低频范围开始就已经展现出明显的误差。飞机的刚体运动对刚体模态气动力的低频误差十分敏感，如果为了降低低频误差而减小拟合频率范围则会造成颤振频率附近弹性模态气动力的不准确。本章方法在较大频率范围内都能保证气动力的准确性。

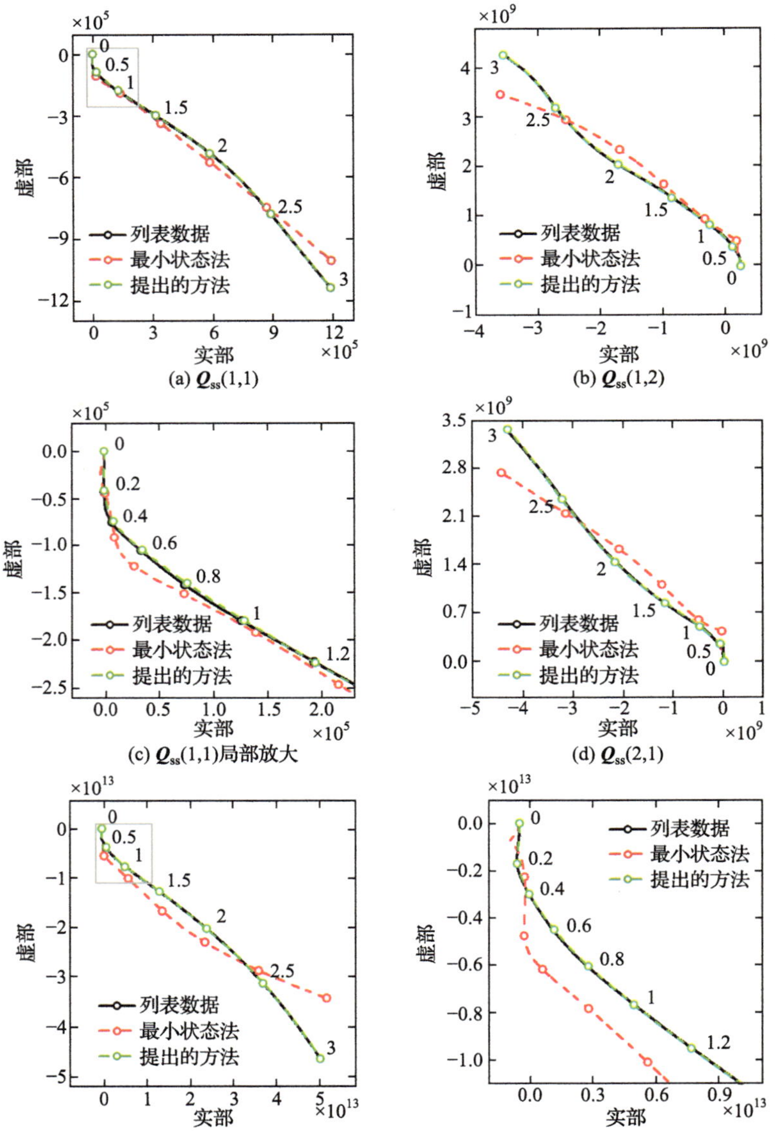

(a) $\boldsymbol{Q}_{ss}(1,1)$　(b) $\boldsymbol{Q}_{ss}(1,2)$

(c) $\boldsymbol{Q}_{ss}(1,1)$局部放大　(d) $\boldsymbol{Q}_{ss}(2,1)$

(e) $\boldsymbol{Q}_{ss}(2,2)$　(f) $\boldsymbol{Q}_{ss}(2,2)$局部放大

图 2.4.3　气动力传递函数 $\boldsymbol{Q}_{ss}$ 的建模结果对比

引入如下模型误差的 $\mathcal{H}_2$ 范数计算公式对建模误差进行量化分析

$$\mathcal{H}_{2\text{error}} = \sqrt{\frac{\sum_{l=1}^{N}\left\|\hat{\boldsymbol{Q}}(\mathrm{i}k_l) - \boldsymbol{Q}_l\right\|_{\mathrm{F}}^2}{\sum_{l=1}^{N}\left\|\boldsymbol{Q}_l\right\|_{\mathrm{F}}^2}} \tag{2.4.2}$$

式中，$\hat{\boldsymbol{Q}}$ 为式(2.3.26)中的建模结果，$\|\ \|_{\mathrm{F}}$ 为弗罗贝尼乌斯(Frobenius)范数。分析结果表明，MS 方法对 $\boldsymbol{Q}_{\mathrm{ss}}$ 项的建模误差为 12.56%，而本章方法仅为 0.12%。

突风气动力子系统的建模结果如图 2.4.4 所示。与图 2.4.3 类似，图 2.4.4 中的绿色曲线表示利用本章提出的方法得到的计算结果。本算例中，突风参考点与气动网格控制点的最大距离达到了 12.8 倍的半弦长，减缩频率从 0 到变化到最大值 3 时，突风模态式(1.1.3)中的复指数函数经历了最多 6 个完整周期，从而造成突风气动力矩阵 $\boldsymbol{Q}_{\mathrm{sg}}$ 在复平面上的曲线呈现出强烈的回绕特性。由于 MS 方法所用到的气动力极点均为实值，因此无法对回绕的曲线进行充分的拟合。本章利用 Loewner 矩阵构造的气动力系统矩阵仅需要传递函数的采样数据，不必人工选择极点。图 2.4.4 表明本书方法能够精确匹配回绕的气动力曲线。误差分析结果表明

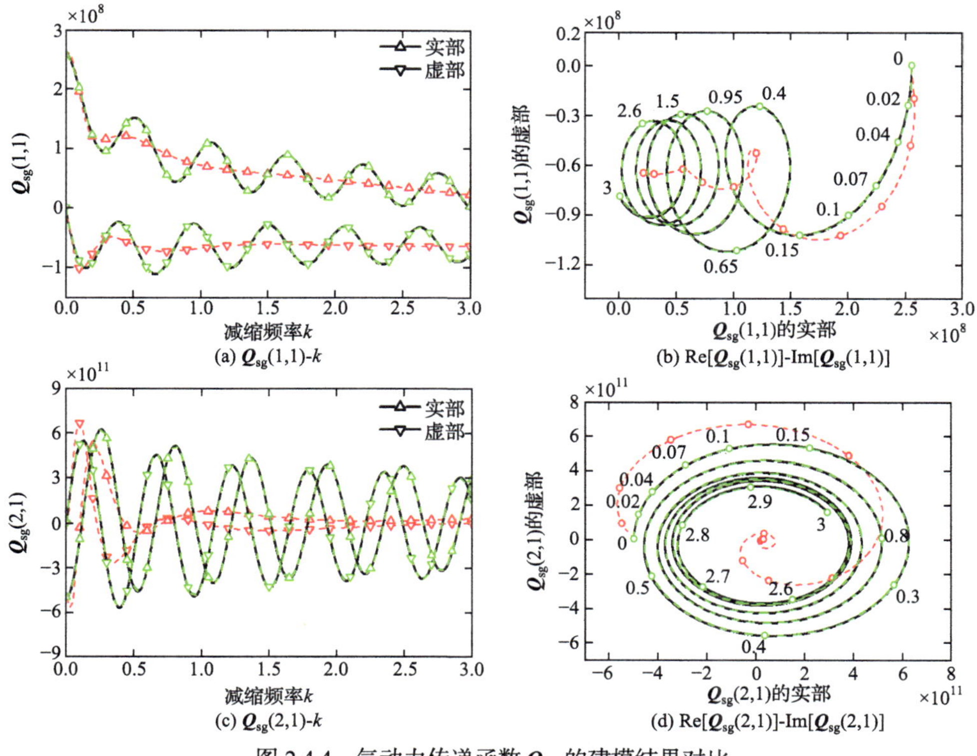

图 2.4.4　气动力传递函数 $\boldsymbol{Q}_{\mathrm{sg}}$ 的建模结果对比

MS 方法产生的 $\mathcal{H}_2$ 误差高达 79.12%，而本书方法只有 0.67%。注意本书得到的精确模型是建立在稍高的系统阶数上的，理论上来说即使减缩频率范围更大，本书方法也可以建立任意精度的气动力模型，并且不会带来数值问题。然而从实用的角度来看，过高的阶数会给系统分析和控制器设计带来不便，因此建议在 2.3.2 节的模型降阶中权衡系统的阶数和模型的精度，以达到满意的效果。

表 2.4.2 列出了选择不同系统阶数的建模结果对比，表中结果清晰地展示出本书方法和 MS 方法的特点和限制。对于 MS 方法，阶数即滞后根的数量；对于 Loewner 方法，括号中的数值表示 $\boldsymbol{Q}_{ss}$ 和 $\boldsymbol{Q}_{sc}$ 项的共有阶数以及 $\boldsymbol{Q}_{sg}$ 项的阶数。MS 方法首先使用 10 个滞后根生成了一个低精度的气动模型。当希望提高精度时，增加滞后根确实减少了模型误差。然而，过多的滞后根带来过拟合的 RFA 结果，最终导致 ASE 模型不稳定。在本算例中，MS 方法无法通过任意增加滞后根数量的方式来获得高精度模型。相比之下，本书方法是一种高精度建模的范式。本方法首先建立了具有较高阶数的高精度气动模型，随后利用模型降阶可得到一个中等阶数系统。从表 2.4.2 可看出，本书方法的限制在于它不适合将系统阶数降低到过低的水平，模型误差同样会使 ASE 系统不稳定。本方法的优点是当阶数选择适当时模型误差极小，这是 MS 方法无法实现的。

本章 Loewner 方法和 MS 方法的计算通过 MATLAB 代码在 Intel Core i7-4770 中央处理器(CPU)(3.40GHz)上运行。表 2.4.2 列出了两种方法所耗费的 CPU 时间。可以看出，MS 方法的 CPU 时间与系统阶数成正比，而 Loewner 方法的 CPU 时间几乎与阶数的选择无关。Loewner 方法计算耗费的时间主要用于 Loewner 矩阵的 SVD 分解。表 2.4.3 列出了 Loewner 方法在多个马赫数下的建模结果。结果表明，本章方法始终可以通过选择适当的阶数生成高精度的模型。

表 2.4.2　选择不同阶数的建模结果对比($M_\infty = 0.3$)

阶数	CPU / s	$\boldsymbol{Q}_{ss}$ /%	$\boldsymbol{Q}_{sc}$ /%	$\boldsymbol{Q}_{sg}$ /%	ASE 稳定性	不稳定极点
			MS 方法			
10	1.62	12.56	3.63	79.12	稳定	—
15	1.93	7.22	2.52	70.55	不稳定	2.2466±5.6654i
20	2.56	5.95	0.84	70.51	不稳定	5.1169±7.0233i
30	3.28	1.44	0.97	67.19	不稳定	2.1543
50	4.84	2.88	0.63	61.35	不稳定	3.8130
			Loewner 方法			
(5, 5)	1.22	10.58	9.90	79.37	不稳定	57.773±1399.2i
(9, 6)	1.22	7.33	9.79	71.31	不稳定	153.37±1605.4i

续表

阶数	CPU / s	Q_{ss} /%	Q_{sc} /%	Q_{sg} /%	ASE 稳定性	不稳定极点
(12, 8)	1.24	5.39	9.14	60.06	不稳定	102.32±1423.8i
(16, 14)	1.29	1.95	6.89	15.74	稳定	—
(30, 20)	1.38	0.12	0.15	0.67	稳定	—

注：%表示 $\mathcal{H}_2$ 误差的百分比。

表 2.4.3　多个马赫数下的建模结果

马赫数	阶数	Q_{ss} /%	Q_{sc} /%	Q_{sg} /%	U_∞ /(m/s)	ASE 稳定性
0.25	(28, 19)	0.07	0.11	0.40	85.07	稳定
0.30	(30, 20)	0.12	0.15	0.67	102.09	稳定
0.35	(33, 20)	0.12	0.16	0.76	119.10	稳定
0.40	(36, 21)	0.16	0.18	0.64	136.12	稳定
0.45	(41, 23)	0.21	0.19	0.68	153.13	稳定
0.50	(42, 24)	0.24	0.23	0.56	170.15	稳定

注：%表示 $\mathcal{H}_2$ 误差的百分比。

2.4.3　突风响应分析结果

为了对气动力系统的建模结果做进一步验证，接下来使用状态空间方程进行开环突风响应分析。图 2.4.5 展示了 1-cos 离散突风响应的时域仿真结果，同时对比了最小状态法和频域方法的计算结果。1-cos 突风频率设置为 10Hz，最大突风速度对应的等效迎角为10°。系统输出为沉浮和俯仰刚体模态运动，重心和翼梢的垂直加速度，以及翼根的弯矩和扭矩。频域方法直接利用频域气动力进行分析，不需要建立气动力系统的时域模型，因此作为标准结果进行对照。结果表明，本章方法无论是刚体运动、加速度响应还是内载荷都能得到与频域方法一致的结果。MS 方法由于气动力模型不准确导致了计算误差，最明显的差别出现在对俯仰运动的预测上。沉浮运动和质心加速度受此影响误差较大，而翼梢加速度和翼根载荷受到的影响较小。

Dryden 突风尺度设置为典型的 2500ft，突风速度的 RMS 为 100ft/s。图 2.4.6 展示了质心和翼梢垂直加速度，以及翼根弯矩和翼根扭矩的 PSD 响应。实际上连续突风的 PSD 响应更适合通过频域方程计算，在此利用状态空间方程进行分析的主要目的是验证模型的准确性。由于本章方法建立的气动力时域模型几乎没有引入额外误差，因此利用式(1.2.49)计算出的 PSD 曲线与频域计算结果是一致的。翼梢加速度的信号能量主要来自 8Hz 左右的机翼弯曲共振，其余响应的信号能量主

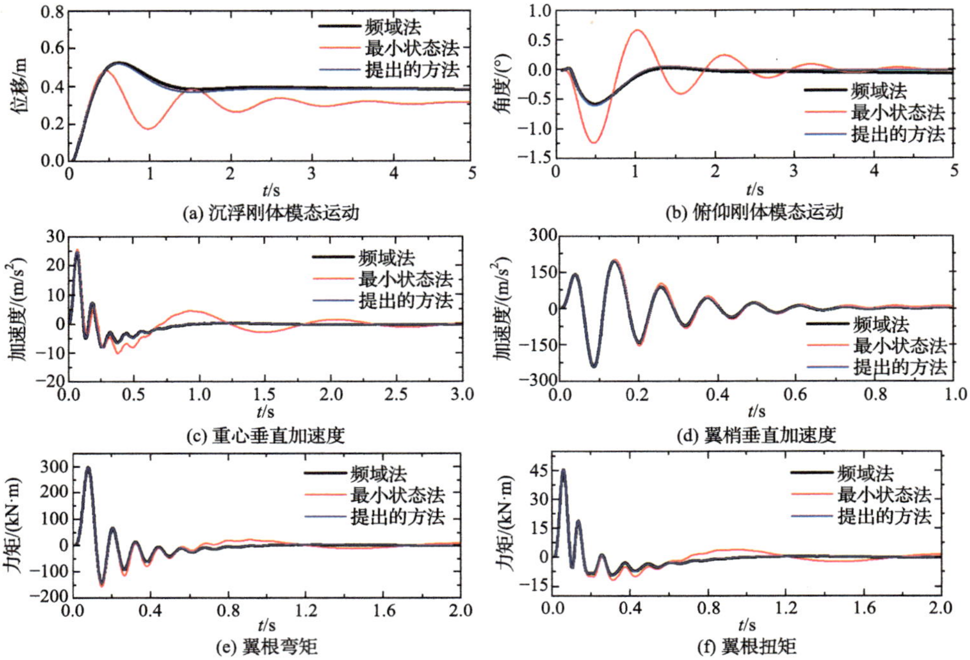

(a) 沉浮刚体模态运动　(b) 俯仰刚体模态运动
(c) 重心垂直加速度　(d) 翼梢垂直加速度
(e) 翼根弯矩　(f) 翼根扭矩

图 2.4.5　1-cos 离散突风作用下飞机的时域响应

要与 0.5Hz 左右的低频刚体运动有关。MS 方法得到了不一致的 PSD 曲线，表明气动力模型误差对连续突风响应的影响是非常大的。与离散突风响应一样，MS 方法的误差主要出现在刚体运动的低频范围。

图 2.4.7 展示了使用本章方法和 MS 方法得到的状态空间方程对 Dryden 突风响应的时间历程，图中可以直观地看出不同模型对刚体运动预测的差别。如果利用状态空间方程作为参考模型进行纵向增稳系统或突风减缓系统的设计，MS 方法的建模误差将使控制器难以达到预期的实际效果。通过以上数值结果，验证了本章方法得到的状态空间方程是准确和可靠的。

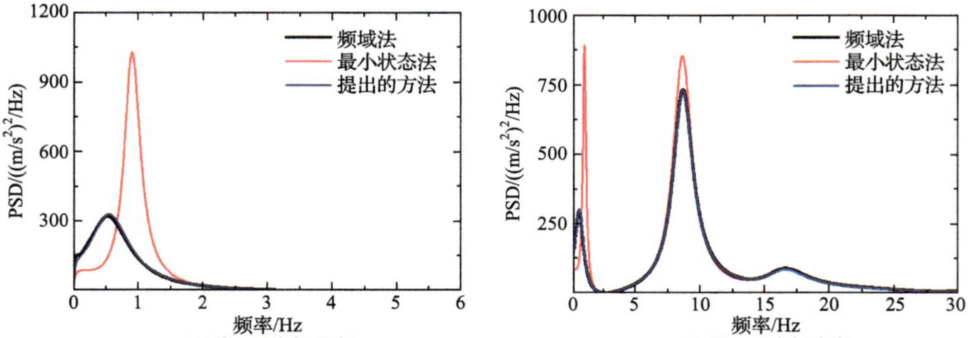

(a) 重心垂直加速度　(b) 翼梢垂直加速度

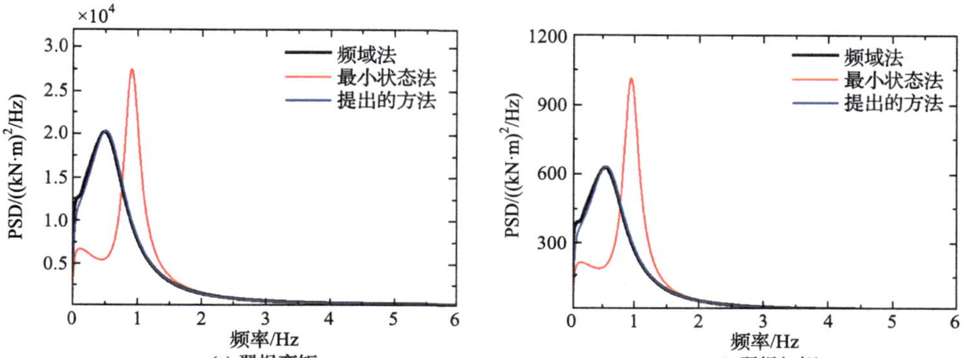

(c) 翼根弯矩　　(d) 翼根扭矩

图 2.4.6　Dryden 连续突风响应的 PSD 曲线

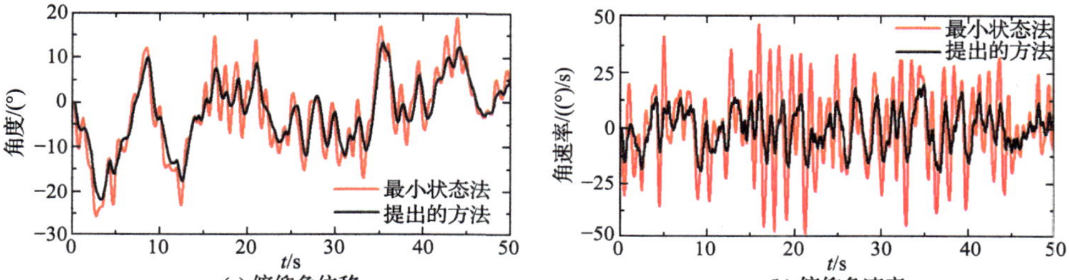

(a) 俯仰角位移　　(b) 俯仰角速率

图 2.4.7　Dryden 突风作用下飞机的刚体模态响应

2.5　本 章 小 结

本章提出了一种准确和高效的气动伺服弹性系统状态空间建模的新方法。该方法基于空气动力子系统实现技术，用于替代传统的 RFA 方法对气动力系统进行高精度识别。该方法使用的主要工具为 Loewner 矩阵，通过 GAF 采样数据直接构建满足切向插值条件的描述系统。系统阶数可根据 Loewner 矩阵的奇异值判定，仅需少量人工干预。Loewner 方法需要远比 RFA 方法多的频域 GAF 采样数据，以准确判定系统阶数。实际操作中频域数据使用插值方法生成，避免大量减缩频率下直接计算 GAF 矩阵。为了建立状态空间形式的系统方程，随后在 Loewner 框架的基础上开发了一系列后处理方法，实现了气动力系统的稳定性、模型降阶以及气动力直接传输项提取的要求。

数值算例验证了在相对大的减缩频率范围内，本章方法能够获得与频域数据一致的时域气动力模型。模型精度的提升并不会像 RFA 方法那样带来数值病态和过拟合问题，对于突风 GAF 矩阵的回绕曲线也能充分拟合。利用时域气动伺服弹性模型进行突风响应分析的算例表明，无论是离散突风还是连续突风，状态空间方程均给出了可靠的运动预测和载荷计算结果。

参 考 文 献

[1] 中国民用航空局. CCAR-25-R4. 运输类飞机适航标准, 2011.

[2] Liu X, Sun Q, Cooper J E. LQG based model predictive control for gust load alleviation. Aerospace Science and Technology, 2017, 71: 499-509.

[3] Lee K W, Singh S N. $\mathcal{L}_1$ adaptive control of an aeroelastic system with unsteady aerodynamics and gust load. Journal of Vibration and Control, 2018, 24(2): 303-322.

[4] Gustavsen B, Semlyen A. Rational approximation of frequency domain responses by vector fitting. IEEE Transactions on Power Delivery, 1999, 14(3): 1052-1061.

[5] Yue C Y, Zhao Y H. An improved aeroservoelastic modeling approach for state-space gust analysis. Journal of Fluids and Structures, 2020, 99: 103148.

[6] Mayo A J, Antoulas A C. A framework for the solution of the generalized realization problem. Linear Algebra and its Applications, 2007, 425(2): 634-662.

[7] Feng Y, Yagoubi M. Robust Control of Linear Descriptor Systems. Singapore: Springer, 2017.

[8] Varga A. Descriptor system tools (DSTOOLS) user's guide. ArXiv e-Prints, 2017: arXiv: 1707.07140.

[9] Antoulas A C, Lefteriu S, Ionita A C, et al. A tutorial introduction to the Loewner framework for model reduction. Model Reduction and Appro2imation: Theory and Algorithms, 2017, 15: 335.

[10] Sokolov M S V. Contributions to the minimal realization problem for descriptor systems. 2006.

[11] Lefteriu S, Antoulas A C. A new approach to modeling multiport systems from frequency-domain data. IEEE Transactions on Computer-Aided Design of Integrated Circuits and Systems, 2010, 29(1): 14-27.

[12] Kabir M, Khazaka R. Macromodeling of distributed networks from frequency-domain data using the Loewner matrix approach. IEEE Transactions on Microwave Theory and Techniques, 2012, 60(12): 3927-3938.

[13] Ionita A C. Lagrange rational interpolation and its applications to approximation of large-scale dynamical systems, Doctoral Dissertation. Houston, T2, USA: Rice University, 2013.

[14] Gosea I V, Antoulas A C. Stability preserving post-processing methods applied in the Loewner framework. 2016 IEEE 20th Workshop on Signal and Power Integrity (SPI), IEEE, 2016: 1-4.

[15] Quero D, Vuillemin P, Poussot-Vassal C. A generalized state-space aeroservoelastic model based on tangential interpolation. Aerospace, 2019, 6(1): 9.

[16] Kagstrom B, Westin L. Generalized Schur methods with condition estimators for solving the generalized Sylvester equation. IEEE Transactions on Automatic Control, 1989, 34(7): 745-751.

[17] Freund R W. Krylov-subspace methods for reduced-order modeling in circuit simulation. Journal of Computational and Applied Mathematics, 2000, 123(1): 395-421.

[18] Safonov M G, Chiang R Y, Limebeer D J N. Optimal Hankel model reduction for nonminimal systems. IEEE Transactions on Automatic Control, 1990, 35(4): 496-502.

[19] Gugercin S, Antoulas A C. A survey of model reduction by balanced truncation and some new results. International Journal of Control, 2004, 77(8): 748-766.

[20] Kabir M, Khazaka R. Loewner matrix macromodeling for Y-parameter data with a priori D matrix extraction. IEEE Transactions on Microwave Theory and Techniques, 2016, 64(12): 4098-4107.

[21] ZONA Technology. ZAERO user's manual. ver. 8.5, Scottsdale, AZ, 2011.

第 3 章　飞行动力学与气动弹性统一方程的建立方法

传统上，飞行动力学与气动弹性研究都是在各自的领域中单独研究的，割裂开来的。飞行动力学不考虑飞机的弹性，而气动弹性研究又不考虑刚体运动。如何将两个学科中使用的动力学方程统一在一个建模框架下,然后按标准程式处理，就可以同时处理飞行动力学问题和气动弹性问题，是一个十分重要的课题[1]。例如，大展弦比飞翼布局飞机存在俯仰转动惯量小、机翼弯曲刚度低的特点，容易导致飞机的刚体短周期俯仰模态与机翼低阶弹性模态在气流作用下发生刚弹耦合效应，并诱发气动弹性失稳，即发生所谓的“体自由度颤振”(body freedom flutter，BFF)现象[2-8]，从而威胁飞行安全。再比如，当飞翼布局飞机进入跨声速区域时，跨声速激波的非线性振荡会进一步加剧刚弹耦合效应，导致飞机在受控飞行时发生俯仰残余振荡(residual pitch oscillation，RPO)问题。美国的 B2 轰炸机试飞中就出现了跨声速俯仰残余振荡现象[9]。可见，BFF 和 RPO 问题的研究都需要建立飞行动力学与气动弹性统一方程。

本章基于 Baldelli 和 Chen[10]与 Schmidt[11]的工作，在小扰动框架下，推导了飞行动力学与气动弹性统一方程。在统一方程中如果只保留刚体模态，则可完全复现飞行动力学方程(包括纵向小扰动方程和横向小扰动方程)；若同时计入刚体模态和弹性模态，则可进行飞行器刚柔耦合气动弹性分析以及飞机弹性对飞行动力学特性影响的分析。本章建立的飞行动力学与气动弹性统一方程限于直线水平飞行状态，不涉及转弯、俯冲等机动飞行状态。

3.1　刚性飞机的线性化小扰动方程

3.1.1　线性化小扰动方程

取直线、水平飞行的配平基准状态，在飞行动力学稳定轴系下，控制飞机平动的线性化小扰动方程为[11]

$$m\dot{u} = -mg\theta + (f_{A_X} + f_{P_X}) \tag{3.1.1}$$

$$m\dot{v} = -mU_\infty r + mg\phi + (f_{A_Y} + f_{P_Y}) \tag{3.1.2}$$

$$m\dot{w} = mU_\infty q + (f_{A_Z} + f_{P_Z}) \tag{3.1.3}$$

或

$$\dot{u} = -g\theta + (f_{A_X} + f_{P_X}) / m \tag{3.1.4}$$

$$\dot{v} = -U_\infty r + g\phi + (f_{A_Y} + f_{P_Y}) / m \tag{3.1.5}$$

$$\dot{w} = U_\infty q + (f_{A_Z} + f_{P_Z}) / m \tag{3.1.6}$$

式中，U_∞为基准状态下的飞行速度，m是整个飞机的质量。u、v、w为三个方向上的小扰动速度，q、r分别为小扰动俯仰角速度和小扰动偏航角速度。θ为小扰动俯仰角，ϕ为小扰动倾斜角，g为重力加速度。

在直线、水平飞行的配平基准状态下，稳定轴系下控制飞机转动的线性化小扰动方程为[11]

$$I_{yy}\dot{q} = m_{\text{A}} + m_{\text{P}} \quad 或 \quad \dot{q} = (m_{\text{A}} + m_{\text{P}}) / I_{yy} \tag{3.1.7}$$

$$\begin{bmatrix} I_{xx} & -I_{xz} \\ -I_{xz} & I_{zz} \end{bmatrix} \begin{bmatrix} \dot{p} \\ \dot{r} \end{bmatrix} = \begin{bmatrix} l_{\text{A}} + l_{\text{P}} \\ n_{\text{A}} + n_{\text{P}} \end{bmatrix} \tag{3.1.8}$$

或

$$\begin{bmatrix} \dot{p} \\ \dot{r} \end{bmatrix} = \frac{1}{I_{xx}I_{zz} - I_{xz}^2} \begin{bmatrix} I_{zz} & I_{xz} \\ I_{xz} & I_{xx} \end{bmatrix} \begin{bmatrix} l_{\text{A}} + l_{\text{P}} \\ n_{\text{A}} + n_{\text{P}} \end{bmatrix} \tag{3.1.9a}$$

或

$$\begin{bmatrix} \dot{p} \\ \dot{r} \end{bmatrix} = \frac{1}{1 - I_{xz}^2 / (I_{xx}I_{zz})} \begin{bmatrix} 1 & I_{xz} / I_{xx} \\ I_{xz} / I_{zz} & 1 \end{bmatrix} \begin{bmatrix} (l_{\text{A}} + l_{\text{P}}) / I_{xx} \\ (n_{\text{A}} + n_{\text{P}}) / I_{zz} \end{bmatrix} \tag{3.1.9b}$$

式中，I_{xx}、I_{yy}、I_{zz}、I_{xz}为飞机在稳定轴系下的惯性矩和惯性积。l_{A}、m_{A}、n_{A}为小扰动气动力矩，l_{P}、m_{P}、n_{P}为小扰动推进力矩。

与角速度有关的三个运动学方程为

$$\dot{\phi} = p \tag{3.1.10}$$

$$\dot{\theta} = q \tag{3.1.11}$$

$$\dot{\psi} = r \tag{3.1.12}$$

式中，p为滚转角速的小扰动量，ψ为小扰动偏航角。

与平动速度有关的三个运动学方程为

$$\dot{x} = u \tag{3.1.13}$$

$$\dot{y} = v + U_\infty \psi \tag{3.1.14}$$

$$\dot{h} = -w + U_\infty \theta \tag{3.1.15}$$

式中，x、y分别为前向位置扰动量和横向位置扰动量，h为飞行器高度的扰动量。

3.1.2 小扰动力和力矩

小扰动力包括小扰动气动力和小扰动推进力。小扰动气动力可表示为

$$\begin{cases} f_{A_X} = q_\infty S_{\mathrm{w}} \left(\begin{array}{l} -\left(C_{D_u} + \dfrac{2}{U_\infty} C_{D_0} \right) u + (-C_{D_\alpha} + C_{L_0})\alpha - C_{D_{\dot\alpha}} \dot\alpha \\ -C_{D_q} q - C_{D_{\delta_{\mathrm{E}}}} \delta_{\mathrm{E}} \end{array} \right) \\ f_{A_Y} = q_\infty S_{\mathrm{w}} \left(C_{S_\beta} \beta + C_{S_p} p + C_{S_r} r + C_{S_{\delta_{\mathrm{A}}}} \delta_{\mathrm{A}} + C_{S_{\delta_{\mathrm{R}}}} \delta_{\mathrm{R}} \right) \\ f_{A_Z} = q_\infty S_{\mathrm{w}} \left(\begin{array}{l} -\left(C_{L_u} + \dfrac{2}{U_\infty} C_{L_0} \right) u - (C_{L_\alpha} + C_{D_0})\alpha - C_{L_{\dot\alpha}} \dot\alpha \\ -C_{L_q} q - C_{L_{\delta_{\mathrm{E}}}} \delta_{\mathrm{E}} \end{array} \right) \end{cases} \tag{3.1.16}$$

式中，q_∞ 为动压，S_{w} 为参考面积，α 为小扰动攻角。δ_{A}、δ_{R}、δ_{E} 分别为副翼、方向舵和升降舵偏角。$C_{L_\cdot}$ 为升力有效度系数，$C_{D_\cdot}$ 为阻力有效度系数，$C_{S_\cdot}$ 为侧力有效度系数。

小扰动推进力可表示为

$$\begin{cases} f_{P_X} = q_\infty S_{\mathrm{w}} \left(C_{P_{X_u}} + \dfrac{2}{U_\infty} C_{P_{X_0}} \right) u + \delta T \cos(\phi_{\mathrm{T}} + \alpha_0) \\ f_{P_Y} = 0 \\ f_{P_Z} = q_\infty S_{\mathrm{w}} \left(C_{P_{Z_u}} + \dfrac{2}{U_\infty} C_{P_{Z_0}} \right) u - \delta T \sin(\phi_{\mathrm{T}} + \alpha_0) \end{cases} \tag{3.1.17}$$

式中，$C_{\mathrm{P}_\cdot}$ 为推力有效度系数，δT 为推力小扰动，α_0 为配平攻角，ϕ_{T} 为发动机推力偏角。

以上两组小扰动力合并在一起，得到

$$\begin{cases} f_{A_X} + f_{P_X} = q_\infty S_{\mathrm{w}} \left(\begin{array}{l} \left(-\left(C_{D_u} + \dfrac{2}{U_\infty} C_{D_0} \right) + \left(C_{P_{X_u}} + \dfrac{2}{U_\infty} C_{P_{X_0}} \right) \right) u \\ +(-C_{D_\alpha} + C_{L_0})\alpha - C_{D_{\dot\alpha}} \dot\alpha - C_{D_q} q - C_{D_{\delta_{\mathrm{E}}}} \delta_{\mathrm{E}} \end{array} \right) \\ \qquad + \delta T \cos(\phi_{\mathrm{T}} + \alpha_0) \\ f_{A_Y} + f_{P_Y} = q_\infty S_{\mathrm{w}} \left(C_{S_\beta} \beta + C_{S_p} p + C_{S_r} r + C_{S_{\delta_{\mathrm{A}}}} \delta_{\mathrm{A}} + C_{S_{\delta_{\mathrm{R}}}} \delta_{\mathrm{R}} \right) \\ f_{A_Z} + f_{P_Z} = q_\infty S_{\mathrm{w}} \left(\begin{array}{l} \left(-\left(C_{L_u} + \dfrac{2}{U_\infty} C_{L_0} \right) + \left(C_{P_{Z_u}} + \dfrac{2}{U_\infty} C_{P_{Z_0}} \right) \right) u \\ -(C_{L_\alpha} + C_{D_0})\alpha - C_{L_{\dot\alpha}} \dot\alpha - C_{L_q} q - C_{L_{\delta_{\mathrm{E}}}} \delta_{\mathrm{E}} \end{array} \right) \\ \qquad - \delta T \sin(\phi_{\mathrm{T}} + \alpha_0) \end{cases} \tag{3.1.18}$$

将式(3.1.18)给出的三组力分别除以飞行器质量m，则有

$$
\begin{cases}
\dfrac{f_{A_X}+f_{P_X}}{m}=\dfrac{q_\infty S_{\mathrm{W}}}{m}\left(\begin{array}{l}\left(-\left(C_{D_u}+\dfrac{2}{U_\infty}C_{D_0}\right)+\left(C_{P_{X_u}}+\dfrac{2}{U_\infty}C_{P_{X0}}\right)\right)u \\ +(-C_{D_\alpha}+C_{L_0})\alpha-C_{D_{\dot\alpha}}\dot\alpha-C_{D_q}q-C_{D_{\delta_{\mathrm{E}}}}\delta_{\mathrm{E}}\end{array}\right) \\
\qquad +\dfrac{\delta T\cos(\phi_{\mathrm{T}}+\alpha_0)}{m} \\
\dfrac{f_{A_Y}+f_{P_Y}}{m}=\dfrac{q_\infty S_{\mathrm{W}}}{m}(C_{S_\beta}\beta+C_{S_p}p+C_{S_r}r+C_{S_{\delta_{\mathrm{A}}}}\delta_{\mathrm{A}}+C_{S_{\delta_{\mathrm{R}}}}\delta_{\mathrm{R}}) \\
\dfrac{f_{A_Z}+f_{P_Z}}{m}=\dfrac{q_\infty S_{\mathrm{W}}}{m}\left(\begin{array}{l}\left(-\left(C_{L_u}+\dfrac{2}{U_\infty}C_{L_0}\right)+\left(C_{P_{Z_u}}+\dfrac{2}{U_\infty}C_{P_{Z0}}\right)\right)u \\ -(C_{L_\alpha}+C_{D_0})\alpha-C_{L_{\dot\alpha}}\dot\alpha-C_{L_q}q-C_{L_{\delta_{\mathrm{E}}}}\delta_{\mathrm{E}}\end{array}\right) \\
\qquad -\dfrac{\delta T\sin(\phi_{\mathrm{T}}+\alpha_0)}{m}
\end{cases}
\tag{3.1.19}
$$

引入有量纲稳定性导数，则式(3.1.19)可用简化符号表示为

$$
\begin{cases}
\dfrac{f_{A_X}+f_{P_X}}{m}=X_u u+X_{P_u}u+X_\alpha\alpha+X_{\dot\alpha}\dot\alpha+X_q q+X_{\delta_{\mathrm{E}}}\delta_{\mathrm{E}}+X_{\mathrm{T}}\delta T \\
\dfrac{f_{A_Y}+f_{P_Y}}{m}=Y_\beta\beta+Y_p p+Y_r r+Y_{\delta_{\mathrm{A}}}\delta_{\mathrm{A}}+Y_{\delta_{\mathrm{R}}}\delta_{\mathrm{R}} \\
\dfrac{f_{A_Z}+f_{P_Z}}{m}=Z_u u+Z_{P_u}u+Z_\alpha\alpha+Z_{\dot\alpha}\dot\alpha+Z_q q+Z_{\delta_{\mathrm{E}}}\delta_{\mathrm{E}}+Z_{\mathrm{T}}\delta T
\end{cases}
\tag{3.1.20}
$$

上式中的各有量纲稳定性导数为

$$
\begin{cases}
X_u=\dfrac{q_\infty S_{\mathrm{W}}}{m}\left(-\left(C_{D_u}+\dfrac{2}{U_\infty}C_{D_0}\right)\right),\quad X_{P_u}=\dfrac{q_\infty S_{\mathrm{W}}}{m}\left(C_{P_{X_u}}+\dfrac{2}{U_\infty}C_{P_{X0}}\right) \\
X_\alpha=\dfrac{q_\infty S_{\mathrm{W}}}{m}\left(-C_{D_\alpha}+C_{L_0}\right),\quad X_{\dot\alpha}=\dfrac{q_\infty S_{\mathrm{W}}}{m}\left(-C_{D_{\dot\alpha}}\right) \\
X_q=\dfrac{q_\infty S_{\mathrm{W}}}{m}\left(-C_{D_q}\right),\quad X_{\delta_{\mathrm{E}}}=\dfrac{q_\infty S_{\mathrm{W}}}{m}\left(-C_{D_{\delta_{\mathrm{E}}}}\right) \\
X_{\mathrm{T}}=\dfrac{\cos(\phi_{\mathrm{T}}+\alpha_0)}{m}
\end{cases}
\tag{3.1.21}
$$

$$
\begin{cases}
Y_\beta=\dfrac{q_\infty S_{\mathrm{W}}}{m}C_{S_\beta},\quad Y_p=\dfrac{q_\infty S_{\mathrm{W}}}{m}C_{S_p} \\
Y_r=\dfrac{q_\infty S_{\mathrm{W}}}{m}C_{S_r},\quad Y_{\delta_{\mathrm{A}}}=\dfrac{q_\infty S_{\mathrm{W}}}{m}C_{S_{\delta_{\mathrm{A}}}} \\
Y_{\delta_{\mathrm{R}}}=\dfrac{q_\infty S_{\mathrm{W}}}{m}C_{S_{\delta_{\mathrm{R}}}}
\end{cases}
\tag{3.1.22}
$$

$$\begin{cases} Z_u = \dfrac{q_\infty S_{\mathrm{w}}}{m}\left(-\left(C_{L_u} + \dfrac{2}{U_\infty}C_{L_0}\right)\right), \quad Z_{P_u} = \dfrac{q_\infty S_{\mathrm{w}}}{m}\left(C_{P_{Z_u}} + \dfrac{2}{U_\infty}C_{P_{Z_0}}\right) \\ Z_\alpha = \dfrac{q_\infty S_{\mathrm{w}}}{m}\left(-(C_{L_\alpha} + C_{D_0})\right), \quad Z_{\dot\alpha} = \dfrac{q_\infty S_{\mathrm{w}}}{m}\left(-C_{L_{\dot\alpha}}\right) \\ Z_q = \dfrac{q_\infty S_{\mathrm{w}}}{m}\left(-C_{L_q}\right), \quad Z_{\delta_{\mathrm{E}}} = \dfrac{q_\infty S_{\mathrm{w}}}{m}\left(-C_{L_{\delta_{\mathrm{E}}}}\right) \\ Z_{\mathrm{T}} = -\dfrac{\sin(\phi_{\mathrm{T}} + \alpha_0)}{m} \end{cases} \tag{3.1.23}$$

小扰动气动力矩可表示为

$$\begin{cases} l_{\mathrm{A}} = q_\infty S_{\mathrm{w}} b_{\mathrm{w}} \begin{pmatrix} C_{L\mathrm{roll}_\beta}\beta + C_{L\mathrm{roll}_p} p + C_{L\mathrm{roll}_r} r + C_{L\mathrm{roll}_{\delta_{\mathrm{A}}}}\delta_{\mathrm{A}} \\ +C_{L\mathrm{roll}_{\delta_{\mathrm{R}}}}\delta_{\mathrm{R}} \end{pmatrix} \\ m_{\mathrm{A}} = q_\infty S_{\mathrm{w}} \bar{c}_{\mathrm{w}} \begin{pmatrix} \left(C_{M_u} + \dfrac{2}{U_\infty}C_{M_0}\right)u + C_{M_\alpha}\alpha + C_{M_{\dot\alpha}}\dot\alpha + C_{M_q} q \\ +C_{M_{\delta_{\mathrm{E}}}}\delta_{\mathrm{E}} \end{pmatrix} \\ n_{\mathrm{A}} = q_\infty S_{\mathrm{w}} b_{\mathrm{w}} \begin{pmatrix} C_{N_\beta}\beta + C_{N_p} p + C_{N_r} r + C_{N_{\delta_{\mathrm{A}}}}\delta_{\mathrm{A}} \\ +C_{N_{\delta_{\mathrm{R}}}}\delta_{\mathrm{R}} \end{pmatrix} \end{cases} \tag{3.1.24}$$

式中，b_{w} 为参考展长，$\bar{c}_{\mathrm{w}}$ 为参考弦长。$C_{L\mathrm{roll}_\cdot}$、$C_{M_\cdot}$、$C_{N_\cdot}$ 分别滚转力矩、俯仰力矩和偏航力矩有效度系数。

小扰动推进力矩可表示为

$$\begin{cases} l_{\mathrm{P}} = 0 \\ m_{\mathrm{P}} = q_\infty S_{\mathrm{w}} \bar{c}_{\mathrm{w}} \left(\left(C_{P_{M_u}} + \dfrac{2}{U_\infty}C_{P_{M_0}}\right)u + C_{P_{M_\alpha}}\alpha\right) \\ \qquad + \delta T\left(d_{\mathrm{T}}\cos\phi_{\mathrm{T}} - x_{\mathrm{T}}\sin\phi_{\mathrm{T}}\right) \\ n_{\mathrm{P}} = 0 \end{cases} \tag{3.1.25}$$

这里假定推力的作用点位于 x 轴以下距离 d_{T} 处，以及所选择的基准位置后部距离 x_{T} 处。ϕ_{T} 为推力角。合并以上力矩，得到

$$\begin{cases} l_{\mathrm{A}} + l_{\mathrm{P}} = q_\infty S_{\mathrm{w}} b_{\mathrm{w}}\left(C_{L\mathrm{roll}_\beta}\beta + C_{L\mathrm{roll}_p} p + C_{L\mathrm{roll}_r} r + C_{L\mathrm{roll}_{\delta_{\mathrm{A}}}}\delta_{\mathrm{A}} + C_{L\mathrm{roll}_{\delta_{\mathrm{R}}}}\delta_{\mathrm{R}}\right) \\ m_{\mathrm{A}} + m_{\mathrm{P}} = q_\infty S_{\mathrm{w}} \bar{c}_{\mathrm{w}} \begin{pmatrix} \left(\left(C_{M_u} + \dfrac{2}{U_\infty}C_{M_0}\right) + \left(C_{P_{M_u}} + \dfrac{2}{U_\infty}C_{P_{M_0}}\right)\right)u \\ +(C_{M_\alpha} + C_{P_{M_\alpha}})\alpha + C_{M_{\dot\alpha}}\dot\alpha + C_{M_q} q + C_{M_{\delta_{\mathrm{E}}}}\delta_{\mathrm{E}} \end{pmatrix} \\ \qquad + \delta T\left(d_{\mathrm{T}}\cos\phi_{\mathrm{T}} - x_{\mathrm{T}}\sin\phi_{\mathrm{T}}\right) \\ n_{\mathrm{A}} + n_{\mathrm{P}} = q_\infty S_{\mathrm{w}} b_{\mathrm{w}}\left(C_{N_\beta}\beta + C_{N_p} p + C_{N_r} r + C_{N_{\delta_{\mathrm{A}}}}\delta_{\mathrm{A}} + C_{N_{\delta_{\mathrm{R}}}}\delta_{\mathrm{R}}\right) \end{cases} \tag{3.1.26}$$

上式中，将滚转力矩除以I_{xx}，俯仰力矩除以I_{yy}，偏航力矩除以I_{zz}，有

$$\begin{cases}\dfrac{l_{\mathrm{A}}+l_{\mathrm{P}}}{I_{xx}}=\dfrac{q_\infty S_{\mathrm{w}} b_{\mathrm{w}}}{I_{xx}}\left(C_{L\mathrm{roll}_\beta}\beta+C_{L\mathrm{roll}_p}p+C_{L\mathrm{roll}_r}r+C_{L\mathrm{roll}_{\delta_{\mathrm{A}}}}\delta_{\mathrm{A}}+C_{L\mathrm{roll}_{\delta_{\mathrm{R}}}}\delta_{\mathrm{R}}\right)\\ \dfrac{m_{\mathrm{A}}+m_{\mathrm{P}}}{I_{yy}}=\dfrac{q_\infty S_{\mathrm{w}}\bar{c}_{\mathrm{w}}}{I_{yy}}\left(\begin{array}{l}\left(\left(C_{M_u}+\dfrac{2}{U_\infty}C_{M_0}\right)+\left(C_{P_{M_u}}+\dfrac{2}{U_\infty}C_{P_{M0}}\right)\right)u\\ +(C_{M_\alpha}+C_{P_{M_\alpha}})\alpha+C_{M_{\dot\alpha}}\dot\alpha+C_{M_q}q+C_{M_{\delta_{\mathrm{E}}}}\delta_{\mathrm{E}}\end{array}\right)\\ \qquad +\delta T\dfrac{(d_{\mathrm{T}}\cos\phi_{\mathrm{T}}-x_{\mathrm{T}}\sin\phi_{\mathrm{T}})}{I_{yy}}\\ \dfrac{n_{\mathrm{A}}+n_{\mathrm{P}}}{I_{zz}}=\dfrac{q_\infty S_{\mathrm{w}} b_{\mathrm{w}}}{I_{zz}}\left(C_{N_\beta}\beta+C_{N_p}p+C_{N_r}r+C_{N_{\delta_{\mathrm{A}}}}\delta_{\mathrm{A}}+C_{N_{\delta_{\mathrm{R}}}}\delta_{\mathrm{R}}\right)\end{cases}\tag{3.1.27}$$

引入有量纲稳定性导数，则式(3.1.27)可用更简洁的形式表示出来，这样小扰动力矩方程式变为

$$\begin{cases}\dfrac{l_{\mathrm{A}}+l_{\mathrm{P}}}{I_{xx}}=L_\beta\beta+L_p p+L_r r+L_{\delta_{\mathrm{A}}}\delta_{\mathrm{A}}+L_{\delta_{\mathrm{R}}}\delta_{\mathrm{R}}\\ \dfrac{m_{\mathrm{A}}+m_{\mathrm{P}}}{I_{yy}}=M_u u+M_{P_u}u+(M_\alpha+M_{P_\alpha})\alpha+M_{\dot\alpha}\dot\alpha+M_q q+M_{\delta_{\mathrm{E}}}\delta_{\mathrm{E}}+M_{\mathrm{T}}\delta T\\ \dfrac{n_{\mathrm{A}}+n_{\mathrm{P}}}{I_{zz}}=N_\beta\beta+N_p p+N_r r+N_{\delta_{\mathrm{A}}}\delta_{\mathrm{A}}+N_{\delta_{\mathrm{R}}}\delta_{\mathrm{R}}\end{cases}\tag{3.1.28}$$

式中

$$\begin{cases}L_\beta=\dfrac{q_\infty S_{\mathrm{w}} b_{\mathrm{w}}}{I_{xx}}C_{L\mathrm{roll}_\beta},\quad L_p=\dfrac{q_\infty S_{\mathrm{w}} b_{\mathrm{w}}}{I_{xx}}C_{L\mathrm{roll}_p},\quad L_r=\dfrac{q_\infty S_{\mathrm{w}} b_{\mathrm{w}}}{I_{xx}}C_{L\mathrm{roll}_r}\\ L_{\delta_{\mathrm{A}}}=\dfrac{q_\infty S_{\mathrm{w}} b_{\mathrm{w}}}{I_{xx}}C_{L\mathrm{roll}_{\delta_{\mathrm{A}}}},\quad L_{\delta_{\mathrm{R}}}=\dfrac{q_\infty S_{\mathrm{w}} b_{\mathrm{w}}}{I_{xx}}C_{L\mathrm{roll}_{\delta_{\mathrm{R}}}}\end{cases}\tag{3.1.29}$$

$$\begin{cases}M_u=\dfrac{q_\infty S_{\mathrm{w}}\bar{c}_{\mathrm{w}}}{I_{yy}}\left(C_{M_u}+\dfrac{2}{U_\infty}C_{M_0}\right),\quad M_{P_u}=\dfrac{q_\infty S_{\mathrm{w}}\bar{c}_{\mathrm{w}}}{I_{yy}}\left(C_{P_{M_u}}+\dfrac{2}{U_\infty}C_{P_{M0}}\right)\\ M_\alpha=\dfrac{q_\infty S_{\mathrm{w}}\bar{c}_{\mathrm{w}}}{I_{yy}}C_{M_\alpha},\quad M_{P_\alpha}=\dfrac{q_\infty S_{\mathrm{w}}\bar{c}_{\mathrm{w}}}{I_{yy}}C_{P_{M_\alpha}}\\ M_{\dot\alpha}=\dfrac{q_\infty S_{\mathrm{w}}\bar{c}_{\mathrm{w}}}{I_{yy}}C_{M_{\dot\alpha}},\quad M_q=\dfrac{q_\infty S_{\mathrm{w}}\bar{c}_{\mathrm{w}}}{I_{yy}}C_{M_q}\\ M_{\delta_{\mathrm{E}}}=\dfrac{q_\infty S_{\mathrm{w}}\bar{c}_{\mathrm{w}}}{I_{yy}}C_{M_{\delta_{\mathrm{E}}}},\quad M_{\mathrm{T}}=\dfrac{(d_{\mathrm{T}}\cos\phi_{\mathrm{T}}-x_{\mathrm{T}}\sin\phi_{\mathrm{T}})}{I_{yy}}\end{cases}\tag{3.1.30}$$

$$\begin{cases} N_\beta = \dfrac{q_\infty S_\mathrm{w} b_\mathrm{w}}{I_{zz}} C_{N_\beta}, \quad N_p = \dfrac{q_\infty S_\mathrm{w} b_\mathrm{w}}{I_{zz}} C_{N_p} \\ N_r = \dfrac{q_\infty S_\mathrm{w} b_\mathrm{w}}{I_{zz}} C_{N_r}, \quad N_{\delta_\mathrm{A}} = \dfrac{q_\infty S_\mathrm{w} b_\mathrm{w}}{I_{zz}} C_{N_{\delta_\mathrm{A}}} \\ N_{\delta_\mathrm{R}} = \dfrac{q_\infty S_\mathrm{w} b_\mathrm{w}}{I_{zz}} C_{N_{\delta_\mathrm{R}}} \end{cases} \tag{3.1.31}$$

于是，控制俯仰运动的线性化小扰动方程(3.1.7)的等号右端为

$$\frac{m_\mathrm{A} + m_\mathrm{P}}{I_{yy}} = M_u u + M_{P_u} u + (M_\alpha + M_{P_\alpha})\alpha + M_{\dot\alpha}\dot\alpha + M_q q + M_{\delta_\mathrm{E}}\delta_\mathrm{E} + M_\mathrm{T}\delta T \tag{3.1.32}$$

控制滚转和偏航运动的线性化小扰动方程(3.1.9b)的等号右端为

$$\begin{aligned} &\frac{1}{1 - I_{xz}^2/(I_{xx}I_{zz})}\begin{bmatrix} 1 & I_{xz}/I_{xx} \\ I_{xz}/I_{zz} & 1 \end{bmatrix}\begin{bmatrix} (l_\mathrm{A} + l_\mathrm{P})/I_{xx} \\ (n_\mathrm{A} + n_\mathrm{P})/I_{zz} \end{bmatrix} \\ &= \frac{1}{1 - I_{xz}^2/(I_{xx}I_{zz})}\begin{bmatrix} 1 & I_{xz}/I_{xx} \\ I_{xz}/I_{zz} & 1 \end{bmatrix}\begin{bmatrix} L_\beta\beta + L_p p + L_r r + L_{\delta_\mathrm{A}}\delta_\mathrm{A} + L_{\delta_\mathrm{R}}\delta_\mathrm{R} \\ N_\beta\beta + N_p p + N_r r + N_{\delta_\mathrm{A}}\delta_\mathrm{A} + N_{\delta_\mathrm{R}}\delta_\mathrm{R} \end{bmatrix} \\ &= \begin{bmatrix} L'_\beta\beta + L'_p p + L'_r r + L'_{\delta_\mathrm{A}}\delta_\mathrm{A} + L'_{\delta_\mathrm{R}}\delta_\mathrm{R} \\ N'_\beta\beta + N'_p p + N'_r r + N'_{\delta_\mathrm{A}}\delta_\mathrm{A} + N'_{\delta_\mathrm{R}}\delta_\mathrm{R} \end{bmatrix} \end{aligned} \tag{3.1.33}$$

式中

$$\begin{cases} L'_\beta = (L_\beta + N_\beta I_{xz}/I_{xx})D_\mathrm{d}, \\ L'_p = (L_p + N_p I_{xz}/I_{xx})D_\mathrm{d}, \\ L'_r = (L_r + N_r I_{xz}/I_{xx})D_\mathrm{d}, \\ L'_{\delta_\mathrm{A}} = (L_{\delta_\mathrm{A}} + N_{\delta_\mathrm{A}} I_{xz}/I_{xx})D_\mathrm{d}, \\ L'_{\delta_\mathrm{R}} = (L_{\delta_\mathrm{R}} + N_{\delta_\mathrm{R}} I_{xz}/I_{xx})D_\mathrm{d}, \end{cases} \quad \begin{cases} N'_\beta = (N_\beta + L_\beta I_{xz}/I_{zz})D_\mathrm{d} \\ N'_p = (N_p + L_p I_{xz}/I_{zz})D_\mathrm{d} \\ N'_r = (N_r + L_r I_{xz}/I_{zz})D_\mathrm{d} \\ N'_{\delta_\mathrm{A}} = (N_{\delta_\mathrm{A}} + L_{\delta_\mathrm{A}} I_{xz}/I_{zz})D_\mathrm{d} \\ N'_{\delta_\mathrm{R}} = (N_{\delta_\mathrm{R}} + L_{\delta_\mathrm{R}} I_{xz}/I_{zz})D_\mathrm{d} \end{cases} \tag{3.1.34a}$$

$$D_\mathrm{d} = \frac{1}{1 - I_{xz}^2/(I_{xx}I_{zz})} \tag{3.1.34b}$$

3.1.3 线性化小扰动方程总结

在小扰动力和力矩表达式中引入有量纲稳定性导数后，在直线、水平飞行的配平基准状态下，控制平动的线性化小扰动方程为

$$\begin{cases} \dot u = -g\theta + X_u u + X_{P_u} u + X_\alpha\alpha + X_{\dot\alpha}\dot\alpha + X_q q + X_{\delta_\mathrm{E}}\delta_\mathrm{E} + X_\mathrm{T}\delta T \\ \dot v = g\phi + Y_\beta\beta + Y_p p + (Y_r - U_\infty)r + Y_{\delta_\mathrm{A}}\delta_\mathrm{A} + Y_{\delta_\mathrm{R}}\delta_\mathrm{R} \\ \dot w = Z_u u + Z_{P_u} u + Z_\alpha\alpha + Z_{\dot\alpha}\dot\alpha + (Z_q + U_\infty)q + Z_{\delta_\mathrm{E}}\delta_\mathrm{E} + Z_\mathrm{T}\delta T \end{cases} \tag{3.1.35}$$

控制转动的线性化小扰动方程为

$$\begin{cases}\dot{p}=L'_{\beta}\beta+L'_{p}p+L'_{r}r+L'_{\delta_{\mathrm{A}}}\delta_{\mathrm{A}}+L'_{\delta_{\mathrm{R}}}\delta_{\mathrm{R}}\\ \dot{q}=M_{u}u+M_{P_{u}}u+(M_{\alpha}+M_{P_{\alpha}})\alpha+M_{\dot{\alpha}}\dot{\alpha}+M_{q}q+M_{\delta_{\mathrm{E}}}\delta_{\mathrm{E}}+M_{\mathrm{T}}\delta T\\ \dot{r}=N'_{\beta}\beta+N'_{p}p+N'_{r}r+N'_{\delta_{A}}\delta_{A}+N'_{\delta_{R}}\delta_{R}\end{cases}\tag{3.1.36}$$

3.1.4 纵向小扰动方程组

在直线、水平飞行的基准飞行条件下，整个飞行动力学方程组可以解耦为两组方程：纵向线性运动方程和横向线性运动方程。其中，纵向运动方程为

$$\begin{cases}\dot{u}=-g\theta+X_{u}u+X_{P_{u}}u+X_{\alpha}\alpha+X_{\dot{\alpha}}\dot{\alpha}+X_{q}q+X_{\delta_{\mathrm{E}}}\delta_{\mathrm{E}}+X_{\mathrm{T}}\delta T\\ \dot{w}=Z_{u}u+Z_{P_{u}}u+Z_{\alpha}\alpha+Z_{\dot{\alpha}}\dot{\alpha}+(Z_{q}+U_{\infty})q+Z_{\delta_{\mathrm{E}}}\delta_{\mathrm{E}}+Z_{\mathrm{T}}\delta T\\ \dot{q}=M_{u}u+M_{P_{u}}u+(M_{\alpha}+M_{P_{\alpha}})\alpha+M_{\dot{\alpha}}\dot{\alpha}+M_{q}q+M_{\delta_{\mathrm{E}}}\delta_{\mathrm{E}}+M_{\mathrm{T}}\delta T\end{cases}\tag{3.1.37}$$

为了得到所需的结果，必须首先消去方程中的$\dot{\alpha}$。为此，利用$\alpha\approx w/U_{\infty}$，得到

$$\dot{\alpha}=\frac{\dot{w}}{U_{\infty}}=\frac{1}{U_{\infty}}\left(Z_{u}u+Z_{P_{u}}u+Z_{\alpha}\alpha+Z_{\dot{\alpha}}\dot{\alpha}+(Z_{q}+U_{\infty})q+Z_{\delta_{\mathrm{E}}}\delta_{\mathrm{E}}+Z_{\mathrm{T}}\delta T\right)\tag{3.1.38}$$

由此得到

$$\dot{\alpha}=\left(\frac{1}{U_{\infty}-Z_{\dot{\alpha}}}\right)\left(Z_{u}u+Z_{P_{u}}u+Z_{\alpha}\alpha+(Z_{q}+U_{\infty})q+Z_{\delta_{\mathrm{E}}}\delta_{\mathrm{E}}+Z_{\mathrm{T}}\delta T\right)\tag{3.1.39}$$

将式(3.1.39)代入式(3.1.37)中的第一个和第三个方程中，得到

$$\begin{aligned}\dot{u}=&\left(X_{u}+X_{P_{u}}+\frac{X_{\dot{\alpha}}(Z_{u}+Z_{P_{u}})}{U_{\infty}-Z_{\dot{\alpha}}}\right)u+\left(X_{\alpha}+\frac{X_{\dot{\alpha}}Z_{\alpha}}{U_{\infty}-Z_{\dot{\alpha}}}\right)\alpha-g\theta\\&+\left(X_{q}+X_{\dot{\alpha}}\left(\frac{U_{\infty}+Z_{q}}{U_{\infty}-Z_{\dot{\alpha}}}\right)\right)q+\left(X_{\delta_{\mathrm{E}}}+\frac{X_{\dot{\alpha}}Z_{\delta_{\mathrm{E}}}}{U_{\infty}-Z_{\dot{\alpha}}}\right)\delta_{\mathrm{E}}\\&+\left(X_{\mathrm{T}}+\frac{X_{\dot{\alpha}}Z_{\mathrm{T}}}{U_{\infty}-Z_{\dot{\alpha}}}\right)\delta T\end{aligned}\tag{3.1.40}$$

$$\dot{\alpha}=\left(\frac{1}{U_{\infty}-Z_{\dot{\alpha}}}\right)\left(Z_{u}u+Z_{P_{u}}u+Z_{\alpha}\alpha+(Z_{q}+U_{\infty})q+Z_{\delta_{\mathrm{E}}}\delta_{\mathrm{E}}+Z_{\mathrm{T}}\delta T\right)\tag{3.1.41}$$

$$\begin{aligned}\dot{q}=&\left(M_{u}+M_{P_{u}}+\frac{M_{\dot{\alpha}}(Z_{u}+Z_{P_{u}})}{U_{\infty}-Z_{\dot{\alpha}}}\right)u+\left(M_{\alpha}+M_{P_{\alpha}}+\frac{M_{\dot{\alpha}}Z_{\alpha}}{U_{\infty}-Z_{\dot{\alpha}}}\right)\alpha\\&+\left(M_{q}+M_{\dot{\alpha}}\left(\frac{U_{\infty}+Z_{q}}{U_{\infty}-Z_{\dot{\alpha}}}\right)\right)q+\left(M_{\delta_{E}}+\frac{M_{\dot{\alpha}}Z_{\delta_{\mathrm{E}}}}{U_{\infty}-Z_{\dot{\alpha}}}\right)\delta_{\mathrm{E}}\\&+\left(M_{T}+\frac{M_{\dot{\alpha}}Z_{\mathrm{T}}}{U_{\infty}-Z_{\dot{\alpha}}}\right)\delta T\end{aligned}\tag{3.1.42}$$

再补充三个运动学方程

$$\dot{\theta} = q \tag{3.1.43a}$$

$$\dot{h} = -w + U_\infty \theta = -U_\infty \alpha + U_\infty \theta \tag{3.1.43b}$$

$$\dot{x} = u \tag{3.1.43c}$$

纵向运动方程由以上 6 个微分方程构成。

将上述 6 个纵向小扰动方程写成状态空间形式如下

$$\begin{cases} \dot{\boldsymbol{x}}_{\text{long}} = \boldsymbol{A}_{\text{long}} \boldsymbol{x}_{\text{long}} + \boldsymbol{B}_{\text{long}} \boldsymbol{u}_{\text{long}} \\ \boldsymbol{y}_{\text{long}} = \boldsymbol{C}_{\text{long}} \boldsymbol{x}_{\text{long}} + \boldsymbol{D}_{\text{long}} \boldsymbol{u}_{\text{long}} \end{cases} \tag{3.1.44}$$

式中，状态向量和输入向量为

$$\boldsymbol{x}_{\text{long}} = [u \quad \alpha \quad \theta \quad q \quad h \quad x]^{\text{T}} \tag{3.1.45a}$$

$$\boldsymbol{u}_{\text{long}} = [\delta_{\text{E}} \quad \delta T]^{\text{T}} \tag{3.1.45b}$$

矩阵 $\boldsymbol{A}_{\text{long}}$、$\boldsymbol{B}_{\text{long}}$、$\boldsymbol{C}_{\text{long}}$、$\boldsymbol{D}_{\text{long}}$ 分别为

$$\boldsymbol{A}_{\text{long}} =$$

$$\begin{bmatrix} X_u + X_{P_u} + \dfrac{X_{\dot{\alpha}}(Z_u + Z_{P_u})}{U_\infty - Z_{\dot{\alpha}}} & X_\alpha + \dfrac{X_{\dot{\alpha}} Z_\alpha}{U_\infty - Z_{\dot{\alpha}}} & -g & X_q + X_{\dot{\alpha}} \left(\dfrac{U_\infty + Z_q}{U_\infty - Z_{\dot{\alpha}}} \right) & 0 & 0 \\ \dfrac{Z_u + Z_{P_u}}{U_\infty - Z_{\dot{\alpha}}} & \dfrac{Z_\alpha}{U_\infty - Z_{\dot{\alpha}}} & 0 & \dfrac{U_\infty + Z_q}{U_\infty - Z_{\dot{\alpha}}} & 0 & 0 \\ 0 & 0 & 0 & 1 & 0 & 0 \\ M_u + M_{P_u} + \dfrac{M_{\dot{\alpha}}(Z_u + Z_{P_u})}{U_\infty - Z_{\dot{\alpha}}} & M_\alpha + M_{P_\alpha} + \dfrac{M_{\dot{\alpha}} Z_\alpha}{U_\infty - Z_{\dot{\alpha}}} & 0 & M_q + M_{\dot{\alpha}} \left(\dfrac{U_\infty + Z_q}{U_\infty - Z_{\dot{\alpha}}} \right) & 0 & 0 \\ 0 & -U_\infty & U_\infty & 0 & 0 & 0 \\ 1 & 0 & 0 & 0 & 0 & 0 \end{bmatrix}$$

$$\boldsymbol{B}_{\text{long}} = \begin{bmatrix} X_{\delta_{\text{E}}} + \dfrac{X_{\dot{\alpha}} Z_{\delta_{\text{E}}}}{U_\infty - Z_{\dot{\alpha}}} & X_{\text{T}} + \dfrac{X_{\dot{\alpha}} Z_{\text{T}}}{U_\infty - Z_{\dot{\alpha}}} \\ \dfrac{Z_{\delta_{\text{E}}}}{U_\infty - Z_{\dot{\alpha}}} & \dfrac{Z_{\text{T}}}{U_\infty - Z_{\dot{\alpha}}} \\ 0 & 0 \\ M_{\delta_{\text{E}}} + \dfrac{M_{\dot{\alpha}} Z_{\delta_{\text{E}}}}{U_\infty - Z_{\dot{\alpha}}} & M_{\text{T}} + \dfrac{M_{\dot{\alpha}} Z_{\text{T}}}{U_\infty - Z_{\dot{\alpha}}} \\ 0 & 0 \\ 0 & 0 \end{bmatrix}, \quad \boldsymbol{C}_{\text{long}} = \begin{bmatrix} 1 & 0 & 0 & 0 & 0 & 0 \\ 0 & 1 & 0 & 0 & 0 & 0 \\ 0 & 0 & 1 & 0 & 0 & 0 \\ 0 & 0 & 0 & 1 & 0 & 0 \\ 0 & 0 & 0 & 0 & 1 & 0 \\ 0 & 0 & 0 & 0 & 0 & 1 \end{bmatrix}$$

$$
\boldsymbol{D}_{\text{long}}=\begin{bmatrix}0&0\\0&0\\0&0\\0&0\\0&0\\0&0\end{bmatrix}
$$

3.1.5 横向小扰动方程组

横向运动方程为

$$
\begin{cases}\dot{v}=g\phi+Y_{\beta}\beta+Y_{p}p+(Y_{r}-U_{\infty})r+Y_{\delta_{\mathrm{A}}}\delta_{\mathrm{A}}+Y_{\delta_{\mathrm{R}}}\delta_{\mathrm{R}}\\ \dot{p}=L'_{\beta}\beta+L'_{p}p+L'_{r}r+L'_{\delta_{\mathrm{A}}}\delta_{\mathrm{A}}+L'_{\delta_{\mathrm{R}}}\delta_{\mathrm{R}}\\ \dot{r}=N'_{\beta}\beta+N'_{p}p+N'_{r}r+N'_{\delta_{\mathrm{A}}}\delta_{\mathrm{A}}+N'_{\delta_{\mathrm{R}}}\delta_{\mathrm{R}}\end{cases}\tag{3.1.46}
$$

上式中的第一个方程用侧滑角 β 表示，则

$$
\dot{\beta}=\frac{\dot{v}}{U_{\infty}}=\frac{g}{U_{\infty}}\phi+\frac{Y_{\beta}}{U_{\infty}}\beta+\frac{Y_{p}}{U_{\infty}}p+\left(\frac{Y_{r}}{U_{\infty}}-1\right)r+\frac{Y_{\delta_{\mathrm{A}}}}{U_{\infty}}\delta_{\mathrm{A}}+\frac{Y_{\delta_{\mathrm{R}}}}{U_{\infty}}\delta_{\mathrm{R}}\tag{3.1.47}
$$

再补充三个运动学方程

$$
\dot{\phi}=p\tag{3.1.48a}
$$

$$
\dot{\psi}=r\tag{3.1.48b}
$$

$$
\dot{y}=v+U_{\infty}\psi=\beta U_{\infty}+U_{\infty}\psi\tag{3.1.48c}
$$

横向运动方程由以上 6 个微分方程构成。

将 6 个横向小扰动方程写成状态空间形式如下

$$
\begin{cases}\dot{\boldsymbol{x}}_{\text{lat}}=\boldsymbol{A}_{\text{lat}}\boldsymbol{x}_{\text{lat}}+\boldsymbol{B}_{\text{lat}}\boldsymbol{u}_{\text{lat}}\\ \boldsymbol{y}_{\text{lat}}=\boldsymbol{C}_{\text{lat}}\boldsymbol{x}_{\text{lat}}+\boldsymbol{D}_{\text{lat}}\boldsymbol{u}_{\text{lat}}\end{cases}\tag{3.1.49}
$$

式中，状态向量和输入向量分别为

$$
\boldsymbol{x}_{\text{lat}}=[\beta\quad\phi\quad p\quad r\quad\psi\quad y]^{\mathrm{T}},\quad \boldsymbol{u}_{\text{lat}}=[\delta_{\mathrm{A}}\quad\delta_{\mathrm{R}}]^{\mathrm{T}}\tag{3.1.50}
$$

矩阵 $\boldsymbol{A}_{\text{lat}}$、$\boldsymbol{B}_{\text{lat}}$、$\boldsymbol{C}_{\text{lat}}$、$\boldsymbol{D}_{\text{lat}}$ 分别为

$$
\boldsymbol{A}_{\text{lat}}=\begin{bmatrix}\dfrac{Y_{\beta}}{U_{\infty}}&\dfrac{g}{U_{\infty}}&\dfrac{Y_{p}}{U_{\infty}}&\dfrac{Y_{r}}{U_{\infty}}-1&0&0\\0&0&1&0&0&0\\L'_{\beta}&0&L'_{p}&L'_{r}&0&0\\N'_{\beta}&0&N'_{p}&N'_{r}&0&0\\0&0&0&1&0&0\\U_{\infty}&0&0&0&U_{\infty}&0\end{bmatrix},\quad \boldsymbol{B}_{\text{lat}}=\begin{bmatrix}\dfrac{Y_{\delta_{\mathrm{A}}}}{U_{\infty}}&\dfrac{Y_{\delta_{\mathrm{R}}}}{U_{\infty}}\\0&0\\L'_{\delta_{\mathrm{A}}}&L'_{\delta_{\mathrm{R}}}\\N'_{\delta_{\mathrm{A}}}&N'_{\delta_{\mathrm{R}}}\\0&0\\0&0\end{bmatrix}
$$

$$
\boldsymbol{C}_{\text{lat}} = \begin{bmatrix} 1 & 0 & 0 & 0 & 0 & 0 \\ 0 & 1 & 0 & 0 & 0 & 0 \\ 0 & 0 & 1 & 0 & 0 & 0 \\ 0 & 0 & 0 & 1 & 0 & 0 \\ 0 & 0 & 0 & 0 & 1 & 0 \\ 0 & 0 & 0 & 0 & 0 & 1 \end{bmatrix}, \quad \boldsymbol{D}_{\text{lat}} = \begin{bmatrix} 0 & 0 \\ 0 & 0 \\ 0 & 0 \\ 0 & 0 \\ 0 & 0 \\ 0 & 0 \end{bmatrix}
$$

3.2 飞行动力学与气动弹性统一方程

3.2.1 计入刚体运动的气动弹性方程

传统上，气动弹性分析采用的坐标系的原点位于飞机重心处，x 轴指向顺气流方向，y 轴指向右侧机翼方向，z 轴则垂直向上。该坐标系也是非定常空气动力计算使用的坐标系。飞机结构动力学分析时，飞机沿气动弹性坐标系的三个坐标轴的平移自由度 T_x、T_y、T_z 以及绕重心的三个转动自由度 R_x、R_y、R_z 均定义在气动弹性坐标系中，相应的模态振型称为“干净”的模态振型。

然而，结构有限元软件(如 Nastran)给出的 6 个刚体模态对应的广义坐标是定义在惯性主轴上的。因此，从商业软件获得的刚体振型数据要做相应的“干净化”处理以适应飞行动力学定义的坐标系。“干净化”处理可根据有限元结点信息手动编程实现。确保刚体平移振型是沿着气动弹性坐标系坐标轴方向的平移振型，刚体转动振型则是绕飞机重心的转动振型。采用“干净”的模态振型之后，T_x、T_y、T_z 以及 R_x、R_y、R_z 均代表飞机真实的响应值，同时刚体模态质量矩阵也不再是对角矩阵了。

刚体模态采用“干净化”处理后，计入刚体模态的气动弹性方程可写为

$$
\boldsymbol{M}_{\text{ss}}\ddot{\boldsymbol{q}}_{\text{s}} + \boldsymbol{D}_{\text{ss}}\dot{\boldsymbol{q}}_{\text{s}} + \boldsymbol{K}_{\text{ss}}\boldsymbol{q}_{\text{s}} = -\boldsymbol{M}_{\text{sc}}\ddot{\boldsymbol{\delta}}_{\text{c}} + q_\infty \boldsymbol{Q}_{\text{ss}}\boldsymbol{q}_{\text{s}} + q_\infty \boldsymbol{Q}_{\text{sc}}\boldsymbol{\delta}_{\text{c}} + \boldsymbol{P}_{\delta T}\delta T \tag{3.2.1}
$$

这时，结构广义位移 $\boldsymbol{q}_{\text{s}} \in \mathbb{R}^{n_{\text{s}}}$ 既包括刚体位移又包括弹性模态位移。由于刚体模态采用了“干净化”处理，$\boldsymbol{q}_{\text{s}}$ 包括含两部分，一部分是飞机的刚体运动坐标 $\boldsymbol{q}_{\text{R}}$，另一部分是弹性模态坐标 $\boldsymbol{q}_{\text{E}}$，即

$$
\boldsymbol{q}_{\text{s}} = \begin{bmatrix} \boldsymbol{q}_{\text{R}} \\ \boldsymbol{q}_{\text{E}} \end{bmatrix} \tag{3.2.2}
$$

式中

$$
\boldsymbol{q}_{\text{R}} = [T_x \quad T_y \quad T_z \quad R_x \quad R_y \quad R_z]^{\text{T}} \tag{3.2.3}
$$

矩阵 $\boldsymbol{M}_{\mathrm{ss}}$ 为块对角矩阵。其中，与刚体模态有关的刚体质量矩阵为非对角阵，与弹性模态有关的矩阵为对角阵。$\boldsymbol{\delta}_{\mathrm{c}} \in \mathbb{R}^{n_{\mathrm{c}}}$ 为控制面偏转角向量。$\boldsymbol{P}_{\delta T}\delta T$ 代表推力扰动引起的力和力矩，δT 为推力扰动量，向量 $\boldsymbol{P}_{\delta T}$ 为

$$\boldsymbol{P}_{\delta T} = \begin{bmatrix} -\cos(\phi_{\mathrm{T}}+\alpha_0) & 0 & \sin(\phi_{\mathrm{T}}+\alpha_0) & 0 & d_{\mathrm{T}}\cos\phi_{\mathrm{T}} - x_{\mathrm{T}}\sin\phi_{\mathrm{T}} & 0 & 0 & \cdots \end{bmatrix}^{\mathrm{T}} \tag{3.2.4}$$

最小状态(MS)方法给出了 GAF 矩阵由折合频域扩展至 Laplace 域后的通用拟合式，表示为

$$\boldsymbol{Q}(p) = \underbrace{\boldsymbol{A}_0 + \boldsymbol{A}_1 p + \boldsymbol{A}_2 p^2}_{\text{准定常部分}} + \underbrace{\boldsymbol{D}_a(p\boldsymbol{I} - \boldsymbol{R}_a)^{-1}\boldsymbol{E}_a p}_{\text{非定常部分}} \tag{3.2.5}$$

其中，$p = s\bar{c}_{\mathrm{w}}/(2U_\infty)$ 为无量纲 Laplace 变量，s 为 Laplace 变量，$\bar{c}_{\mathrm{w}}$ 为参考弦长。

矩阵 $\boldsymbol{Q}$ 为以下两个 GAF 矩阵的组合

$$\boldsymbol{Q}(p) = [\boldsymbol{Q}_{\mathrm{ss}}(p) \quad \boldsymbol{Q}_{\mathrm{sc}}(p)] \in \mathbb{C}^{n_{\mathrm{s}} \times n_{\mathrm{q}}} \tag{3.2.6}$$

式中，$n_{\mathrm{q}} = n_{\mathrm{s}} + n_{\mathrm{c}}$，$n_{\mathrm{s}}$ 为保留的结构模态数量(包括刚体模态和弹性模态)，n_{c} 为控制面数量。非定常空气动力数据在简谐振荡条件下计算，然后通过解析连续性原理将它们扩展到整个复平面。近似过程中需要将 p 用 $\mathrm{i}k$ 代替，其中 k 是无量纲减缩频率，$k = \omega\bar{c}_{\mathrm{w}}/(2U_\infty)$。

在最小状态拟合表达式(3.2.5)中，系数矩阵 $\boldsymbol{A}_0$、$\boldsymbol{A}_1$ 和 $\boldsymbol{A}_2$ 代表准定常空气动力矩阵，分别代表了气动刚度、气动阻尼和气动惯性效应。其余矩阵 $\boldsymbol{D}_{\mathrm{a}}$、$\boldsymbol{R}_{\mathrm{a}}$ 和 $\boldsymbol{E}_{\mathrm{a}}$ 构成的真有理函数表达式描述了非定常气动力的滞后效应。上述矩阵中 $\boldsymbol{R}_{\mathrm{a}}$ 必须事先给定，其余均由拟合算法给出。$\boldsymbol{R}_{\mathrm{a}}$ 的阶数记为 n_{a}，同时 n_{a} 也是时域空气动力状态变量的个数。

参照式(3.2.6)中 GAF 矩阵的分块形式，对式(3.2.5)中的各系数矩阵也进行如下分块

$$\boldsymbol{A}_0 = [\boldsymbol{A}_{\mathrm{ss0}} \quad \boldsymbol{A}_{\mathrm{sc0}}] \in \mathbb{R}^{n_{\mathrm{s}} \times n_{\mathrm{q}}}, \quad \boldsymbol{A}_1 = [\boldsymbol{A}_{\mathrm{ss1}} \quad \boldsymbol{A}_{\mathrm{sc1}}] \in \mathbb{R}^{n_{\mathrm{s}} \times n_{\mathrm{q}}} \tag{3.2.7a}$$

$$\boldsymbol{A}_2 = [\boldsymbol{A}_{\mathrm{ss2}} \quad \boldsymbol{A}_{\mathrm{sc2}}] \in \mathbb{R}^{n_{\mathrm{s}} \times n_{\mathrm{q}}}, \quad \boldsymbol{E}_{\mathrm{a}} = [\boldsymbol{E}_{\mathrm{s}} \quad \boldsymbol{E}_{\mathrm{c}}] \in \mathbb{R}^{n_{\mathrm{a}} \times n_{\mathrm{q}}} \tag{3.2.7b}$$

3.2.2 状态变量之间的变换

在推导飞行动力学与气动弹性统一方程的过程中，需要建立气动弹性轴系下的状态变量与稳定轴系下的状态变量之间的变换关系。

传统上，气动弹性分析和小扰动飞行动力学分析使用不同的坐标系。飞行动力学中的小扰动分析通常在稳定轴系中列写方程。稳定轴系下的状态则由 12 个小扰动量组成，分别是 u、α、θ、q、h、x 和 β、ϕ、p、r、ψ、y。

对于纵向机动，气动弹性坐标系下的刚体运动状态变量与稳定轴系下的飞行动力学状态变量之间有如下变换关系

$$\begin{bmatrix} T_x \\ T_z \\ R_y \\ \dot{T}_x \\ \dot{T}_z \\ \dot{R}_y \end{bmatrix} = \begin{bmatrix} 0 & 0 & 0 & 0 & 0 & -1 \\ 0 & 0 & 0 & 0 & 1 & 0 \\ 0 & 0 & 1 & 0 & 0 & 0 \\ -1 & 0 & 0 & 0 & 0 & 0 \\ 0 & -U_\infty & U_\infty & 0 & 0 & 0 \\ 0 & 0 & 0 & 1 & 0 & 0 \end{bmatrix} \begin{bmatrix} u \\ \alpha \\ \theta \\ q \\ h \\ x \end{bmatrix} = \boldsymbol{T}_{\text{long}} \boldsymbol{x}_{\text{long}} \tag{3.2.8}$$

对于横向机动，气动弹性坐标系下的刚体运动状态变量与稳定轴系下的飞行动力学状态变量之间有如下变换关系

$$\begin{bmatrix} T_y \\ R_x \\ R_z \\ \dot{T}_y \\ \dot{R}_x \\ \dot{R}_z \end{bmatrix} = \begin{bmatrix} 0 & 0 & 0 & 0 & 0 & 1 \\ 0 & -1 & 0 & 0 & 0 & 0 \\ 0 & 0 & 0 & 0 & -1 & 0 \\ U_\infty & 0 & 0 & 0 & U_\infty & 0 \\ 0 & 0 & -1 & 0 & 0 & 0 \\ 0 & 0 & 0 & -1 & 0 & 0 \end{bmatrix} \begin{bmatrix} \beta \\ \phi \\ p \\ r \\ \psi \\ y \end{bmatrix} = \boldsymbol{T}_{\text{lat}} \boldsymbol{x}_{\text{lat}} \tag{3.2.9}$$

如果保留全部 6 个刚体模态，则状态变量之间的变换公式为

$$\begin{bmatrix} \boldsymbol{q}_{\text{R}} \\ \dot{\boldsymbol{q}}_{\text{R}} \end{bmatrix} = \begin{bmatrix} \boldsymbol{T}_{\text{A}} \\ \boldsymbol{T}_{\text{B}} \end{bmatrix} \boldsymbol{q}_{\text{AS}} = \boldsymbol{T} \boldsymbol{q}_{\text{AS}} \tag{3.2.10}$$

式中

$$\boldsymbol{q}_{\text{R}} = \begin{bmatrix} T_x \\ T_y \\ T_z \\ R_x \\ R_y \\ R_z \end{bmatrix}, \quad \dot{\boldsymbol{q}}_{\text{R}} = \begin{bmatrix} \dot{T}_x \\ \dot{T}_y \\ \dot{T}_z \\ \dot{R}_x \\ \dot{R}_y \\ \dot{R}_z \end{bmatrix}, \quad \boldsymbol{q}_{\text{AS}} = \begin{bmatrix} u \\ \alpha \\ \theta \\ q \\ h \\ x \\ \beta \\ \phi \\ p \\ r \\ \psi \\ y \end{bmatrix} \tag{3.2.11a}$$

$$
\boldsymbol{T}_{\mathrm{A}}=\begin{bmatrix}
0&0&0&0&0&-1&0&0&0&0&0&0\\
0&0&0&0&0&0&0&0&0&0&0&1\\
0&0&0&0&1&0&0&0&0&0&0&0\\
0&0&0&0&0&0&0&-1&0&0&0&0\\
0&0&1&0&0&0&0&0&0&0&0&0\\
0&0&0&0&0&0&0&0&0&0&-1&0
\end{bmatrix} \tag{3.2.11b}
$$

$$
\boldsymbol{T}_{\mathrm{B}}=\begin{bmatrix}
-1&0&0&0&0&0&0&0&0&0&0&0\\
0&0&0&0&0&0&U_\infty&0&0&0&U_\infty&0\\
0&-U_\infty&U_\infty&0&0&0&0&0&0&0&0&0\\
0&0&0&0&0&0&0&0&-1&0&0&0\\
0&0&0&1&0&0&0&0&0&0&0&0\\
0&0&0&0&0&0&0&0&0&-1&0&0
\end{bmatrix} \tag{3.2.11c}
$$

$\boldsymbol{q}_{\mathrm{AS}}$ 为稳定轴系下的由 12 个状态变量组成的向量。

3.2.3 替换与刚体模态有关的准定常气动力部分

当保留的结构模态只包含刚体模态时，我们希望气动弹性方程能精确复现刚性飞机的飞行动力学方程。利用这一原则，就可实现 MS 近似矩阵的部分替换。

经典的飞行动力学视飞机为刚体，且不考虑控制面偏转运动产生的惯性力。因此，在式(3.2.1)中略去 $\boldsymbol{M}_{\mathrm{sc}}\ddot{\boldsymbol{\delta}}_{\mathrm{c}}$ 这项，再略去 $\boldsymbol{D}_{\mathrm{ss}}\dot{\boldsymbol{q}}_{\mathrm{s}}$ 和 $\boldsymbol{K}_{\mathrm{ss}}\boldsymbol{q}_{\mathrm{s}}$ 项。将模态位移 $\boldsymbol{q}_{\mathrm{s}}$ 用刚体位移 $\boldsymbol{q}_{\mathrm{R}}$ 表示，$\boldsymbol{Q}_{\mathrm{ss}}$ 用 $\boldsymbol{Q}_{\mathrm{RR}}$ 表示，$\boldsymbol{Q}_{\mathrm{sc}}$ 用 $\boldsymbol{Q}_{\mathrm{Rc}}$ 表示，得到

$$
\boldsymbol{M}_{\mathrm{RR}}\ddot{\boldsymbol{q}}_{\mathrm{R}}=q_\infty\boldsymbol{Q}_{\mathrm{RR}}\boldsymbol{q}_{\mathrm{R}}+q_\infty\boldsymbol{Q}_{\mathrm{Rc}}\boldsymbol{\delta}_{\mathrm{c}}+\boldsymbol{P}_{\mathrm{R}\delta T}\delta T=q_\infty[\boldsymbol{Q}_{\mathrm{RR}}\quad\boldsymbol{Q}_{\mathrm{Rc}}]\begin{bmatrix}\boldsymbol{q}_{\mathrm{R}}\\ \boldsymbol{\delta}_{\mathrm{c}}\end{bmatrix}+\boldsymbol{P}_{\mathrm{R}\delta T}\delta T \tag{3.2.12}
$$

式中，$\boldsymbol{M}_{\mathrm{RR}}$ 为刚体质量矩阵。

$$
\boldsymbol{P}_{\mathrm{R}\delta T}=[-\cos(\phi_{\mathrm{T}}+\alpha_0)\quad 0\quad \sin(\phi_{\mathrm{T}}+\alpha_0)\quad 0\quad d_{\mathrm{T}}\cos\phi_{\mathrm{T}}-x_{\mathrm{T}}\sin\phi_{\mathrm{T}}\quad 0]^{\mathrm{T}} \tag{3.2.13}
$$

为了在气动弹性框架下复现飞行动力学方程，在 MS 表达式中只保留准定常气动力部分，得到

$$
\begin{aligned}
&\boldsymbol{M}_{\mathrm{RR}}\ddot{\boldsymbol{q}}_{\mathrm{R}}\\
&=q_\infty\left([\boldsymbol{A}_{\mathrm{RR0}}\quad\boldsymbol{A}_{\mathrm{Rc0}}]+\frac{\bar{c}_{\mathrm{w}}}{2U_\infty}[\boldsymbol{A}_{\mathrm{RR1}}\quad\boldsymbol{A}_{\mathrm{Rc1}}]s+\left(\frac{\bar{c}_{\mathrm{w}}}{2U_\infty}\right)^2[\boldsymbol{A}_{\mathrm{RR2}}\quad\boldsymbol{A}_{\mathrm{Rc2}}]s^2\right)\begin{bmatrix}\boldsymbol{q}_{\mathrm{R}}\\ \boldsymbol{\delta}_{\mathrm{c}}\end{bmatrix}\\
&\quad+\boldsymbol{P}_{\mathrm{R}\delta T}\delta T
\end{aligned} \tag{3.2.14}
$$

或

$$
\begin{aligned}
\boldsymbol{M}_{\mathrm{RR}}\ddot{\boldsymbol{q}}_{\mathrm{R}} = {} & q_\infty \boldsymbol{A}_{\mathrm{RR}0}\boldsymbol{q}_{\mathrm{R}} + q_\infty \frac{\overline{c}_{\mathrm{w}}}{2U_\infty}\boldsymbol{A}_{\mathrm{RR}1}\dot{\boldsymbol{q}}_{\mathrm{R}} + q_\infty \left(\frac{\overline{c}_{\mathrm{w}}}{2U_\infty}\right)^2 \boldsymbol{A}_{\mathrm{RR}2}\ddot{\boldsymbol{q}}_{\mathrm{R}} \\
& + q_\infty \boldsymbol{A}_{\mathrm{Rc}0}\boldsymbol{\delta}_{\mathrm{c}} + q_\infty \frac{\overline{c}_{\mathrm{w}}}{2U_\infty}\boldsymbol{A}_{\mathrm{Rc}1}\dot{\boldsymbol{\delta}}_{\mathrm{c}} + q_\infty \left(\frac{\overline{c}_{\mathrm{w}}}{2U_\infty}\right)^2 \boldsymbol{A}_{\mathrm{Rc}2}\ddot{\boldsymbol{\delta}}_{\mathrm{c}} \\
& + \boldsymbol{P}_{\mathrm{R}\delta T}\delta T
\end{aligned} \tag{3.2.15}
$$

上式给出了气动弹性力学框架下只保留刚体模态和准定常气动力情况下的运动方程。我们的目的是确定式(3.2.15)等号右端的准定常空气动力矩阵，使得式(3.2.15)可完全复现经典的飞行动力学方程。下面分纵向运动和横向运动两种情况讨论。

1. 纵向运动情形

纵向运动中，式(3.2.15)中的 $\boldsymbol{\delta}_{\mathrm{c}}$ 退化为升降舵偏转 δ_{E} 。同时，结构动力学上只保留 2 个平动模态和 1 个转动模态。此时，式(3.2.15)退化为

$$
\begin{aligned}
\boldsymbol{M}_{\mathrm{RR}}\ddot{\boldsymbol{q}}_{\mathrm{R}} = {} & q_\infty \boldsymbol{A}_{\mathrm{RR}0}\boldsymbol{q}_{\mathrm{R}} + q_\infty \frac{\overline{c}_{\mathrm{w}}}{2U_\infty}\boldsymbol{A}_{\mathrm{RR}1}\dot{\boldsymbol{q}}_{\mathrm{R}} + q_\infty \left(\frac{\overline{c}_{\mathrm{w}}}{2U_\infty}\right)^2 \boldsymbol{A}_{\mathrm{RR}2}\ddot{\boldsymbol{q}}_{\mathrm{R}} \\
& + q_\infty \boldsymbol{A}_{\mathrm{Rc}0}\delta_{\mathrm{E}} + q_\infty \frac{\overline{c}_{\mathrm{w}}}{2U_\infty}\boldsymbol{A}_{\mathrm{Rc}1}\dot{\delta}_{\mathrm{E}} + q_\infty \left(\frac{\overline{c}_{\mathrm{w}}}{2U_\infty}\right)^2 \boldsymbol{A}_{\mathrm{Rc}2}\ddot{\delta}_{\mathrm{E}} + \boldsymbol{P}_{\mathrm{R}\delta T}\delta T
\end{aligned} \tag{3.2.16}
$$

式中

$$
\boldsymbol{M}_{\mathrm{RR}} = \begin{bmatrix} m & 0 & 0 \\ 0 & m & 0 \\ 0 & 0 & I_{yy} \end{bmatrix},\quad \boldsymbol{q}_{\mathrm{R}} = \begin{bmatrix} T_x \\ T_z \\ R_y \end{bmatrix},\quad \boldsymbol{P}_{\mathrm{R}\delta T} = \begin{bmatrix} -\cos(\phi_{\mathrm{T}} + \alpha_0) \\ \sin(\phi_{\mathrm{T}} + \alpha_0) \\ d_T \cos\phi_{\mathrm{T}} - x_{\mathrm{T}} \sin\phi_{\mathrm{T}} \end{bmatrix} \tag{3.2.17}
$$

为了得到式(3.2.16)中的准定常气动力矩阵，对飞行动力学纵向运动方程(式(3.1.1)、式(3.1.3)和式(3.1.7))进行如下变量替换

$$
\begin{cases}
u = -\dot{T}_x, \dot{u} = -\ddot{T}_x \\
w = -\dot{T}_z + U_\infty R_y, \dot{w} = -\ddot{T}_z + U_\infty \dot{R}_y \\
\theta = R_y, q = \dot{R}_y, \dot{q} = \ddot{R}_y \\
\alpha = R_y - \dfrac{\dot{T}_z}{U_\infty}, \dot{\alpha} = \dot{R}_y - \dfrac{\ddot{T}_z}{U_\infty}
\end{cases} \tag{3.2.18}
$$

上述变换关系可参见式(3.2.8)。然后，将得到的方程与式(3.2.16)对照，得到

$$\boldsymbol{A}_{\mathrm{RR}0}=\begin{bmatrix}0 & 0 & -\dfrac{mX_{\alpha}}{q_{\infty}}+\dfrac{mg}{q_{\infty}}\\ 0 & 0 & -\dfrac{mZ_{\alpha}}{q_{\infty}}\\ 0 & 0 & \dfrac{I_{yy}(M_{\alpha}+M_{P_{\alpha}})}{q_{\infty}}\end{bmatrix} \tag{3.2.19a}$$

$$\boldsymbol{A}_{\mathrm{RR}1}=\begin{bmatrix}\dfrac{2U_{\infty}m(X_{u}+X_{P_{u}})}{\overline{c}_{\mathrm{w}}q_{\infty}} & \dfrac{2mX_{\alpha}}{\overline{c}_{\mathrm{w}}q_{\infty}} & -\dfrac{2U_{\infty}m(X_{\dot{\alpha}}+X_{q})}{\overline{c}_{\mathrm{w}}q_{\infty}}\\ \dfrac{2U_{\infty}m(Z_{u}+Z_{P_{u}})}{\overline{c}_{\mathrm{w}}q_{\infty}} & \dfrac{2mZ_{\alpha}}{\overline{c}_{\mathrm{w}}q_{\infty}} & \dfrac{-2U_{\infty}m(Z_{\dot{\alpha}}+Z_{q})}{\overline{c}_{\mathrm{w}}q_{\infty}}\\ \dfrac{-2U_{\infty}I_{yy}(M_{u}+M_{P_{u}})}{\overline{c}_{\mathrm{w}}q_{\infty}} & \dfrac{-2I_{yy}(M_{\alpha}+M_{P_{\alpha}})}{\overline{c}_{\mathrm{w}}q_{\infty}} & \dfrac{2U_{\infty}I_{yy}(M_{\dot{\alpha}}+M_{q})}{\overline{c}_{\mathrm{w}}q_{\infty}}\end{bmatrix} \tag{3.2.19b}$$

$$\boldsymbol{A}_{\mathrm{RR}2}=\begin{bmatrix}0 & \dfrac{U_{\infty}mX_{\dot{\alpha}}}{(\overline{c}_{\mathrm{w}}/2)^{2}q_{\infty}} & 0\\ 0 & \dfrac{U_{\infty}mZ_{\dot{\alpha}}}{(\overline{c}_{\mathrm{w}}/2)^{2}q_{\infty}} & 0\\ 0 & \dfrac{-U_{\infty}I_{yy}M_{\dot{\alpha}}}{(\overline{c}_{\mathrm{w}}/2)^{2}q_{\infty}} & 0\end{bmatrix} \tag{3.2.19c}$$

$$\boldsymbol{A}_{\mathrm{Rc}0}=\begin{bmatrix}-\dfrac{mX_{\delta_{\mathrm{E}}}}{q_{\infty}}\\ -\dfrac{mZ_{\delta_{\mathrm{E}}}}{q_{\infty}}\\ \dfrac{I_{yy}M_{\delta_{\mathrm{E}}}}{q_{\infty}}\end{bmatrix},\quad \boldsymbol{A}_{\mathrm{Rc}1}=\begin{bmatrix}0\\0\\0\end{bmatrix},\quad \boldsymbol{A}_{\mathrm{Rc}2}=\begin{bmatrix}0\\0\\0\end{bmatrix} \tag{3.2.19d}$$

向量 $\boldsymbol{P}_{\mathrm{R}\delta T}$ 为

$$\boldsymbol{P}_{\mathrm{R}\delta T}=\begin{bmatrix}-mX_{\mathrm{T}}\\ -mZ_{\mathrm{T}}\\ I_{yy}M_{\mathrm{T}}\end{bmatrix} \tag{3.2.20}$$

至此，我们根据飞行动力学纵向小扰动方程，利用坐标变换得到了气动弹性方程中与刚体模态有关的准定常气动力矩阵 $\boldsymbol{A}_{\mathrm{RR}0}$、$\boldsymbol{A}_{\mathrm{RR}1}$、$\boldsymbol{A}_{\mathrm{RR}2}$、$\boldsymbol{A}_{\mathrm{Rc}0}$、$\boldsymbol{A}_{\mathrm{Rc}1}$、$\boldsymbol{A}_{\mathrm{Rc}2}$。

为了验证式(3.2.19)给出的准定常气动力矩阵的正确性，将式(3.2.16)写为状态方程形式

$$\begin{bmatrix}\dot{\boldsymbol{q}}_{\mathrm{R}}\\ \ddot{\boldsymbol{q}}_{\mathrm{R}}\end{bmatrix}=\begin{bmatrix}\mathbf{0} & \boldsymbol{I}\\ q_\infty\hat{\boldsymbol{M}}_{\mathrm{RR}}^{-1}\boldsymbol{A}_{\mathrm{RR}0} & q_\infty\dfrac{\overline{c}_{\mathrm{w}}}{2U}\hat{\boldsymbol{M}}_{\mathrm{RR}}^{-1}\boldsymbol{A}_{\mathrm{RR}1}\end{bmatrix}\begin{bmatrix}\boldsymbol{q}_{\mathrm{R}}\\ \dot{\boldsymbol{q}}_{\mathrm{R}}\end{bmatrix}+\begin{bmatrix}\mathbf{0} & \mathbf{0}\\ q_\infty\hat{\boldsymbol{M}}_{\mathrm{RR}}^{-1}\boldsymbol{A}_{\mathrm{Rc}0} & \hat{\boldsymbol{M}}_{\mathrm{RR}}^{-1}\boldsymbol{P}_{\mathrm{R}\delta T}\end{bmatrix}\begin{bmatrix}\delta_{\mathrm{E}}\\ \delta\mathrm{T}\end{bmatrix}\tag{3.2.21}$$

式中

$$\hat{\boldsymbol{M}}_{\mathrm{RR}}=\boldsymbol{M}_{\mathrm{RR}}-q_\infty\left(\frac{\overline{c}_{\mathrm{w}}}{2U_\infty}\right)^2\boldsymbol{A}_{\mathrm{RR}2}\tag{3.2.22}$$

根据式(3.2.8)给出的状态变换

$$\begin{bmatrix}\boldsymbol{q}_{\mathrm{R}}\\ \dot{\boldsymbol{q}}_{\mathrm{R}}\end{bmatrix}=\boldsymbol{T}_{\mathrm{long}}\boldsymbol{x}_{\mathrm{long}}\tag{3.2.23}$$

将式(3.2.21)表示的运动方程表达在飞行动力学定义的稳定轴系中，得到

$$\dot{\boldsymbol{x}}_{\mathrm{long}}=\underbrace{\boldsymbol{T}_{\mathrm{long}}^{-1}\begin{bmatrix}\mathbf{0} & \boldsymbol{I}\\ q_\infty\hat{\boldsymbol{M}}_{\mathrm{RR}}^{-1}\boldsymbol{A}_{\mathrm{RR}0} & q_\infty\dfrac{\overline{c}_{\mathrm{w}}}{2U_\infty}\hat{\boldsymbol{M}}_{\mathrm{RR}}^{-1}\boldsymbol{A}_{\mathrm{RR}1}\end{bmatrix}\boldsymbol{T}_{\mathrm{long}}}_{\boldsymbol{A}_{\mathrm{long}}}\boldsymbol{x}_{\mathrm{long}}+\underbrace{\boldsymbol{T}_{\mathrm{long}}^{-1}\begin{bmatrix}\mathbf{0} & \mathbf{0}\\ q_\infty\hat{\boldsymbol{M}}_{\mathrm{RR}}^{-1}\boldsymbol{A}_{\mathrm{Rc}0} & \hat{\boldsymbol{M}}_{\mathrm{RR}}^{-1}\boldsymbol{P}_{\mathrm{R}\delta T}\end{bmatrix}}_{\boldsymbol{B}_{\mathrm{long}}}\underbrace{\begin{bmatrix}\delta_{\mathrm{E}}\\ \delta T\end{bmatrix}}_{\boldsymbol{u}_{\mathrm{long}}}\tag{3.2.24}$$

符号数学软件 Maple 的验证结果表明：式(3.2.24)精确复现了飞行动力学中的纵向小扰动方程(3.1.44)。

2. 横向运动情形

横向运动中，式(3.2.15)中的 $\boldsymbol{\delta}_c$ 中的元素退化为副翼偏转 δ_{A} 和方向舵偏转 δ_{R}，结构动力学上只保留 1 个平动模态和 2 个转动模态，$\boldsymbol{P}_{\mathrm{R}\delta T}$ 退化为零向量。此时，式(3.2.15)退化为

$$\boldsymbol{M}_{\mathrm{RR}}\ddot{\boldsymbol{q}}_{\mathrm{R}}=q_\infty\boldsymbol{A}_{\mathrm{RR}0}\boldsymbol{q}_{\mathrm{R}}+q_\infty\frac{\overline{c}_{\mathrm{w}}}{2U_\infty}\boldsymbol{A}_{\mathrm{RR}1}\dot{\boldsymbol{q}}_{\mathrm{R}}+q_\infty\left(\frac{\overline{c}_{\mathrm{w}}}{2U_\infty}\right)^2\boldsymbol{A}_{\mathrm{RR}2}\ddot{\boldsymbol{q}}_{\mathrm{R}}+q_\infty\boldsymbol{A}_{\mathrm{Rc}0}\boldsymbol{\delta}_{\mathrm{c}}+q_\infty\frac{\overline{c}_{\mathrm{w}}}{2U_\infty}\boldsymbol{A}_{\mathrm{Rc}1}\dot{\boldsymbol{\delta}}_{\mathrm{c}}+q_\infty\left(\frac{\overline{c}_{\mathrm{w}}}{2U_\infty}\right)^2\boldsymbol{A}_{\mathrm{Rc}2}\ddot{\boldsymbol{\delta}}_{\mathrm{c}}\tag{3.2.25}$$

式中

$$\boldsymbol{M}_{\mathrm{RR}}=\begin{bmatrix} m & 0 & 0 \\ 0 & I_{xx} & -I_{xz} \\ 0 & -I_{xz} & I_{zz} \end{bmatrix},\quad \boldsymbol{q}_{\mathrm{R}}=\begin{bmatrix} T_y \\ R_x \\ R_z \end{bmatrix},\quad \boldsymbol{\delta}_{\mathrm{c}}=\begin{bmatrix} \delta_{\mathrm{A}} \\ \delta_{\mathrm{R}} \end{bmatrix} \tag{3.2.26}$$

为了得到式(3.2.25)中的准定常气动力矩阵，对飞行动力学纵向运动方程(式(3.1.2)和式(3.1.8))进行如下变量替换

$$\begin{cases} v=\dot{T}_y+U_\infty R_z, \dot{v}=\ddot{T}_y+U_\infty \dot{R}_z \\ p=-\dot{R}_x, \dot{p}=-\ddot{R}_x \\ r=-\dot{R}_z, \dot{r}=-\ddot{R}_z \\ \phi=-R_x, \beta=\dfrac{v}{U_\infty}=\dfrac{\dot{T}_y}{U_\infty}+R_z \end{cases} \tag{3.2.27}$$

上述变换关系可参见式(3.2.9)。然后，将得到的方程与式(3.2.25)对照，得到

$$\boldsymbol{A}_{\mathrm{RR}0}=\begin{bmatrix} 0 & -\dfrac{mg}{q_\infty} & \dfrac{mY_\beta}{q_\infty} \\ 0 & 0 & \dfrac{-I_{xx}L'_\beta+I_{xz}N'_\beta}{q_\infty} \\ 0 & 0 & \dfrac{I_{xz}L'_\beta-I_{zz}N'_\beta}{q_\infty} \end{bmatrix} \tag{3.2.28a}$$

$$\boldsymbol{A}_{\mathrm{RR}1}=\begin{bmatrix} \dfrac{2mY_\beta}{\bar{c}_{\mathrm{w}}q_\infty} & -\dfrac{2U_\infty mY_p}{\bar{c}_{\mathrm{w}}q_\infty} & -\dfrac{2U_\infty mY_r}{\bar{c}_{\mathrm{w}}q_\infty} \\ \dfrac{2(-I_{xx}L'_\beta+I_{xz}N'_\beta)}{\bar{c}_{\mathrm{w}}q_\infty} & \dfrac{2U_\infty(I_{xx}L'_p-I_{xz}N'_p)}{\bar{c}_{\mathrm{w}}q_\infty} & \dfrac{2U_\infty(I_{xx}L'_r-I_{xz}N'_r)}{\bar{c}_{\mathrm{w}}q_\infty} \\ \dfrac{2(I_{xz}L'_\beta-I_{zz}N'_\beta)}{\bar{c}_{\mathrm{w}}q_\infty} & \dfrac{2U_\infty(-I_{xz}L'_p+I_{zz}N'_p)}{\bar{c}_{\mathrm{w}}q_\infty} & \dfrac{2U_\infty(-I_{xz}L'_r+I_{zz}N'_r)}{\bar{c}_{\mathrm{w}}q_\infty} \end{bmatrix} \tag{3.2.28b}$$

$$\boldsymbol{A}_{\mathrm{RR}2}=\begin{bmatrix} 0 & 0 & 0 \\ 0 & 0 & 0 \\ 0 & 0 & 0 \end{bmatrix} \tag{3.2.28c}$$

$$\boldsymbol{A}_{\mathrm{Rc}0}=\begin{bmatrix} \dfrac{mY_{\delta_{\mathrm{A}}}}{q_\infty} & \dfrac{mY_{\delta_{\mathrm{R}}}}{q_\infty} \\ \dfrac{-I_{xx}L'_{\delta_{\mathrm{A}}}+I_{xz}N'_{\delta_{\mathrm{A}}}}{q_\infty} & \dfrac{-I_{xx}L'_{\delta_{\mathrm{R}}}+I_{xz}N'_{\delta_{\mathrm{R}}}}{q_\infty} \\ \dfrac{I_{xz}L'_{\delta_{\mathrm{A}}}-I_{zz}N'_{\delta_{\mathrm{A}}}}{q_\infty} & \dfrac{I_{xz}L'_{\delta_{\mathrm{R}}}-I_{zz}N'_{\delta_{\mathrm{R}}}}{q_\infty} \end{bmatrix} \tag{3.2.28d}$$

$$\boldsymbol{A}_{\mathrm{Rc1}}=\begin{bmatrix}0&0\\0&0\\0&0\end{bmatrix},\quad \boldsymbol{A}_{\mathrm{Rc2}}=\begin{bmatrix}0&0\\0&0\\0&0\end{bmatrix} \tag{3.2.28e}$$

至此，我们根据飞行动力学横向小扰动方程，利用坐标变换得到了气动弹性方程中与刚体模态有关的准定常气动力矩阵$\boldsymbol{A}_{\mathrm{RR0}}$、$\boldsymbol{A}_{\mathrm{RR1}}$、$\boldsymbol{A}_{\mathrm{RR2}}$、$\boldsymbol{A}_{\mathrm{Rc0}}$、$\boldsymbol{A}_{\mathrm{Rc1}}$、$\boldsymbol{A}_{\mathrm{Rc2}}$。

为了验证式(3.2.28)给出的准定常气动力矩阵的正确性，将式(3.2.25)写为状态方程形式

$$\begin{bmatrix}\dot{\boldsymbol{q}}_{\mathrm{R}}\\ \ddot{\boldsymbol{q}}_{\mathrm{R}}\end{bmatrix}=\begin{bmatrix}\boldsymbol{0} & \boldsymbol{I}\\ q_\infty \hat{\boldsymbol{M}}_{\mathrm{RR}}^{-1}\boldsymbol{A}_{\mathrm{RR0}} & q_\infty \dfrac{\overline{c}_{\mathrm{w}}}{2U_\infty}\hat{\boldsymbol{M}}_{\mathrm{RR}}^{-1}\boldsymbol{A}_{\mathrm{RR1}}\end{bmatrix}\begin{bmatrix}\boldsymbol{q}_{\mathrm{R}}\\ \dot{\boldsymbol{q}}_{\mathrm{R}}\end{bmatrix} +\begin{bmatrix}\boldsymbol{0}\\ q_\infty \hat{\boldsymbol{M}}_{\mathrm{RR}}^{-1}\boldsymbol{A}_{\mathrm{Rc0}}\end{bmatrix}\boldsymbol{\delta}_{\mathrm{c}} \tag{3.2.29}$$

式中

$$\hat{\boldsymbol{M}}_{\mathrm{RR}}=\boldsymbol{M}_{\mathrm{RR}}-q_\infty\left(\frac{\overline{c}_{\mathrm{w}}}{2U_\infty}\right)^2\boldsymbol{A}_{\mathrm{RR2}} \tag{3.2.30}$$

根据式(3.2.10)给出的状态变换

$$\begin{bmatrix}\boldsymbol{q}_{\mathrm{R}}\\ \dot{\boldsymbol{q}}_{\mathrm{R}}\end{bmatrix}=\boldsymbol{T}_{\mathrm{lat}}\boldsymbol{x}_{\mathrm{lat}} \tag{3.2.31}$$

将式(3.2.29)表示的运动方程表达在稳定轴系中，得到

$$\dot{\boldsymbol{x}}_{\mathrm{lat}}=\underbrace{\boldsymbol{T}_{\mathrm{lat}}^{-1}\begin{bmatrix}\boldsymbol{0} & \boldsymbol{I}\\ q_\infty \hat{\boldsymbol{M}}_{\mathrm{RR}}^{-1}\boldsymbol{A}_{\mathrm{RR0}} & q_\infty \dfrac{\overline{c}_{\mathrm{w}}}{2U_\infty}\hat{\boldsymbol{M}}_{\mathrm{RR}}^{-1}\boldsymbol{A}_{\mathrm{RR1}}\end{bmatrix}\boldsymbol{T}_{\mathrm{lat}}}_{\boldsymbol{A}_{\mathrm{lat}}}\boldsymbol{x}_{\mathrm{lat}} +\underbrace{\boldsymbol{T}_{\mathrm{lat}}^{-1}\begin{bmatrix}\boldsymbol{0}\\ q_\infty \hat{\boldsymbol{M}}_{\mathrm{RR}}^{-1}\boldsymbol{A}_{\mathrm{Rc0}}\end{bmatrix}}_{\boldsymbol{B}_{\mathrm{lat}}}\underbrace{\boldsymbol{\delta}_{\mathrm{c}}}_{\boldsymbol{u}_{\mathrm{lat}}} \tag{3.2.32}$$

符号数学软件 Maple 的验证结果表明：式(3.2.32)精确复现了飞行动力学中的横向小扰动方程(3.1.49)。

3.2.4 飞行动力学与气动弹性统一方程

注意到式(3.2.1)给出了计入刚体运动在内的气动弹性方程的一般形式。为了得到时域气动弹性方程，利用频域非定常气动力数据进行最小状态近似。近似表达式中的各系数矩阵如式(3.2.7)所示。为了得到飞行动力学与气动弹性统一方程，

$\boldsymbol{A}_{\mathrm{ss0}}$ 和 $\boldsymbol{A}_{\mathrm{sc0}}$ 中与刚体模态有关的气动力矩阵分别用 $\boldsymbol{A}_{\mathrm{RR0}}$ 和 $\boldsymbol{A}_{\mathrm{Rc0}}$ 代替；$\boldsymbol{A}_{\mathrm{ss1}}$ 和 $\boldsymbol{A}_{\mathrm{sc1}}$ 中与刚体模态有关的气动力矩阵分别用 $\boldsymbol{A}_{\mathrm{RR1}}$ 和 $\boldsymbol{A}_{\mathrm{Rc1}}$ 代替；$\boldsymbol{A}_{\mathrm{ss2}}$ 和 $\boldsymbol{A}_{\mathrm{sc2}}$ 中与刚体模态有关的气动力矩阵分别用 $\boldsymbol{A}_{\mathrm{RR2}}$ 和 $\boldsymbol{A}_{\mathrm{Rc2}}$ 代替。

按照气动弹性力学的常规步骤，得到如下状态空间中的飞行动力学与气动弹性统一方程

$$\dot{\boldsymbol{x}}_{\mathrm{ae}} = \boldsymbol{A}_{\mathrm{ae}}\boldsymbol{x}_{\mathrm{ae}} + \boldsymbol{B}_{\mathrm{ae}}\boldsymbol{\delta}_{\mathrm{ae}} + \boldsymbol{B}_{\mathrm{T}}\delta T \tag{3.2.33}$$

式中

$$\boldsymbol{A}_{\mathrm{ae}} = \begin{bmatrix} \boldsymbol{0} & \boldsymbol{I} & \boldsymbol{0} \\ -\bar{\boldsymbol{M}}^{-1}\left(\boldsymbol{K}_{\mathrm{ss}} - q_\infty \boldsymbol{A}_{\mathrm{ss0}}\right) & -\bar{\boldsymbol{M}}^{-1}\left(\boldsymbol{D}_{\mathrm{ss}} - q_\infty \dfrac{\bar{c}_{\mathrm{w}}}{2U_\infty}\boldsymbol{A}_{\mathrm{ss1}}\right) & q_\infty \bar{\boldsymbol{M}}^{-1}\boldsymbol{D}_{\mathrm{a}} \\ \boldsymbol{0} & \boldsymbol{E}_{\mathrm{s}} & \dfrac{2U_\infty}{\bar{c}_{\mathrm{w}}}\boldsymbol{R}_{\mathrm{a}} \end{bmatrix} \tag{3.2.34a}$$

$$\boldsymbol{B}_{\mathrm{ae}} = \begin{bmatrix} \boldsymbol{0} & \boldsymbol{0} & \boldsymbol{0} \\ q_\infty \bar{\boldsymbol{M}}^{-1}\boldsymbol{A}_{\mathrm{sc0}} & q_\infty \dfrac{\bar{c}_{\mathrm{w}}}{2U_\infty}\bar{\boldsymbol{M}}^{-1}\boldsymbol{A}_{\mathrm{sc1}} & -\bar{\boldsymbol{M}}^{-1}\left(\boldsymbol{M}_{\mathrm{sc}} - q_\infty \left(\dfrac{\bar{c}_{\mathrm{w}}}{2U_\infty}\right)^2 \boldsymbol{A}_{\mathrm{sc2}}\right) \\ \boldsymbol{0} & \boldsymbol{E}_{\mathrm{c}} & \boldsymbol{0} \end{bmatrix} \tag{3.2.34b}$$

$$\boldsymbol{B}_{\mathrm{T}} = \begin{bmatrix} \boldsymbol{0} \\ \bar{\boldsymbol{M}}^{-1}\boldsymbol{P}_{\delta T} \\ \boldsymbol{0} \end{bmatrix} \tag{3.2.34c}$$

$$\bar{\boldsymbol{M}} = \boldsymbol{M}_{\mathrm{ss}} - q_\infty \left(\frac{\bar{c}_{\mathrm{w}}}{2U_\infty}\right)^2 \boldsymbol{A}_{\mathrm{ss2}} \tag{3.2.34d}$$

$$\boldsymbol{x}_{\mathrm{ae}} = \begin{Bmatrix} \boldsymbol{q}_{\mathrm{s}} \\ \dot{\boldsymbol{q}}_{\mathrm{s}} \\ \boldsymbol{x}_{\mathrm{a}} \end{Bmatrix}, \quad \boldsymbol{\delta}_{\mathrm{ae}} = \begin{Bmatrix} \boldsymbol{\delta}_{\mathrm{c}} \\ \dot{\boldsymbol{\delta}}_{\mathrm{c}} \\ \ddot{\boldsymbol{\delta}}_{\mathrm{c}} \end{Bmatrix} \tag{3.2.34e}$$

飞行动力学与气动弹性统一方程主要有两个特点：①$\boldsymbol{q}_{\mathrm{s}}$ 既包括刚体运动位移又包括弹性模态位移；②在最小状态近似中，准定常气动力中与刚体运动有关的系数矩阵用飞行动力学小扰动方程等效得到的相应矩阵来代替。可使用双匹配过程避免近似中的数值不连续性[11]。

3.3 数值算例

以飞翼布局飞机为研究对象，其有限元模型如图 3.3.1 所示。翼根弦长为

878mm，翼尖弦长为 240mm，半展长为 1578mm。只研究飞机的纵向飞行动力学与气动弹性特性。因此，只建立半模结构有限元模型。将飞机纵向对称面内所有结点的 2 自由度、4 自由度、6 自由度约束住来获得飞机的刚体模态和对称弹性模态。结构动力学模型中保留前 9 阶模态，其中包括 3 个刚体模态和 6 个弹性对称模态，具体模态数据见表 3.3.1。

表 3.3.1　飞翼结构的刚体模态和主要对称模态

序号	固有频率/Hz	振型描述
1	0.00	前后刚体模态
2	0.00	沉浮刚体模态
3	0.00	俯仰刚体模态
4	4.61	俯仰+机翼一阶弯曲
5	15.68	俯仰+机翼二阶弯曲
6	18.26	俯仰+机翼一阶扭转
7	24.11	俯仰+机翼二阶扭转
8	28.02	机翼一阶弯曲+扭转
9	45.37	机翼二阶弯曲

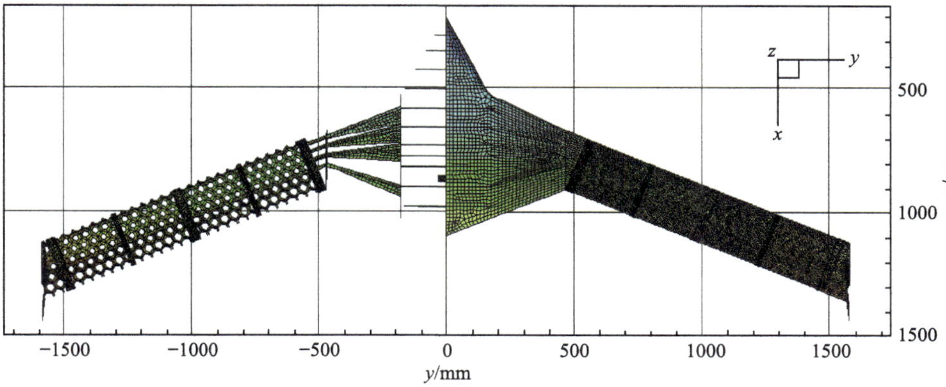

图 3.3.1　飞机的有限元模型

首先分析刚性飞机的纵向固有飞行动力学特性。刚性飞机的稳定性导数可由商业软件平台经计算得到。飞机的纵向刚体运动由两个模态构成：长周期模态和短周期模态。当飞行速度为 18.288m/s 时，长周期模态对应的特征值为 $-0.000458 \pm 0.61100\mathrm{i}$，短周期模态对应的特征值为 $-3.5955 \pm 4.6861\mathrm{i}$。图 3.3.2 给出了飞机的纵向模态矢量图。由图可见，短周期运动模态矢量与常规飞机十分类似，但长周期运动俯仰角位移和俯仰角速分量偏大，这和飞翼构型取消了传统飞机的平尾有关。

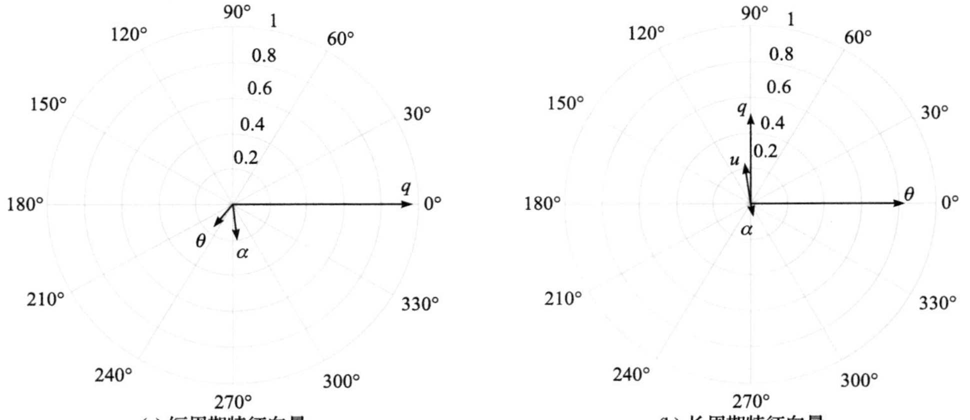

(a) 短周期特征向量　　(b) 长周期特征向量

图 3.3.2　纵向模态矢量图

图 3.3.3 给出了飞行速度从 18.288m/s 变化到 30.480m/s 的纵向根轨迹图。由图可见，随着飞行速度的增加，短周期模态对应的特征值离原点越来越远，短周期模态一直保持稳定且具有良好的阻尼水平。长周期模态对应的特征值则在原点附近徘徊，其位置变化很小，但都是稳定的。

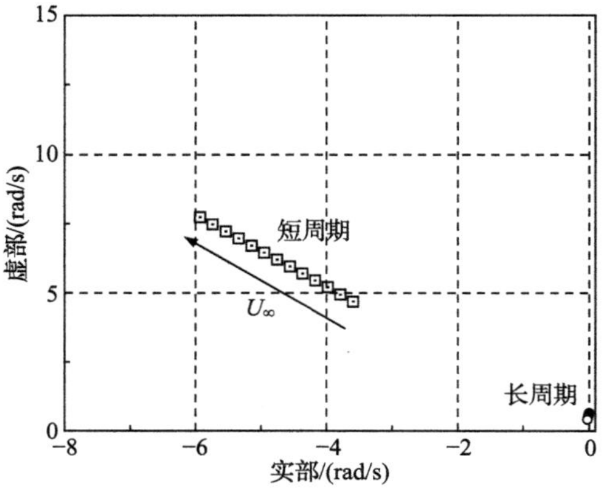

图 3.3.3　刚性飞机的根轨迹分析

接下来用飞行动力学与气动弹性统一方程研究该飞机的体自由度颤振特性。首先对 Nastran 给出的刚体模态进行“干净化”处理，确保前后模态沿着气动弹性坐标系的 x 轴方向，沉浮模态沿着气动弹性坐标系的 z 轴方向，俯仰模态是绕飞机重心位置的俯仰模态。

最小状态近似中与前三个刚体模态有关的准定常气动力矩阵用飞行动力学纵向小扰动方程等效而来的相应矩阵代替，得到飞行动力学与气动弹性统一方程。对统一方程进行根轨迹分析，结果如图 3.3.4 所示。可见，随着飞行速度的增加，长周期模态对应的特征值始终在原点附近徘徊，变化很小。短周期模态随着飞行速度的增加，其模态频率逐渐增大。当短周期模态频率与系统第一阶弹性模态频率接近时便发生了所谓的体自由度颤振现象。由图可见，体自由度颤振速度为 33.6m/s，颤振频率为 4.06Hz，与飞机的第一阶弹性固有频率 4.61Hz 相接近。

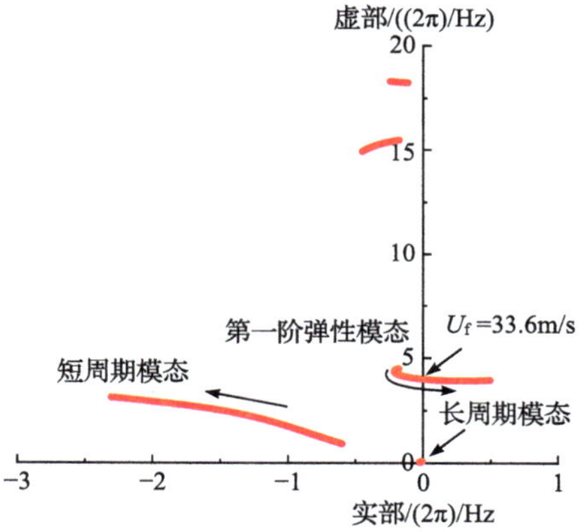

图 3.3.4　飞机的体自由度颤振特性

体自由由颤振是一种独特的气动弹性现象，涉及刚体和弹性自由度之间的相互耦合。本算例中是“短周期”模态和“第一弯曲”模态的耦合。这种颤振现象最早是在前掠翼飞机上发现的，比如 X-29[12]。

3.4　本 章 小 结

在弹性飞机的飞行动力学与气动弹性一体化建模方面，国际上早有研究。我国对这一问题的研究起步较晚，技术储备不足。近年来，飞翼布局飞行器在研发过程中，对解决这一问题的需求日益迫切。发展低速、亚声速乃至跨声速范围的飞行动力学与气动弹性一体化高效建模方法非常重要。有了这些方法，才能解释体自由度颤振和俯仰残余振荡现象，才能在飞机设计阶段采取相应的避免或消除措施。

目前，飞行动力学与气动弹性一体化模型中，使用不可压非定常气动力模型的研究较多，局限是适用范围有限。本章在统一方程的建立过程中，采用了气动弹性分析中经常使用的偶极子网格非定常气动力模型，拓展了飞行动力学与气动弹性一体化模型的应用范围。在跨声速范围，如何建立高效的飞行动力学与气动弹性一体化模型将是未来的研究重点。另外，一体化模型的风洞试验和飞行试验验证也是一项十分有意义的工作。

参 考 文 献

[1] Waszak M R, Schmidt D K. Flight dynamics of aeroelastic vehicles. Journal of Aircraft, 1988, 25(6):563-571.

[2] Love M H, Zink P S, Wieselmann P A. Body freedom flutter of high aspect ratio flying wings. AIAA 2005-1947, 2005.
[3] Schmidt D K. MATLAB-based flight dynamics and flutter modeling of a flexible flying-wing research drone. Journal of Aircraft, 2016, 53: 1045-1055.
[4] Schmidt D K. Stability augmentation and active flutter suppression of a flexible flying-wing drone. Journal of Guidance, Control, and Dynamics, 2016, 39: 409-422.
[5] Schmidt D K, Danowsky B P, Kotikalpudi A, et al. Modeling, design, and flight testing of three flutter controllers for a flying-wing drone. Journal of Aircraft, 2020, 57(4): 615-634.
[6] Iannelli A, Marcos A, Lowenberg M. Study of flexible aircraft body freedom flutter with robustness tools. Journal of Guidance, Control, and Dynamics, 2018, 41(5): 1083-1094.
[7] Shi P, Liu J, Gu Y. Full-span flying wing wind tunnel test: a body freedom flutter study. Fluids, 2020, 5(1): 34.
[8] Zou Q, Huang R, Hu H Y. Body-freedom flutter suppression for a flexible flying-wing drone via time-delayed control. Journal of Guidance, Control, and Dynamics, 2022, 45(1):28-38.
[9] Jacobson S B, Britt R T, Dreim D R. Residual pitch oscillation (RPO) flight test and analysis on the B-2 bomber. AIAA-98-1805, 1998.
[10] Baldelli D H, Chen P C. Unified aeroelastic and flight dynamic formulation via rational function approximations. Journal of Aircraft, 2006, 43 (3): 763-772.
[11] Schmidt D K. Modern flight dynamics. McGraw-Hill, 2012.
[12] Schmidt D K, Weisshaar T A. Quadratic synthesis of integrated active controls for an aeroelastic forward-swept-wing aircraft. Journal of Guidance, Control, and Dynamics, 1984, 7(2): 190-196.

第 4 章 参变气动伺服弹性系统高效 LPV 建模与控制

在多任务要求日益迫切的背景下，可变体飞机引起了人们的广泛关注[1]。可变体飞机是一种可以大幅度改变构型，在复杂任务中实现最佳性能的飞机。目前国内外已经提出了各种可变体飞机构型，这些飞机在机翼、尾翼、机身和发动机等设计上与传统构型飞机有所不同[2,3]。

众多可变体设计中，洛克希德 · 马丁公司提出的双铰链式折叠翼可在完全展开与折叠状态之间平滑切换，以实现不同任务的最佳构型需求：展开状态用于低速巡航，折叠状态用于高速俯冲和攻击。作为一种典型的可变体飞机概念，折叠翼最初是为了节省储存和运输空间而设计的，近年来成为研究热点之一[4-6]。折叠机翼在不同构型下的结构和空气动力学变化可以产生传统机翼所没有的独特气动弹性行为[7]。Lee 等[8,9]使用 ZAERO 软件对折叠机翼进行了线性和非线性气动弹性分析。Liska 和 Dowell[10]提出了一个简化的连续体模型，以深入揭示折叠机翼的气动弹性现象。Wang 等[11]提出了一个通用的气动弹性模型来揭示具有任意数量翼段的折叠翼的颤振特性。Castrichini 等[12]使用了非线性铰链连接的折叠翼尖实现突风载荷减缓。Zhang 等[13]通过将偶极子格网法与部件模态分析相结合，研究了折叠翼的气动弹性稳定性。在折叠翼的瞬态气动弹性分析方面，Liu 等[14]提出了一种基于多体动力学的折叠翼连续动力学仿真方法。Zhao 和 Hu[15]使用浮动框架方法准确预测了结构的动力特性，并研究了折叠翼在变体过程中的瞬态响应。Hu 等[16]通过整合柔性多体动力学和偶极子格网气动模型，研究了折叠翼的线性和非线性瞬态气动弹性行为。

折叠翼大范围的结构与气动变化带来有别于传统固定翼的气动弹性特性。在慢折叠过程中，折叠翼本质上是一参变气动弹性系统。以往研究给出了多种针对折叠翼的气动弹性分析与建模方法。这些方法能够在固定或时变参数下进行颤振分析和动态响应计算。然而，准确高效地计算折叠过程中的气动弹性响应仍是一项十分复杂的任务。现有方法大多计算效率较低，且并不适用于控制器设计。一种有效的解决途径是将气动弹性方程用线性参变 (LPV) 系统表示。LPV 模型简化了折叠翼复杂的动力学方程，此外还可以在线性系统的框架内设计控制器。当地建模技术是目前建立气动弹性系统 LPV 模型最方便实用的方法[17]。LPV 模型由多个固定参数下生成的当地线性时不变(LTI)模型描述，并通过插值来实现参数化系统分析。

基于当地模型的参变系统 LPV 建模技术需要解决的核心问题是：各当地状态空间方程的一致性问题。我们知道，坐标变换是状态空间方法分析和综合中广为采用的一种基本手段。引入坐标变换的目的，或是突出系统的某些特征或特性，或是简化系统分析和综合的计算过程。坐标变换的几何含义就是换基，即把状态空间的坐标系由一个基底换为另一个基底。坐标变换的实质是把系统在状态空间一个坐标系上的表征化为另一个坐标系上的表征。一个线性系统，在状态变量的非奇异坐标变换下，得到的新的系统与原来的系统是代数等价的。代数等价的系统具有相同的输入输出特性(传递函数)。代数等价系统的基本特征是具有相同的代数结构特性，如特征多项式、特征值、极点等。由此可知，同一个线性系统，其状态方程实现具有不唯一性。那么，在不同参数下得到的各当地状态方程可能是不一致的，通过插值实现参数化建模可能会得到错误的结果。

在 LPV 建模中，当地模型仍可采用传统方法建立的气动伺服弹性状态空间方程，只需在插值前解决当地模型的一致性问题即可。通用的一致状态空间形式有能控标准型[18] 和模态标准型[19]两种，此外还有平衡实现法[20]、最小二乘估计法[21]以及 SMILE 技术[22,23]等可处理一致性问题。然而，这些方法通常使用范围有限(小型系统、单个参数、能控性要求等)，有时难以应用于气动弹性系统。

本章首先基于当地建模技术提出了一种建立折叠翼 LPV 模型的新途径[24,25]，该模型可用于折叠角慢变过程中的气动弹性响应计算以及参数化控制器设计。为了获得一致的当地模型，分别对结构动力学有限元模型和 DLM 气动力模型进行适当处理。通过结构模态匹配和 RFA 表达式的缩放，消除了模型中所有可能出现的不一致性，使得最终生成的状态空间系统矩阵能够随参数连续变化。随后，基于所建立的 LPV 模型，研究了折叠翼的突风减缓控制问题。将基于导纳的部分极点配置方法应用于参变气动弹性系统，设计了具有静态输出反馈形式的多输入多输出 (MIMO) 参数化控制器。最后，数值算例验证了本章提出的参变气动伺服弹性建模与控制方法的有效性。

4.1 折叠翼的参数化气动伺服弹性模型

折叠翼模型的几何尺寸如图 4.1.1(a)所示。折叠翼结构由机身、内翼和外翼三部分组成，其中内翼和外翼各自带有一个后缘控制面。

子结构之间通过旋转铰链连接，在伺服系统的驱动下，内翼和机身之间的折叠角 θ 可在 0° (完全展开状态)到 120° (完全折叠状态)之间连续变化。假设在折叠过程中，外翼始终保持水平，如图 4.1.1(b)所示。

折叠翼的运动方程依赖于参数 θ 。常规的有限元建模方法仅针对某一固定构型结构，当构型发生变化时，需要重新建立该构型下的有限元模型，建模过程十

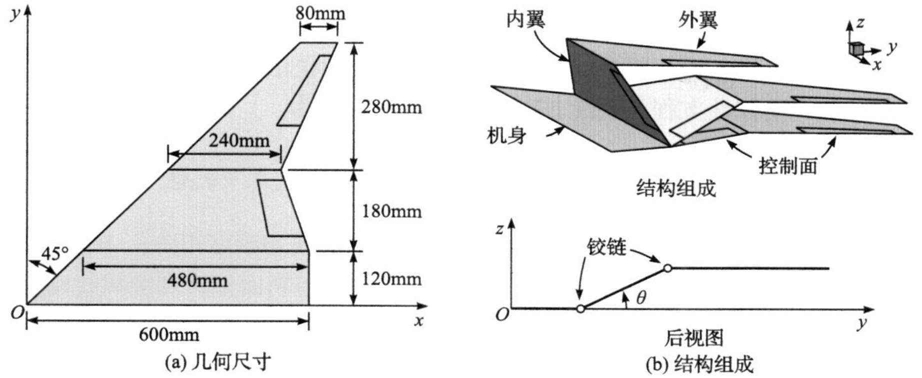

(a) 几何尺寸　(b) 结构组成

图 4.1.1　折叠翼的几何尺寸和结构组成

分烦琐。Zhao 和 Hu[26]提出了一种子结构综合方法，仅通过一次性的子结构有限元建模便可快速获得不同折叠角下的有限元模型，本节使用此方法来建立任意折叠角下的参数化有限元模型。

为了应用子结构综合法，将折叠翼拆分为机身、内翼和外翼三个子结构，子结构的有限元模型分别建立在各自的局部坐标系中，如图 4.1.2 所示。利用 Nastran 中的四结点 CQUAD4 单元对各子结构进行离散，生成各子结构的有限元模型。对于任意给定折叠角 θ，引入坐标变换将各子结构统一表达在全局坐标系中，并根据子结构连接处的力和位移协调条件进行子结构综合，进而快速获得整个结构在任意折叠角 θ 下的有限元模型。

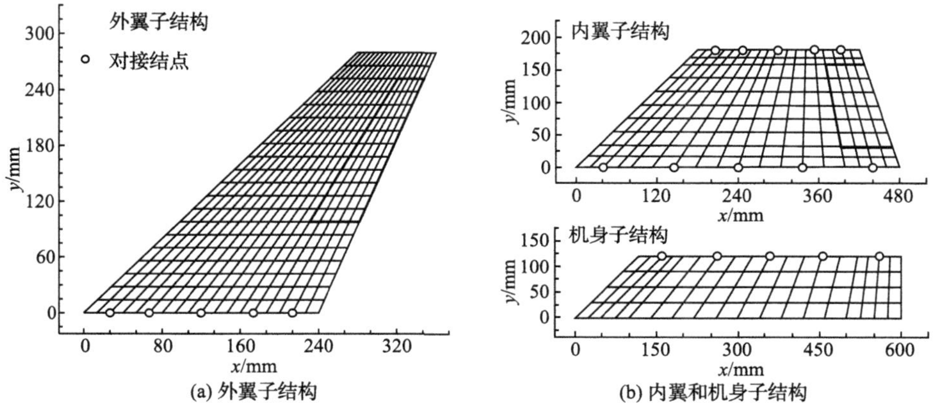

(a) 外翼子结构　(b) 内翼和机身子结构

图 4.1.2　折叠翼各子结构的有限元模型

子结构综合法最终建立的折叠翼结构的运动方程具有与常规有限元方程相同的形式，只不过质量、阻尼和刚度矩阵均依赖于参数 θ。非定常气动力模型通过 DLM 频域模型建立。一般情况下，气动网格独立于有限元网格，但本章折叠翼的气动网格使用与有限元网格相同的划分方式，能够满足 DLM 的计算要求，同时还具有足够的精度。对于折叠翼构型，非定常气动力也依赖于参数θ。模态坐标下折叠翼的气动弹性方程与式(1.1.31)形式上相同，写为

$$\boldsymbol{M}_{\mathrm{ss}}\ddot{\boldsymbol{q}}_{\mathrm{s}}+\boldsymbol{D}_{\mathrm{ss}}\dot{\boldsymbol{q}}_{\mathrm{s}}+\boldsymbol{K}_{\mathrm{ss}}\boldsymbol{q}_{\mathrm{s}}=-\boldsymbol{M}_{\mathrm{sc}}\ddot{\boldsymbol{\delta}}_{\mathrm{c}}+q_{\infty}\boldsymbol{Q}_{\mathrm{ss}}\boldsymbol{q}_{\mathrm{s}}+q_{\infty}\boldsymbol{Q}_{\mathrm{sc}}\boldsymbol{\delta}_{\mathrm{c}}+q_{\infty}\boldsymbol{Q}_{\mathrm{sg}}\frac{w_{\mathrm{g}}}{U_{\infty}} \tag{4.1.1}$$

式中，$\boldsymbol{M}_{\mathrm{ss}}$、$\boldsymbol{D}_{\mathrm{ss}}$、$\boldsymbol{K}_{\mathrm{ss}}$分别为模态质量、模态阻尼和模态刚度矩阵；$\boldsymbol{M}_{\mathrm{sc}}$为耦合质量矩阵。$\boldsymbol{Q}_{\mathrm{ss}}$、$\boldsymbol{Q}_{\mathrm{sc}}$、$\boldsymbol{Q}_{\mathrm{sg}}$分别为与结构模态运动、控制面偏转和突风扰动有关的广义空气动力矩阵，是减缩频率$k=\omega b_{\mathrm{R}}/U_{\infty}$与马赫数$M_{\infty}$的函数。$\omega$为简谐振动的圆频率，$b_{\mathrm{R}}$为参考半弦长，$U_{\infty}$为来流速度，$q_{\infty}=0.5\rho_{\infty}U_{\infty}^2$为动压，$\rho_{\infty}$为空气密度。$w_{\mathrm{g}}$为突风参考点处受到的突风速度，突风参考点选择在机身前缘$x=0$处。

本节初步建立了折叠翼的参数化气动伺服弹性模型，式(4.1.1)中的结构和气动相关矩阵均依赖于折叠角θ，代表随θ连续变化的参变气动弹性系统。注意到模型中的气动力为频域形式，如果要进行时域气动弹性分析，可以通过 RFA 技术将 GAF 矩阵转换至时域。虽然任意固定角度下的系统分析和响应计算容易进行，然而当前的气动弹性模型并不适合在变角度下做仿真计算，因为在每个时间步内在线进行子结构综合、计算结构模态矩阵和非定常气动力矩阵是非常低效的。因此，需要一种快速获得参数空间内任意一点气动弹性模型的建模方法。

4.2 基于插值的高效 LPV 建模方法

折叠翼除了折叠角的变化外，非定常空气动力也会随着折叠角的不同而发生变化，因此折叠翼系统具有明显的参变特征，折叠翼的响应计算和控制设计均可在 LPV 系统的框架下进行。利用当地模型获得 LPV 系统是一种实用且高效的建模方法，基本思想是：首先，将给定的参数空间按一定间隔进行离散化，离散化后得到的各个参数网格点称为操作点；然后在各操作点处预先构建当地 LTI 模型，最后对这些 LTI 模型进行插值，进而快速获得参数空间内任意一点处的 LTI 模型。尽管当地 LTI 模型在固定参数下获得，未充分考虑参数的时变对系统的影响，然而只要参数变化相对于系统的动态特性足够缓慢，模型中缺少的动态参数依赖部分可以忽略不计[27]。因此应用当地建模技术时，应假定折叠过程和飞行参数都是慢变的。

模型插值要求各当地模型具有一致的形式，即系统矩阵随参数连续变化。对于折叠翼模型，只要系统矩阵元素的定义依附于物理坐标，那么折叠角θ引起的各矩阵元素的变化就是连续的。考察式(4.1.1)建立的参数化气动伺服弹性方程，只有结构模态矩阵$\boldsymbol{\Phi}_{\mathrm{s}}$会引起不一致现象，因为折叠角的变化可能导致模态交叉现

象。当出现模态交叉现象时，同一阶模态不能直接进行插值。也就是说，当存在模态交叉现象时，应按照随参数变化的模态分支来插值，而不是按照同一阶模态来插值。除此之外，归一化的固有振型还存在符号不确定问题。另一处不一致现象出现在非定常气动力的 RFA 过程中，因为常用的最小状态近似 (MS) 方法生成的系数矩阵是不唯一的，不同折叠角下非定常气动力的 MS 系数矩阵元素可能不连续，因而不能通过直接插值的方法得到任意折叠角下的 MS 系数矩阵。本节给出了结构模态匹配算法和 RFA 唯一性处理方法，解决了各当地模型的不一致性问题，为气动弹性系统的插值铺平了道路。

4.2.1 模态匹配与对齐

为获得结构模态数据，首先在 n_t 个折叠角 $\theta_1, \cdots, \theta_{n_t}$ 下建立折叠翼的当地结构动力学模型，分别求解如下广义特征值问题

$$\boldsymbol{K}_{s,l}\boldsymbol{\Phi}_{s,l} = \boldsymbol{M}_{s,l}\boldsymbol{\Phi}_{s,l}\boldsymbol{\Omega}_{s,l}^2, \quad l = 1, \cdots, n_t \tag{4.2.1}$$

式中，$\boldsymbol{\Omega}_{s,l}$ 为结构固有频率构成的对角阵，矩阵 $\boldsymbol{\Phi}_{s,l}$ 的列向量为按广义质量归一化的结构固有振型，即

$$\boldsymbol{\Omega}_{s,l} = \mathrm{diag}(\omega_{1,l} \quad \cdots \quad \omega_{n_s,l}), \quad \boldsymbol{\Phi}_{s,l} = [\boldsymbol{\varphi}_{1,l} \quad \cdots \quad \boldsymbol{\varphi}_{n_s,l}] \tag{4.2.2}$$

特征值求解算法给出的模态只是按照阶次大小顺序排列的。当存在模态交叉时，同一阶次的模态振型由于模态性质(如弯曲、扭转)的不同而不能直接插值。也就是说，当系统存在模态交叉时，某一条模态分支 (即具有相同性质的模态) 的阶次可能随着系统参数(如折叠角)的变化而变化，因此用于插值的模态应该属于同一条模态分支。同一条模态分支上的模态具有相似的振动形态。因此，我们可以比较邻近参数下的固有频率与固有振型，将其调整为按振动形态相匹配的顺序。考察相邻的两个折叠角 θ_{l-1} 和 θ_l，定义如下距离度量来衡量模态之间的接近程度

$$d_{i,j} = |\omega_{i,l-1} - \omega_{j,l}| \cdot (1 - \sqrt{\mathrm{MAC}_{i,j}}), \quad i, j = 1, \cdots, n_s \tag{4.2.3}$$

式中，模态置信准则(MAC)按照下式计算

$$\mathrm{MAC}_{i,j} = \frac{|\boldsymbol{\varphi}_{i,l-1}^{\mathrm{T}}\boldsymbol{\varphi}_{j,l}|^2}{(\boldsymbol{\varphi}_{i,l-1}^{\mathrm{T}}\boldsymbol{\varphi}_{i,l-1}) \cdot (\boldsymbol{\varphi}_{j,l}^{\mathrm{T}}\boldsymbol{\varphi}_{j,l})} \tag{4.2.4}$$

距离度量使用两个固有频率之间的直线距离，并利用 MAC 作为加权。MAC 在 [0, 1] 区间内取值，MAC 越大表明固有振型的相似程度越高。假设 $l-1$ 点处的模态数据具有正确的顺序，模态匹配的任务是将 l 点处的模态数据与 $l-1$ 点进行配对，正确的配对应使总的距离度量最小。从图论的角度看，待考察的模态可自然划分成以下两组顶点

$$V_{l-1}=\{\omega_{1,l-1}\quad\cdots\quad\omega_{n_s,l-1}\},\quad V_l=\{\omega_{1,l}\quad\cdots\quad\omega_{n_s,l}\}\tag{4.2.5}$$

定义边集 $E_l=V_{l-1}\times V_l$，即任意两个 V_{l-1} 和 V_l 中的顶点都由唯一的边相连，从而构成一个完全二分图 $G_l=(V_{l-1},V_l;E_l)$。式(4.2.3)给出的距离度量 $d_{i,j}$ 规定了每条边对应的费用。模态匹配问题描述为寻找图 G_l 的一个完美匹配以使费用的总和最小，这个问题又称为线性求和分配问题(LSAP)[28]。匈牙利算法是求解 LSAP 的标准方法，该算法由 Kuhn 首先提出[29]。目前广泛采用 Jonker 和 Volgenant 开发的基于最短增广路径技术的改进算法[30]。

图 4.2.1 简要展示了模态匹配与对齐的过程，不同折叠角下事先求得的固有频率和振型向量按照模态匹配结果依次调整顺序。为了保证数值连续，重排后的固有振型向量还应调整为 $c_{i,l}\cdot\boldsymbol{\varphi}_{i,l}$，其中符号系数 $c_{i,l}$ 按照下式计算

$$c_{i,l}=\operatorname{sign}(\boldsymbol{\varphi}_{i,l-1}^{\mathrm{T}}\boldsymbol{\varphi}_{i,l}),\quad i=1,\cdots,n_s\tag{4.2.6}$$

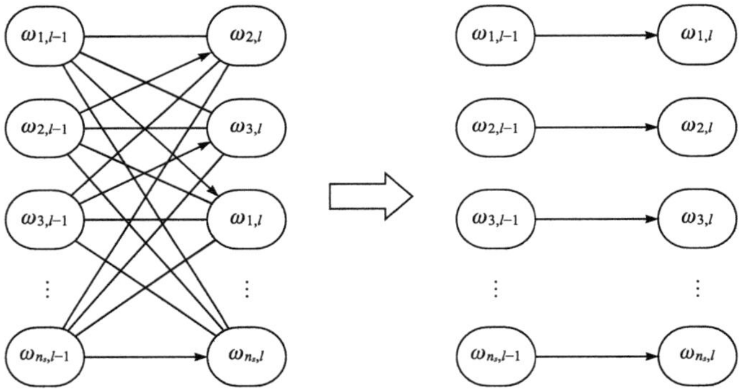

图 4.2.1　模态匹配与对齐的过程示意图

通过模态匹配与对齐，能够保证式(4.1.1)中建立的气动弹性模型在全部折叠角下都有一致的形式。接下来给出构造一致时域模型的方法。

4.2.2　一致的 RFA 表达式

注意到式(4.1.1)中的 GAF 矩阵表达在频域中，为获得时域气动弹性方程，需要通过 RFA 技术将频域气动力扩展至 Laplace 域。RFA 技术利用一系列减缩频率下的 GAF 数据拟合特定形式的有理函数，最常用的 MS 方法为如下有理函数形式

$$\boldsymbol{Q}(p)=\boldsymbol{A}_0+\boldsymbol{A}_1p+\boldsymbol{A}_2p^2+\boldsymbol{D}(p\boldsymbol{I}-\boldsymbol{R})^{-1}\boldsymbol{E}p\tag{4.2.7}$$

其中，$p=sb_{\mathrm{R}}/U_\infty$ 为无量纲 Laplace 变量，$\boldsymbol{Q}$ 为以下三个 GAF 项的组合

$$\boldsymbol{Q}(p)=[\boldsymbol{Q}_{\mathrm{ss}}(p)\quad\boldsymbol{Q}_{\mathrm{sc}}(p)\quad\boldsymbol{Q}_{\mathrm{sg}}(p)]\tag{4.2.8}$$

拟合表达式(4.2.7)中的 $\boldsymbol{R}$ 矩阵为人工给定的气动力滞后根组成的对角阵，其余系数矩阵通过迭代求解非线性最小二乘问题获得。虽然求解过程得到了确定的 RFA 表达式，但是滞后项中的 $\boldsymbol{D}$ 和 $\boldsymbol{E}$ 矩阵是不唯一的。

具体来说，对于任意可逆矩阵 $\boldsymbol{T}$，以下等式始终成立

$$\boldsymbol{D}(p\boldsymbol{I}-\boldsymbol{R})^{-1}\boldsymbol{E}=\boldsymbol{DT}(p\boldsymbol{I}-\boldsymbol{T}^{-1}\boldsymbol{RT})^{-1}\boldsymbol{T}^{-1}\boldsymbol{E} \tag{4.2.9}$$

建立参变系统模型时，RFA 在每个参数点下单独进行，不唯一的 RFA 表达式会造成当地气动力模型之间的不一致，最终得到错误的插值结果。事实上，式(4.2.9)的右侧包含了所有可能的表达，进一步可证明当且仅当 $\boldsymbol{T}$ 为对角阵时 $\boldsymbol{T}^{-1}\boldsymbol{RT}=\boldsymbol{R}$。因此给定 $\boldsymbol{R}$ 矩阵的情况下，表达式的变化范围局限于 $\boldsymbol{T}$ 为对角阵的情况，不唯一性表现在对 $\boldsymbol{D}$ 的列向量和 $\boldsymbol{E}$ 的行向量的任意缩放。假设 $\boldsymbol{R}$ 矩阵不随参数变化或者随参数连续变化，那么可以根据相邻参数下的 RFA 结果构造唯一的缩放矩阵 $\boldsymbol{T}$，从而得到唯一且连续的 RFA 表达式。

考虑以折叠角为可变参数的情况，对于相邻的两个折叠角 θ_{l-1} 和 θ_l，以 $l-1$ 点处的 $\boldsymbol{D}_{l-1}$ 矩阵为标准参照，l 点处的对角阵 $\boldsymbol{T}_l$ 根据下式构造

$$\boldsymbol{T}_l=\operatorname{diag}(t_{1,l}\quad\cdots\quad t_{n_{\mathrm{a}},l}) \tag{4.2.10}$$

式中，n_{a} 为气动力滞后根的数量，对角元 $t_{i,l}$ 的计算方法如下

$$t_{i,l}=\operatorname{sign}(\boldsymbol{d}_{i,l-1}^{\mathrm{T}}\boldsymbol{d}_{i,l})\cdot\frac{\left\|\boldsymbol{d}_{i,l-1}\right\|_2}{\left\|\boldsymbol{d}_{i,l}\right\|_2},\quad i=1,\cdots,n_{\mathrm{a}} \tag{4.2.11}$$

式中，$\boldsymbol{d}_{i,l-1}$ 和 $\boldsymbol{d}_{i,l}$ 分别为矩阵 $\boldsymbol{D}_{l-1}$ 和 $\boldsymbol{D}_l$ 的第 i 列。得到 $\boldsymbol{T}_l$ 后，根据式(4.2.9)调整矩阵 $\boldsymbol{D}_l$ 和 $\boldsymbol{E}_l$，调整后的矩阵 $\boldsymbol{D}_l$ 与参照矩阵 $\boldsymbol{D}_{l-1}$ 的列向量具有相同的 2 范数和一致的符号。

一种更复杂的情况出现在折叠角和马赫数均为可变参数时，RFA 的原始数据在二维参数网格点上独立生成。此时的一致性处理方法应该是：首先固定第一个马赫数，按照折叠角顺序依次调整系数矩阵；随后固定各个折叠角，再按照马赫数的顺序使用相同的方法依次调整系数矩阵。

获得一致的当地 RFA 表达式后，将式(4.2.7)与气动弹性方程式(4.1.1)相结合，即可生成气动伺服弹性系统的 LPV 模型如下

$$\dot{\boldsymbol{x}}=\boldsymbol{A}(\boldsymbol{\rho})\boldsymbol{x}+\boldsymbol{B}(\boldsymbol{\rho})\boldsymbol{u}+\boldsymbol{B}_{\mathrm{w}}(\boldsymbol{\rho})\tilde{\boldsymbol{w}}_{\mathrm{g}} \tag{4.2.12}$$

$$\boldsymbol{y}=\boldsymbol{C}(\boldsymbol{\rho})\boldsymbol{x}+\boldsymbol{D}_{\mathrm{w}}(\boldsymbol{\rho})\tilde{\boldsymbol{w}}_{\mathrm{g}} \tag{4.2.13}$$

式中，向量 $\boldsymbol{\rho}$ 为包含折叠角 θ 在内的慢时变参数。状态变量 $\boldsymbol{x}$ 包含结构模态位移 $\boldsymbol{q}_{\mathrm{s}}$ 和模态速度 $\dot{\boldsymbol{q}}_{\mathrm{s}}$，以及由 RFA 引入的空气动力状态变量。控制面的运动通常由特定的作动器模型确定，以上状态空间方程整合了作动器方程，此时输入 $\boldsymbol{u}$ 表示

控制面偏转指令，而控制面偏转角 $\boldsymbol{\delta}_{\mathrm{c}}$ 作为增广状态变量并入 $\boldsymbol{x}$ 中。扰动输入 $\tilde{\boldsymbol{w}}_{\mathrm{g}}$ 为突风速度 w_{g} 及其时间导数 $\dot{w}_{\mathrm{g}}$ 构成的向量。系统输出 $\boldsymbol{y}$ 可以是结构结点运动或内载荷响应，输出矩阵以及状态空间矩阵具体的构造方法可参考本书第 1 章。

在固定飞行高度下，参数 $\boldsymbol{\rho}$ 由折叠角 θ 和来流速度 U_{∞} 构成。根据 LPV 模型的当地建模方法，式(4.2.12)和式(4.2.13)所示的 LPV 模型由二维参数网格上的当地 LTI 模型描述。本节提出的模态匹配和 RFA 系数处理方法成功地解决了折叠翼当地模型中可能出现的不一致现象，无论是折叠角还是来流速度的改变，各当地 LTI 模型都保证是数值连续的。通过对系统矩阵进行插值可快速获得参数空间内任意点处的模型，慢时变参数下的 LPV 系统仿真也能够高效率地进行。

4.3　参变气动弹性系统的突风载荷减缓控制器设计

本节使用 Ram 和 Mottershead 提出的导纳方法[31,32]来设计折叠翼的参数化控制器，实现对突风扰动引起的结构振动和附加载荷的减缓。该方法利用数值模型提取或实验数据识别出的传递函数设计控制器，通过部分极点配置达到振动控制的效果。基于导纳方法的控制器是在固定参数下获得的，变参数下的控制通过对当地控制器的插值实现。与增益调度控制等标准 LPV 设计方法相比，用插值的方法获得控制器实施起来相对容易，但无法保证参数快速变化时的系统性能。然而在慢参变的前提下，插值方法可以避免控制设计时考虑任意快速变化的时变参数而引入的保守性，因此获得比增益调度更好的控制效果。选择导纳方法的另一个原因是控制器具有静态输出反馈的简单形式，易于构造参数化的控制器。

本节对经典导纳方法进行了两点改进：①将经典导纳控制器的设计方法加以扩展，并应用到参变气动弹性系统中，构造了参变控制器。利用多重操纵面，实现了折叠翼这一参变系统的突风载荷减缓控制；②通过引入传感器位置的综合评价指标，利用优化方法获得了最优的传感器布置，避免了传感器布置的盲目性。接下来给出控制增益的求解算法，以及将导纳方法应用于折叠翼时传感器布局问题的解决方案。

4.3.1　基于导纳的控制增益求解

为了方便极点配置，基于导纳的控制器更适合在频域方程下进行推导。将气动弹性方程式(4.1.1)转换至 Laplace 域，表示为如下形式

$$(s^2\boldsymbol{M}_{\mathrm{ss}}+s\boldsymbol{D}_{\mathrm{ss}}+\boldsymbol{K}_{\mathrm{ss}}-q_{\infty}\boldsymbol{Q}_{\mathrm{ss}}(s))\boldsymbol{q}_{\mathrm{s}}(s)=\left(-s^2\boldsymbol{M}_{\mathrm{sc}}+q_{\infty}\boldsymbol{Q}_{\mathrm{sc}}(s)\right)\boldsymbol{\delta}_{\mathrm{c}}(s)+\boldsymbol{d}(s) \tag{4.3.1}$$

式中，$\boldsymbol{d}(s)\in\mathbb{C}^{n_{\mathrm{s}}}$ 为包含突风激励在内的外扰动。考虑控制面与作动器相连接，控制面偏转角 $\boldsymbol{\delta}_{\mathrm{c}}(s)\in\mathbb{C}^{n_{\mathrm{c}}}$ 与作动器指令 $\boldsymbol{u}(s)\in\mathbb{C}^{n_{\mathrm{c}}}$ 之间有如下确定的传递关系

$$\boldsymbol{\delta}_{\mathrm{c}}(s)=\boldsymbol{H}_{\mathrm{c}}(s)\boldsymbol{u}(s) \tag{4.3.2}$$

此外，通过构造传感器模态矩阵 $\boldsymbol{\Phi}_{\mathrm{o}}\in\mathbb{R}^{n_{\mathrm{o}}\times n_{\mathrm{s}}}$ 得到传感器输出 $\boldsymbol{y}(s)\in\mathbb{C}^{n_{\mathrm{o}}}$ 如下

$$\boldsymbol{y}(s)=\boldsymbol{\Phi}_{\mathrm{o}}\boldsymbol{q}_{s}(s) \tag{4.3.3}$$

令 $\boldsymbol{G}_{\mathrm{d}}$、$\boldsymbol{G}_{\mathrm{v}}\in\mathbb{R}^{n_{\mathrm{c}}\times n_{\mathrm{o}}}$ 分别为待定的位移和速度输出反馈增益矩阵，则输出反馈控制律由下式确立

$$\boldsymbol{u}(s)=(s\boldsymbol{G}_{\mathrm{v}}+\boldsymbol{G}_{\mathrm{d}})\boldsymbol{y}(s) \tag{4.3.4}$$

当控制输入与外扰动均为零时，对式(4.3.1)进行求解得到开环系统的特征值 λ_i 与特征向量 $\boldsymbol{w}_i$，表示如下

$$(\lambda_i^2\boldsymbol{M}_{\mathrm{ss}}+\lambda_i\boldsymbol{D}_{\mathrm{ss}}+\boldsymbol{K}_{\mathrm{ss}}-q_\infty\boldsymbol{Q}_{\mathrm{ss}}(\lambda_i))\boldsymbol{w}_i=\boldsymbol{0}\,,\quad i=1,\cdots,2n_{\mathrm{s}} \tag{4.3.5}$$

由于 $\boldsymbol{Q}_{\mathrm{ss}}$ 项的存在，气动弹性系统的开环特征值数量实际上并不等于两倍的结构模态数。若将式(4.2.7)中的 RFA 表达式替代此处的 GAF 矩阵，则 RFA 中的滞后项会带来额外的 n_{a} 个特征值。另外，式(4.3.5)也是线性颤振分析用到的方程，经典的 p-k 法在每个动压下仅寻找方程的 n_{s} 个解便足以揭示系统的重要模态[33]。考虑到 p-k 法使用的近似气动力仅在小阻尼下适用，因此本章使用 RFA 方法而不是颤振分析方法计算开环特征值，但只保留与结构运动密切相关的 $2n_{\mathrm{s}}$ 个特征值。

部分极点配置的目标是，通过反馈控制使得部分闭环特征值变为预期值 μ_i，$i=1,2,\cdots,m$，其中改变的特征值与所有开环特征值均不同；同时，其余的闭环特征值不变，即 $\mu_i=\lambda_i$，$i=m+1,\cdots,2n_{\mathrm{s}}$。将式(4.3.2)～式(4.3.4)代入式(4.3.1)中，得到闭环系统部分改变的特征值 μ_i 与特征向量 $\boldsymbol{v}_i$ 应满足以下方程

$$\boldsymbol{v}_i=\boldsymbol{H}(\mu_i)\boldsymbol{P}(\mu_i)(\mu_i\boldsymbol{G}_{\mathrm{v}}+\boldsymbol{G}_{\mathrm{d}})\boldsymbol{\Phi}_{\mathrm{o}}\boldsymbol{v}_i\,,\quad i=1,2,\cdots,m \tag{4.3.6}$$

式中，$\boldsymbol{H}(\mu_i)$ 和 $\boldsymbol{P}(\mu_i)$ 分别为导纳(结构模态力到结构模态位移) $\boldsymbol{H}(s)$ 和控制通道传递函数 $\boldsymbol{P}(s)$ 的值，分别表示为

$$\boldsymbol{H}(s)=(s^2\boldsymbol{M}_{\mathrm{ss}}+s\boldsymbol{D}_{\mathrm{ss}}+\boldsymbol{K}_{\mathrm{ss}}-q_\infty\boldsymbol{Q}_{\mathrm{ss}}(s))^{-1} \tag{4.3.7}$$

$$\boldsymbol{P}(s)=(-s^2\boldsymbol{M}_{\mathrm{sc}}+q_\infty\boldsymbol{Q}_{\mathrm{sc}}(s))\boldsymbol{H}_{\mathrm{c}}(s) \tag{4.3.8}$$

接下来讨论反馈增益矩阵的求解方法。引入权重参数 $\boldsymbol{\alpha}_i\in\mathbb{C}^{n_{\mathrm{c}}}$ 如下

$$\boldsymbol{\alpha}_i=(\mu_i\boldsymbol{G}_{\mathrm{v}}+\boldsymbol{G}_{\mathrm{d}})\boldsymbol{\Phi}_{\mathrm{o}}\boldsymbol{v}_i\,,\quad i=1,2,\cdots,m \tag{4.3.9}$$

$\boldsymbol{\alpha}_i$ 中的数值表示对于第 i 个模态各控制输入的参与程度。因此式(4.3.6)可以写为

$$\boldsymbol{v}_i=\boldsymbol{H}(\mu_i)\boldsymbol{P}(\mu_i)\boldsymbol{\alpha}_i\,,\quad i=1,2,\cdots,m \tag{4.3.10}$$

在事先给定 $\boldsymbol{\alpha}_i$ 的情况下，闭环特征向量 $\boldsymbol{v}_i$ 由式(4.3.10)确定，极点配置问题转化为寻找满足式(4.3.9)的反馈增益矩阵。此外，未改变的闭环特征值应满足以下条件

$$\boldsymbol{P}(\lambda_i)(\lambda_i\boldsymbol{G}_{\mathrm{v}}+\boldsymbol{G}_{\mathrm{d}})\boldsymbol{\Phi}_{\mathrm{o}}\boldsymbol{w}_i=\boldsymbol{0}\ ,\quad i=m+1,\cdots,2n_{\mathrm{s}} \tag{4.3.11}$$

考虑到 $\boldsymbol{P}(s)$ 可能有多种形式，将式(4.3.11)修改为如下充分条件：

$$(\lambda_i\boldsymbol{G}_{\mathrm{v}}+\boldsymbol{G}_{\mathrm{d}})\boldsymbol{\Phi}_{\mathrm{o}}\boldsymbol{w}_i=\boldsymbol{0}\ ,\quad i=m+1,\cdots,2n_{\mathrm{s}} \tag{4.3.12}$$

结合式(4.3.9)与式(4.3.12)，得到以下方程用于求解反馈增益矩阵

$$\boldsymbol{G}\boldsymbol{Y}=\boldsymbol{X} \tag{4.3.13}$$

式中

$$\boldsymbol{G}=[\boldsymbol{G}_{\mathrm{v}}\quad \boldsymbol{G}_{\mathrm{d}}]\ ,\quad \boldsymbol{X}=[\boldsymbol{\alpha}_1\quad \cdots\quad \boldsymbol{\alpha}_m\quad \boldsymbol{0}\quad \cdots\quad \boldsymbol{0}] \tag{4.3.14}$$

$$\boldsymbol{Y}=\begin{bmatrix}\mu_1\boldsymbol{\Phi}_{\mathrm{o}}\boldsymbol{v}_1 & \cdots & \mu_m\boldsymbol{\Phi}_{\mathrm{o}}\boldsymbol{v}_m & \lambda_{m+1}\boldsymbol{\Phi}_{\mathrm{o}}\boldsymbol{w}_{m+1} & \cdots & \lambda_{2n_{\mathrm{s}}}\boldsymbol{\Phi}_{\mathrm{o}}\boldsymbol{w}_{2n_{\mathrm{s}}}\\ \boldsymbol{\Phi}_{\mathrm{o}}\boldsymbol{v}_1 & \cdots & \boldsymbol{\Phi}_{\mathrm{o}}\boldsymbol{v}_m & \boldsymbol{\Phi}_{\mathrm{o}}\boldsymbol{w}_{m+1} & \cdots & \boldsymbol{\Phi}_{\mathrm{o}}\boldsymbol{w}_{2n_{\mathrm{s}}}\end{bmatrix} \tag{4.3.15}$$

当传感器数量 n_{o} 大于或等于结构模态数 n_{s} 时，恰当的传感器位置分布会使传感器模态矩阵 $\boldsymbol{\Phi}_{\mathrm{o}}$ 为列满秩，此时方程式(4.3.13)中的系数矩阵 $\boldsymbol{Y}$ 也为列满秩，方程的解一定存在。也就是说，理论上参数 $\boldsymbol{\alpha}_i$ 可以任意选择(共轭成对出现)，通过式(4.3.13)总能得到满足极点配置要求的实反馈增益矩阵。式(4.3.10)表明 $\boldsymbol{\alpha}_i$ 的选择决定了闭环系统的特征向量，根据文献[34]的讨论可知，当闭环特征向量 $\boldsymbol{v}_i$ 与开环特征向量 $\boldsymbol{w}_i$ 相同时，控制能量是最小的。由于控制面的数量 n_{c} 通常小于结构的模态数 n_{s}，大部分情况下难以找到精确满足条件的 $\boldsymbol{\alpha}_i$。因此本章使用以下公式获取 $\boldsymbol{\alpha}_i$ 的值，其目的是使闭环特征向量 $\boldsymbol{v}_i$ 与开环特征向量 $\boldsymbol{w}_i$ 尽量接近。

$$\boldsymbol{\alpha}_i=(\boldsymbol{L}_i^{\mathrm{T}}\boldsymbol{L}_i)^{-1}\boldsymbol{L}_i^{\mathrm{T}}\boldsymbol{w}_i\ ,\quad i=1,2,\cdots,m \tag{4.3.16}$$

式中，$\boldsymbol{L}_i$ 为传递函数 $\boldsymbol{H}(s)\boldsymbol{P}(s)$ 在 μ_i 点的值。

4.3.2 可变结构的最优传感器布局

传感器的数量与布局是决定反馈增益矩阵是否存在的关键。根据传感器所在的有限元结点位置，式(4.3.3)中的传感器模态矩阵 $\boldsymbol{\Phi}_{\mathrm{o}}$ 从结构模态矩阵 $\boldsymbol{\Phi}_{\mathrm{s}}$ 中提取得到。凭借经验或试验得到一个符合要求的 $\boldsymbol{\Phi}_{\mathrm{o}}$ 是容易的。然而，对于折叠翼来说，一套传感器布局方案对应的 $\boldsymbol{\Phi}_{\mathrm{o}}$ 是随折叠角变化的，在固定折叠角下选取的布局方案通常难以在全部折叠角范围内满足控制器设计要求。

为了解决可变体结构的传感器布局问题，针对折叠翼这一参变系统，本章在 Kammer 提出的有效独立法[35]的基础上，将独立性分布向量推广为以可变参数为自变量的函数形式，通过构造平均独立性分布向量实现了传感器的最优布局。有效独立法的优化思路是，对所有可能的传感器候选位置进行量化评估，排除掉不重要的传感器位置后得到最终的传感器布局。首先定义如下 Fisher 信息矩阵 $\boldsymbol{Q}_{\mathrm{o}}\in\mathbb{R}^{n_{\mathrm{s}}\times n_{\mathrm{s}}}$ 作为传感器位置的性能指标

$$\boldsymbol{Q}_{\mathrm{o}}=\boldsymbol{\Phi}_{\mathrm{o}}^{\mathrm{T}}\boldsymbol{\Phi}_{\mathrm{o}} \tag{4.3.17}$$

只有信息矩阵的条件数较小时，通过传感器输出估计结构模态的问题才是良好的，同时方程式(4.3.13)可解并且不会出现病态问题。另外，$\boldsymbol{Q}_{\mathrm{o}}$ 的数值较大意味着传感信号的能量大，这有利于提升传感器的抗噪声干扰能力以及控制的实施。通常建议使用迹范数或行列式作为 $\boldsymbol{Q}_{\mathrm{o}}$ 整体的量化指标。为了具体评估每个传感器的贡献，定义独立性分布向量 $\boldsymbol{e}_{\mathrm{D}}\in\mathbb{R}^{n_{\mathrm{o}}}$ 为 $\boldsymbol{\Phi}_{\mathrm{o}}$ 所构成投影矩阵的对角元素，如下所示

$$\boldsymbol{e}_{\mathrm{D}}=\mathrm{diag}[\boldsymbol{\Phi}_{\mathrm{o}}(\boldsymbol{\Phi}_{\mathrm{o}}^{\mathrm{T}}\boldsymbol{\Phi}_{\mathrm{o}})^{-1}\boldsymbol{\Phi}_{\mathrm{o}}^{\mathrm{T}}] \tag{4.3.18}$$

Kammer[35]认为 $\boldsymbol{e}_{\mathrm{D}}$ 中的元素为相应传感器位置对 $\boldsymbol{\Phi}_{\mathrm{o}}$ 线性独立性的贡献大小，因此排除独立性贡献较小的传感器位置能够保持信息矩阵的行列式。Poston 和 Tolson[36]随后指出 $\boldsymbol{e}_{\mathrm{D}}$ 的第 i 个元素 $e_{\mathrm{D}i}$ 有如下明确的表达

$$e_{\mathrm{D}i}=\frac{\det(\boldsymbol{Q}_{\mathrm{o}})-\det(\boldsymbol{Q}_{\mathrm{o}i})}{\det(\boldsymbol{Q}_{\mathrm{o}})},\quad i=1,\cdots,n_{\mathrm{o}} \tag{4.3.19}$$

式中，$\boldsymbol{Q}_{\mathrm{o}i}$ 为去掉 $\boldsymbol{\Phi}_{\mathrm{o}}$ 的第 i 行后构造的信息矩阵。上式表明 $0\leqslant e_{\mathrm{D}i}\leqslant 1$，$e_{\mathrm{D}i}=0$ 表示排除相应传感器位置后信息矩阵的行列式不变，$e_{\mathrm{D}i}=1$ 表示排除传感器位置后信息矩阵奇异。一般而言，排除独立性分布向量中的最小值能够在减少传感器数量时最大化信息矩阵的行列式。

折叠翼模型中 $\boldsymbol{\Phi}_{\mathrm{o}}$ 是折叠角 θ 的函数，为了将有效独立法应用于可变体机翼结构，式(4.3.18)定义的独立性分布向量也应推广为函数形式 $\boldsymbol{e}_{\mathrm{D}}(\theta)$。本章使用调和平均的方式构造函数 $\boldsymbol{e}_{\mathrm{D}}(\theta)$ 的均值 $\overline{\boldsymbol{e}}_{\mathrm{D}}$，作为传感器位置的综合评价指标，其中第 i 个元素 $\overline{e}_{\mathrm{D}i}$ 按照下式计算

$$\overline{e}_{\mathrm{D}i}=1-(\theta_{\max}-\theta_{\min})\left(\int_{\theta_{\min}}^{\theta_{\max}}\frac{1}{1-e_{\mathrm{D}i}(\theta)}\mathrm{d}\theta\right)^{-1},\quad i=1,\cdots,n_{\mathrm{o}} \tag{4.3.20}$$

式中，$\theta_{\min}$ 和 $\theta_{\max}$ 分别为折叠角取值区间的下界和上界。相比于算数平均，上式更加偏向于函数曲线中的较大值。因为独立性分布接近于 1 意味着相应的传感器位置至关重要，上式的指标能够保证只要 $e_{\mathrm{D}i}(\theta)$ 中有接近于 1 的值，那么均值 $\overline{e}_{\mathrm{D}i}$ 也接近于 1。实际操作中，结构模型建立在 n_{t} 个离散的折叠角下，式(4.3.20)中的积分使用如下求和的方式近似计算

$$\overline{e}_{\mathrm{D}i}=1-n_{\mathrm{t}}\left(\sum_{l=1}^{n_{\mathrm{t}}}\frac{1}{1-e_{\mathrm{D}i,l}}\right)^{-1},\quad i=1,\cdots,n_{\mathrm{o}} \tag{4.3.21}$$

式中，$e_{\mathrm{D}i,l}$ 表示第 l 个折叠角下独立性分布向量的第 i 个元素。为了保证数值准确，可以在一致的当地模型基础上使用插值方法增加模态矩阵 $\boldsymbol{\Phi}_{\mathrm{o}}$ 的数量。

使用有效独立法进行传感器优化布局的计算步骤为：设定传感器候选位置的

初始集合，随后按照式(4.3.21)构造平均独立性分布向量；删除独立性分布向量中数值最小的传感器位置，再重新构造独立性分布向量；重复以上过程，每次删除一个位置直到达到所需的传感器数量为止。

4.4 数值结果

4.4.1 参变系统插值建模方法的验证

折叠翼的结构配置和有限元模型分别如图 4.1.1 和图 4.1.2 所示。当地气动弹性建模，模型的一致性处理，插值构造 LPV 系统以及系统分析与控制的仿真计算均在 MATLAB 平台中完成。目标是验证本书提出的插值建模方法，并建立用于控制设计和仿真的 LPV 基准模型。插值建模的前期工作分为两步，第一步为结构模态匹配，第二步为 GAF 的 RFA 表达式处理。

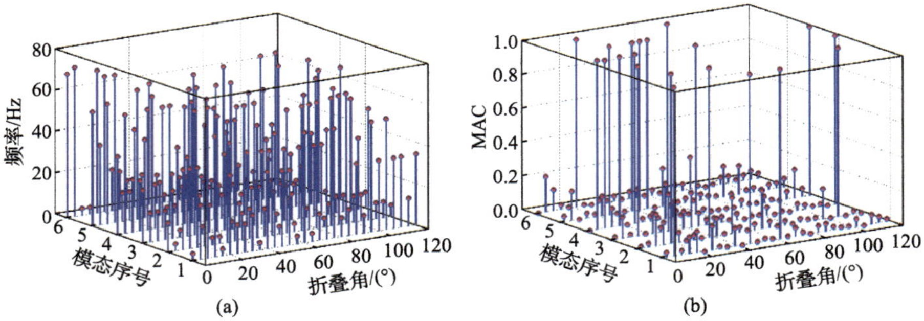

图 4.4.1　乱序的结构模态以及相邻折叠角的 MAC 值

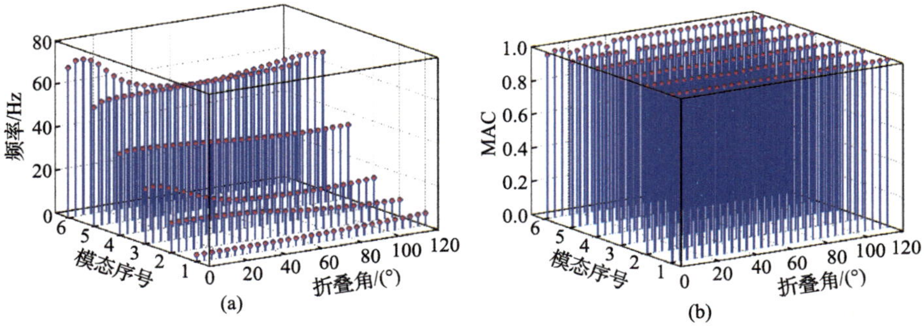

图 4.4.2　匹配的结构模态以及相邻折叠角的 MAC 值

选择 0°～120° 范围内以 2° 为间隔的 61 个折叠角，分别在这些参数点上建立折叠翼的当地气动弹性模型。初始的气动弹性模型包含式(4.1.1)中展示的结构矩阵和 GAF 矩阵，由于参数点之间的结构模态可能不匹配，因此原始系统矩阵的一致性无法保证。为了验证本章模态匹配方法的有效性，随机打乱每个参数点下的模态顺序，然后按照本章给出的方法将模态调整为匹配顺序。图 4.4.1 和图 4.4.2 分别展示了选取 6 阶结构模态时，乱序的模态和经过匹配与对齐的模态。为清晰起见，图中折叠角以 4° 为间隔展示，其中图 4.4.1(a)和图 4.4.2(a)对比了固有频率随折叠角的变化情况，图 4.4.1(b)和图 4.4.2(b)对比了相邻折叠角下同阶固有振型向量相关的 MAC。结果表明，混乱的结构模态导致大部分固有振型呈现出极低的相关性，导致式(4.1.1)中与结构模态矩阵相关的所有系统矩阵都出现数值不连续现象；而模态匹配算法成功地将混乱的模态调整为一致的顺序，匹配的结构模态矩阵是随参数连续变化的。

图 4.4.3 给出了折叠翼的前 10 阶固有频率随着折叠角的变化情况。可以看出，模态受结构变形的影响较大，而匹配算法能够追踪每一个模态分支的变化轨迹。其中第 5 和第 6 个模态分支存在交叉现象，第 7、第 8 和第 9 个模态分支之间出现了更复杂的相互交叉，算法最终都给出了正确的匹配结果。

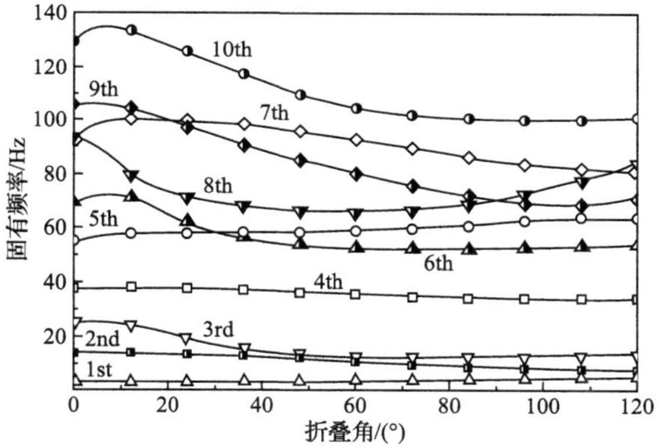

图 4.4.3　折叠翼前 10 阶固有频率随折叠角的变化

一致的结构模态矩阵保证了式(4.1.1)中的所有系统矩阵都随折叠角连续变化，本章最终选取前 6 阶结构模态构造折叠翼的气动弹性模型。为了建立时域状态空间模型，接下来的工作是处理式(4.2.7)所示的 RFA 表达式。以下所有展示的结果均使用了对齐的结构模态，验证工作的重点在于比较一致和不一致的(常规的)RFA 表达式对建模结果的影响。

假设来流为不可压流动，GAF 矩阵在 0.0～1.5 范围内的 16 个减缩频率处计算。使用 MS 方法将 GAF 矩阵拟合为式(4.2.7)所示的 RFA 表达式。常规的 RFA 计算按照标准步骤在每个折叠角下单独进行，气动力滞后根由以下经验公式得到

$$R_i = -1.7 k_{\max} \left(\frac{i}{n_{\mathrm{a}} + 1} \right)^2, \quad i = 1, \cdots, n_{\mathrm{a}} \tag{4.4.1}$$

其中，滞后根数量 n_a 设置为 6 个，减缩频率的最大值 k_{max} 为 1.5。根据 MS 算法，所有参数点下均使用相同的初始 ***D*** 矩阵以及 300 次的迭代次数。

RFA 计算完成后，按照本章方法将系数矩阵调整为一致的形式。如图 4.4.4 所示，匹配的结构模态对应的 GAF 原始计算值随折叠角平滑变化，常规 RFA 和一致 RFA 在所有参数点处都有相同的估计值，并且与原始数据相吻合。然而图 4.4.5 的结果显示，常规 RFA 得到的系数矩阵 ***D*** 和 ***E*** 在参数变化时数值的跳跃现象非常显著。尽管在每个建模参数点处常规 RFA 都获得了足够精确的拟合结果，但是 MS 方法数值不稳定的特点导致系数矩阵并不随参数连续变化，这对于插值构造 LPV 系统来说是不利的。结合图 4.4.4 与图 4.4.5 可以看出，本章提出的方法能够在不改变拟合结果的前提下，将 RFA 表达式中的系数矩阵调整为一致形式，连续变化的系数矩阵使插值建模得以进行。匹配的结构模态和一致的 RFA 表达式确保了构建状态空间方程所需的全部矩阵都能够随折叠角和飞行参数连续变化。建立了当地 LTI 模型后，整个参数空间内任意点处的时域方程通过对当地状态空间系统矩阵的插值得到。

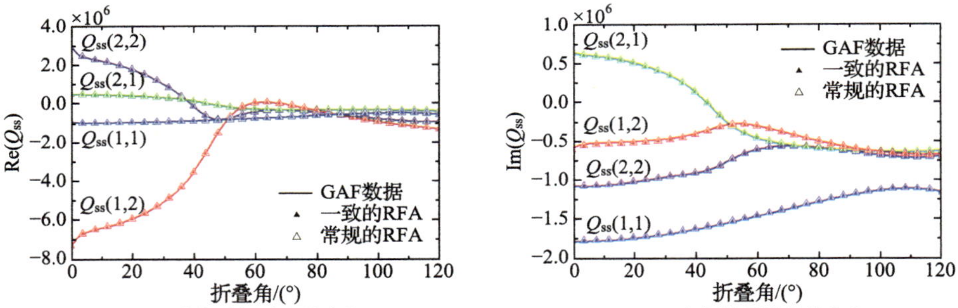

(a) 实部随折叠角的变化　　(b) 虚部随折叠角的变化

图 4.4.4　GFA 矩阵的计算值与 RFA 拟合值随折叠角的变化($k = 0.25$)

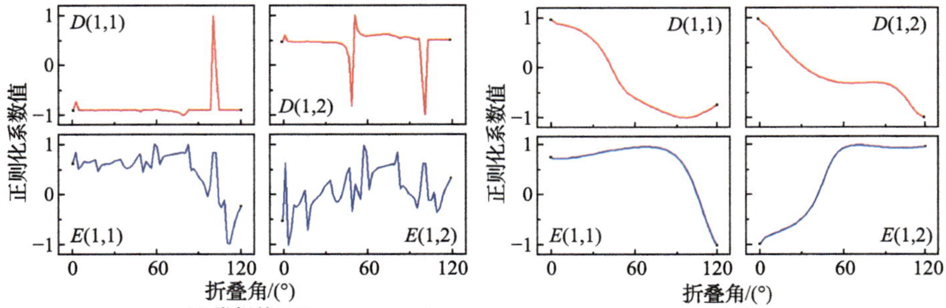

(a) 常规的RFA　　(b) 一致的RFA

图 4.4.5　常规的 RFA 与一致的 RFA 表达式中系数矩阵 ***D*** 和 ***E*** 的变化

在前述验证工作的基础上，考虑海平面大气环境下折叠翼的折叠角和来流速度同时改变，建立两个调度参数的气动弹性系统 LPV 模型，以作为接下来仿真和控制实施的基准模型。根据当地建模技术，参数空间划分为规则的二维网格，其中折叠角参数仍以 2° 为间隔在 0° ～120° 范围内变化，来流速度在10～60m/s 变化，以1m/s 为间隔。图 4.4.6 展示了在折叠角和来流速度范围内连续变化的系统频响函数，图中频响函数的输入和输出分别为垂直突风扰动和一阶模态位移响应。

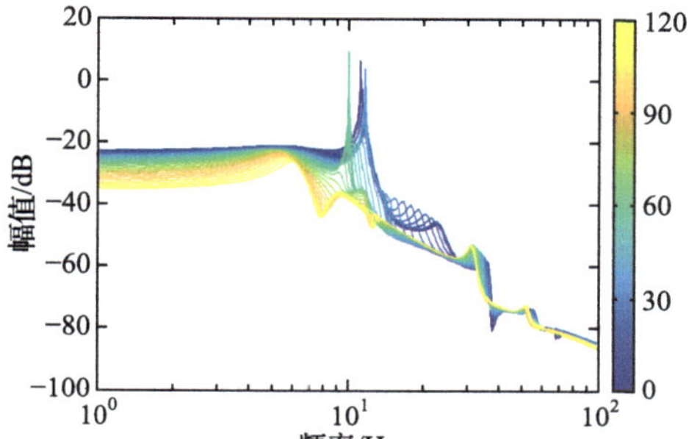

(a) θ=0°~120°,U_∞=30m/s

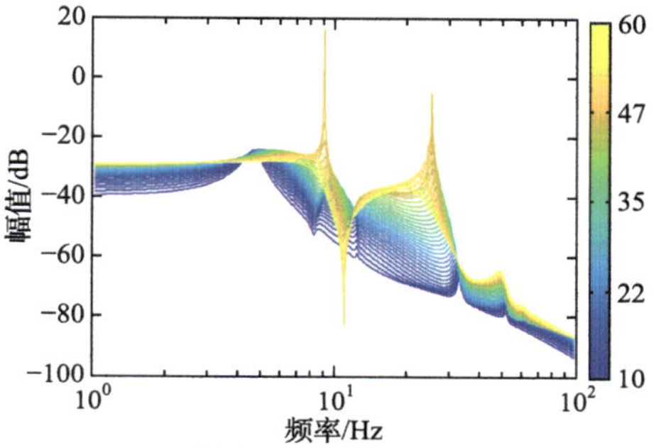

(b) θ=95°,U_∞=10~60m/s

图 4.4.6　随参数连续变化的频响函数曲线

4.4.2　参数化控制器的构造与控制效果

参数化控制器的设计目标是在折叠角和来流速度变化的范围内，降低由突风引起的结构振动，达到减缓翼根载荷(剪力、弯矩等)的目的。突风载荷减缓控制应用在亚临界状态下，因此仿真中来流速度设定为颤振临界速度以下。基于导纳的控制增益求解的第一步是获取开环系统的特征值与特征向量。当 GAF 矩阵由 RFA 表达式描述时，求解式(4.3.5)等效于求解式(4.2.12)中状态空间系统矩阵 $\boldsymbol{A}$ 的特征值问题。与结构的模态数据类似，离散参数点下初始计算出的特征值并不具有一致的顺序。很明显本章给出的结构模态匹配算法也同样适用于气动弹性系统。只需要在构造模态之间的距离度量时，将式(4.2.3)中的固有频率 ω 和固有振型 $\boldsymbol{\varphi}$ 替换成气动弹性系统的特征值 λ 和特征向量 $\boldsymbol{w}$ 。经过模态匹配可获得随参数平滑变化的特征轨迹，匹配的特征值有助于通过统一的极点配置生成连续的参数化控制器。

由状态空间方程求得的系统特征值中包含额外的空气动力状态变量对应的模态和作动器模态等，控制器设计时忽略掉这部分次要特征值，仅考察与结构模态数量相同的主要特征值。算例中，一共有 6 对复共轭的特征值需要考察。由于突风载荷减缓控制在亚临界状态下进行，因此控制器设计时首先要考察折叠翼在折叠角变化范围内的颤振特性。图 4.4.7 以 $\theta=90°$ 为例展示了经过匹配的特征值随流速的变化轨迹。特征值的实部由负数变为正数所对应的临界流速即为颤振速度。从图中看出，在 $\theta=90°$ 时，第 2 阶模态最先变为不稳定，对应的颤振速度 $U_{\mathrm{f}}=45.1\mathrm{m/s}$ 。图 4.4.8 为二维参数平面上特征值实部为零对应的等值线图。在全部折叠角范围内只有第 2 阶和第 4 阶模态存在正实部，结合这两个模态的特征值分布即可求出随折叠角变化的颤振速度和整个参数空间内的稳定飞行区域。

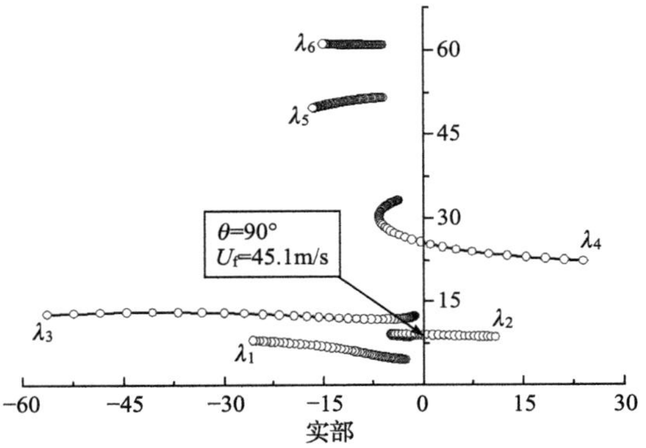

图 4.4.7　开环特征值随流速的变化

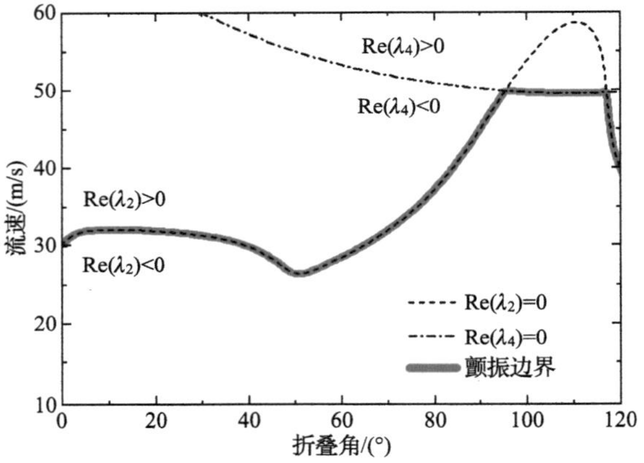

图 4.4.8　折叠翼的颤振边界

计算反馈增益矩阵之前，应事先确定传感器的布局。本算例中结构模态数为 6，因此满足极点配置要求的控制器存在的必要条件是传感器数量大于或等于 6 个。本章使用有效独立法寻找使信息矩阵 $\boldsymbol{Q}_o$ 最大化的 7 个传感器位置。标准的有效独立法只能在固定折叠角下优化，本书在标准方法的基础上提出平均独立性分布向量的计算方法，给出了传感器位置在全部折叠角范围内的综合评价指标 (见式(4.3.20))。当应用有效独立法时，传感器候选位置的初始集合设置为内翼和外翼结点的法向自由度，排除结构边缘、子结构连接处和控制面上的结点。7 个传感器位置从 388 个候选位置中迭代得到。图 4.4.9 展示了标准的有效独立法和本章的综合方法(参变版本)得到的最终传感器布局结果。其中图 4.4.9(a)为固定 $\theta=0°$ 和 $\theta=60°$ 下优化得到的传感器位置，图 4.4.9(b)为综合考虑全部折叠角后的优化结果。

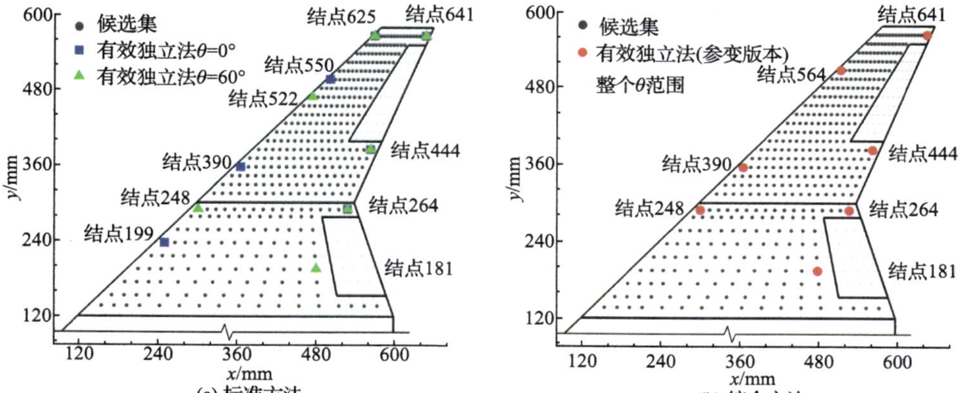

图 4.4.9　标准方法和综合方法获得的最优传感器布局

图 4.4.10 和图 4.4.11 比较了标准的有效独立法及其参变版本对应的信息矩阵随折叠角的变化情况。由图 4.4.10 知，固定折叠角 $\theta=0°$ 时得到的传感器布局，其信息矩阵在 $\theta=21.3°$ 附近出现了很大的条件数；固定折叠角 $\theta=60°$ 时得到的传感器布局，在104.3° 附近也存在同样的问题。使用这种传感器布局会使方程(4.3.13)出现病态解，数值不稳定的控制增益将导致某些折叠角下控制能量过大或无控制效果。作为比较，本章改进的方案得到的信息矩阵条件数在全部折叠角变化范围内都有较小的数值，采用这种布局方案保证了方程(4.3.13)在折叠角变化的范围内始终能够给出理想的控制增益。图 4.4.11 另给出了信息矩阵的行列式随折叠角的变化情况。可以看出，在固定折叠角 $\theta=0°$ 或 $\theta=60°$ 时，有效独立法获得的结果在各自的设定角度下是最优解，然而并不保证在其他角度也有好的效果。本章提出的综合方法虽然

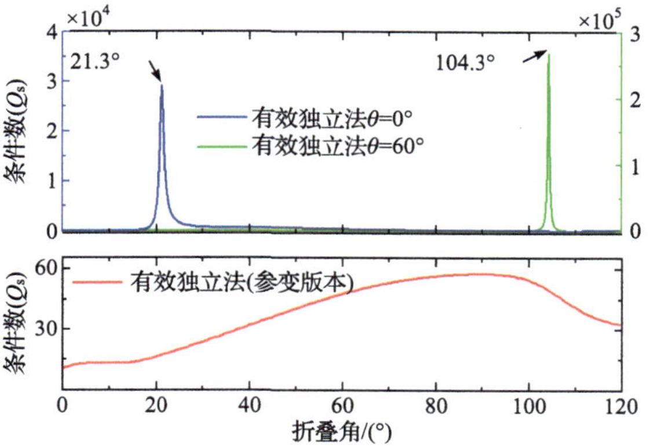

图 4.4.10　信息矩阵条件数随折叠角的变化

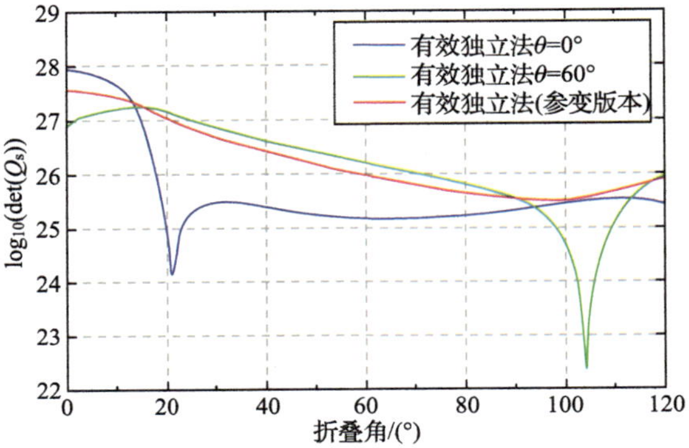

图 4.4.11　信息矩阵行列式随折叠角的变化

不是在每个折叠角处都有最大行列式的值，然而获得的布局方案在整个折叠角变化范围内都有较好的指标。

控制器设计的下一步工作是确定闭环极点的配置方案。突风扰动引起的响应中，低频率模态占据主要成分。为了改善折叠翼的低频响应特性，将系统前 4 个极点改变为指定数值，而第 5 个和第 6 个极点保持不变。改变的闭环极点由已知的开环极点加上待定的实部增量和虚部增量确定，因此每个参数点下都有 8 个需要给定的增量。在设计参数范围内，特征值的增量 $\boldsymbol{\Delta}$ 根据以下多项式确定

$$\boldsymbol{\Delta}(x,y)=\sum_{i+j=0}^{n}\boldsymbol{p}_{ij}x^{i}y^{j} \tag{4.4.2}$$

式中，n 为多项式的次数；$\boldsymbol{p}_{ij}$ 为多项式的系数；x 和 y 分别为归一化的参数 θ 和 U_∞。通过解析表达式构造极点配置的做法能使控制器随参数连续变化。取 $n=3$，则全部待定系数构成 80 个自由变量，这些变量的取值决定了最终的控制增益矩阵。极点改变对扰动抑制的影响可通过计算闭环系统的 H_2 范数或 H_∞ 范数来考察。使系统范数最小的极点配置无法通过分析方法得到，因此本章使用优化的方式获取式(4.4.2)中的系数值。优化方法选择 Nelder-Mead 单纯形算法，这是一种无梯度的直接搜索算法。目标函数设置为颤振边界以内所有当地闭环系统 H_2 范数的平均值，其中系统输入为垂直突风扰动，输出为 7 个传感器的位移响应。

根据以上步骤，基于导纳方法的控制增益在设计参数点处分别计算得到。基于已有的各个当地控制器，最终建立起折叠翼参数化的突风减缓控制器。图 4.4.12 对多个不同折叠角下开环与闭环系统的频响函数进行了具体比较。每个子图中，折叠角为固定值，一系列的曲线表示在 10m/s 至颤振速度的不同流速下系统的频响函数幅值。其中开环频响函数由灰度曲线表示，闭环频响函数由彩色曲线表示。可以看出，改变系统的前 4 个极点可以有效降低低频响应幅值，保持第 5 个和第

6 个极点不变使得系统的高频响应未发生较大改变。控制器的效果主要体现在减小了由突风引起的机翼一阶弯曲振动。

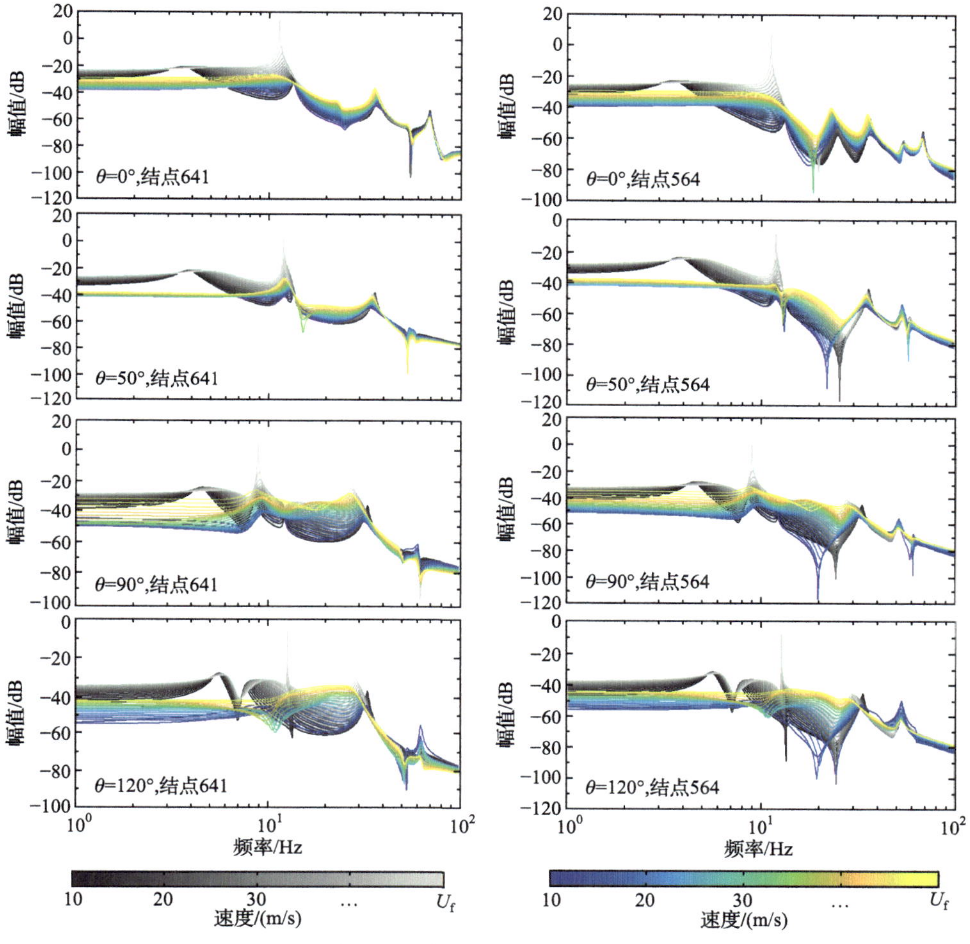

图 4.4.12　多个折叠角下开环与闭环系统的频响函数

开环系统：▬/▬；闭环系统：▬/▬

为了进一步验证控制效果，接下来使用标准突风模型对折叠翼在突风激励下的时域动态响应进行仿真计算。图 4.4.13 和图 4.4.14 展示了在两组固定参数下，折叠翼对 1-cos 离散突风的动态响应仿真结果。1-cos 突风频率设置为 10Hz，最大突风速度为 1 m/s。仿真结果表明，通过两个控制面的共同作用，折叠翼的位移响应和翼根弯矩得到了显著降低。在 $\theta = 0°$ 和 $U_\infty = 15\text{m/s}$ 的环境中，翼梢结点 641 的位移峰值降低了 62.00%，而翼根弯矩的峰值降低了 43.88%。在 $\theta = 90°$ 和 $U_\infty = 30\text{m/s}$ 的

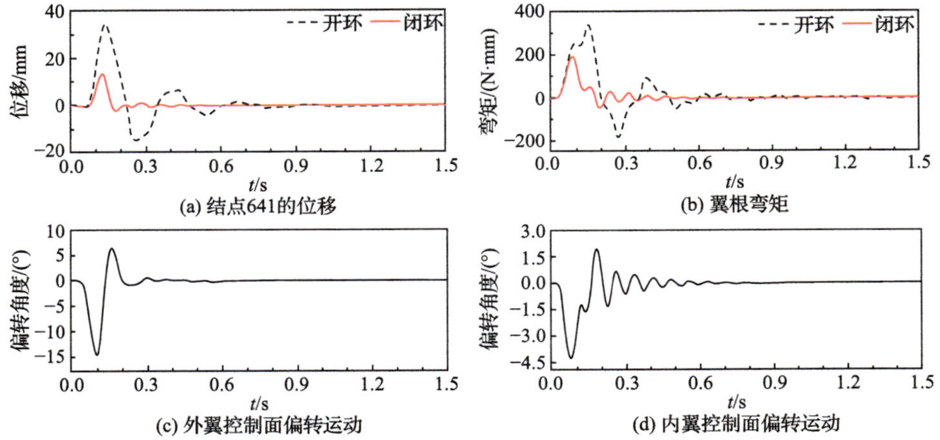

图 4.4.13　1-cos 突风作用下开环和闭环系统的动态响应($\theta=0°$ ， $U_\infty=15\text{m/s}$)

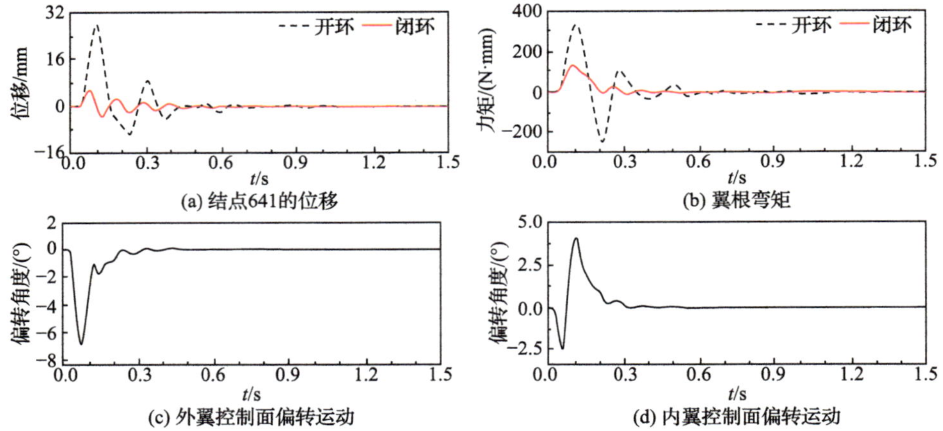

图 4.4.14　1-cos 突风作用下开环和闭环系统的动态响应($\theta=90°$ ， $U_\infty=30\text{m/s}$)

环境中，结点 641 的位移峰值和翼根弯矩峰值分别降低了 79.99%和 60.34%。表 4.4.1 列出了更多折叠角下开环与闭环系统对离散突风响应的计算结果对比。

表 4.4.1　离散突风响应中翼梢位移、翼根弯矩和外翼控制面偏转角的最大值

θ / (°)	变量	$U_\infty=15\text{m/s}$			$U_\infty=30\text{m/s}$		
		开环最大值	闭环最大值	最大值降低率	开环最大值	闭环最大值	最大值降低率
0	D_n / mm	35.21	13.38	62.00 %	77.57	35.08	54.77%
	M_x / (N·mm)	340.86	191.28	43.88 %	731.16	618.80	15.37%
	δ_c / (°)	—	14.62	—	—	12.18	—

续表

θ / (°)	变量	$U_\infty = 15\text{m/s}$			$U_\infty = 30\text{m/s}$		
		开环最大值	闭环最大值	最大值降低率	开环最大值	闭环最大值	最大值降低率
50	D_n / mm	27.00	7.99	70.40%	Inf.	12.21	—
	M_x / (N·mm)	292.28	117.68	59.74%	Inf.	294.88	—
	δ_c / (°)	—	10.98	—	—	9.21	—
90	D_n / mm	16.57	3.11	81.21%	28.24	5.65	79.99%
	M_x / (N·mm)	205.04	48.23	76.48%	338.76	134.35	60.34%
	δ_c / (°)	—	11.31	—	—	6.86	—
120	D_n / mm	11.82	2.88	75.65%	19.26	4.79	75.15%
	M_x / (N·mm)	125.75	14.93	88.12%	199.03	19.75	90.08%
	δ_c / (°)	—	8.73	—	—	4.66	—

注：D_n 为翼梢位移，M_x 为翼根弯矩，δ_c 为外翼控制面偏转角。

折叠翼在不同的固定参数下对 Dryden 连续突风的控制效果如表 4.4.2 所示。连续突风尺度设置为 5m，突风速度的均方根为 0.5m/s。表 4.4.2 中列出了翼梢结点位移、翼根弯矩和外翼控制面偏转角的 RMS 值。固定参数下的计算结果表明控制器在全部参数点均有效，并且对离散突风与连续突风均有较好的减缓效果。图 4.4.15 展示了时变参数的条件下折叠翼对 Dryden 连续突风的动态响应计算结果。在 60s 的仿真时间内，折叠角和流速均缓慢匀速变化，其中折叠角由 0° 变化至 120°，流速由 10m/s 变化至 30m/s。图中显示，在每一个时间段，突风引起的结构振动和附加载荷都得到了有效减缓。仿真结果验证了控制器能够适应大范围的参数变化，在慢参变前提下，将导纳方法推广至参变系统能够得到有效的突风减缓控制器。

表 4.4.2　连续突风响应中翼梢结点位移、翼根弯矩和外翼控制面偏转角的 RMS 值

θ / (°)	变量	$U_\infty = 15\text{m/s}$			$U_\infty = 30\text{m/s}$		
		开环最大值	闭环最大值	RMS 值降低率	开环最大值	闭环最大值	RMS 值降低率
0	D_n / mm	22.47	5.90	73.75 %	67.73	16.67	75.39 %
	M_x / (N·mm)	272.53	111.24	59.18 %	634.32	303.91	52.09 %
	δ_c / (°)	—	5.82	—	—	4.77	—
50	D_n / mm	17.01	3.95	76.80 %	Inf.	7.14	—
	M_x / (N·mm)	217.84	67.33	69.09 %	Inf.	160.25	—

续表

θ / (°)	变量	$U_\infty = 15$m/s			$U_\infty = 30$m/s		
		开环最大值	闭环最大值	RMS 值降低率	开环最大值	闭环最大值	RMS 值降低率
	δ_c / (°)	—	4.18	—	—	3.94	—
90	D_n / mm	9.60	1.50	84.33 %	15.43	2.44	84.18 %
	M_x / (N·mm)	125.33	36.05	71.24 %	209.29	114.84	45.13 %
	δ_c / (°)	—	4.80	—	—	4.02	—
120	D_n / mm	5.72	1.23	78.53 %	9.29	3.01	67.56 %
	M_x / (N·mm)	58.12	6.20	89.33 %	102.92	10.04	90.25 %
	δ_c / (°)	—	3.34	—	—	2.00	—

注：D_n 为翼梢位移，M_x 为翼根弯矩，δ_c 为外翼控制面偏转角。

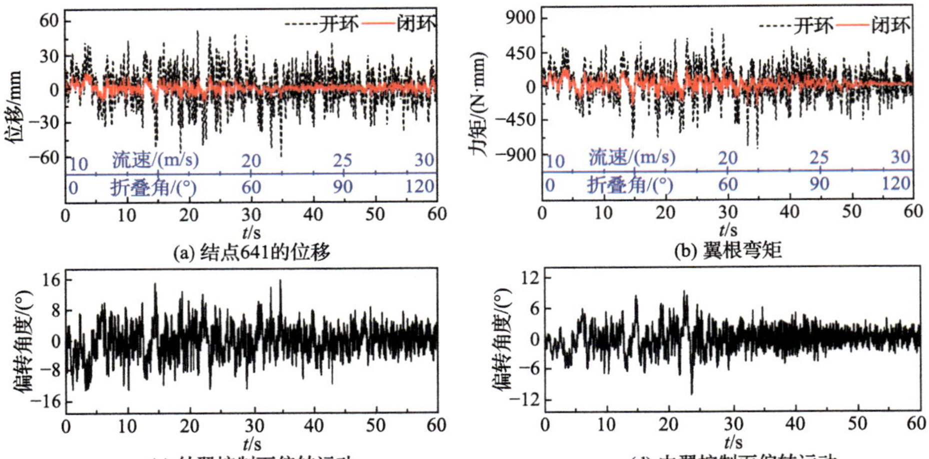

(a) 结点641的位移　(b) 翼根弯矩

(c) 外翼控制面偏转运动　(d) 内翼控制面偏转运动

图 4.4.15　时变折叠角和流速下开环和闭环系统对连续突风的动态响应

4.5　本 章 小 结

本章提出了一种基于当地模型构建折叠翼 LPV 模型的实用方法。折叠翼的当地气动弹性模型可能存在的不一致性有两处：一是结构模态的顺序，二是 RFA 表达式的系数矩阵。本章提出的模态匹配算法能够对结构的各模态分支进行识别和排序。RFA 表达式可通过对系数矩阵的行向量或列向量进行缩放处理而得到一致的表达。对气动弹性方程直接处理的做法避免了生成状态空间模型后再进行复杂的后续处理。数值算例对一致和不一致的建模结果进行了详细比较，不一致的当地模型会使插值模型出现严重的建模误差，而通过本章方法处理后的当地模型得到了准确的建模结果。本章的另一项工作是将导纳方法应用于多输入多输出参变系统的突风减缓控制中。导纳方法原本不是为了设计 LPV 控制而提出，然而其控制器的结构使其很适合推广至参变系统。潜在的问题是传感器的布局难以在全部折叠角范围均适用。本章给出了有效独立法的参变版本，有效地解决了传感器的优化布局问题。仿真结果表明，基于导纳方法的参数化控制器能够在全部设计参数点达到理想的控制效果，对当地控制器的插值能够实现变折叠角下的闭环系统的响应计算。通过对比开环与闭环系统在离散突风与连续突风扰动下的响应，证明了所设计的控制器在折叠角的变化范围内，对结构振动和附加载荷均具有良好的减缓效果。

参 考 文 献

[1] Weisshaar T A. Morphing aircraft systems: historical perspectives and future challenges. Journal of Aircraft, 2013, 50(2): 337-353.

[2] Barbarino S, Bilgen O, Ajaj R M, et al. A review of morphing aircraft. Journal of Intelligent Material Systems and Structures, 2011, 22 (9): 823-877.

[3] Sofla A, Meguid S A, Tan K T, et al. Shape morphing of aircraft wing: status and challenges. Materials & Design, 2010, 31(3):1284-1292.

[4] Ivanco T, Scott R, Love M, et al. Validation of the Lockheed Martin morphing concept with wind tunnel testing. AIAA 2007-2235, 2007.

[5] Castrichini A, Siddaramaiah V H, Calderon D E, et al. Preliminary investigation of use of flexible folding wing tips for static and dynamic load alleviation. Aeronautical Journal, 2017, 121(1235):73-94.

[6] Otsuka K, Makihara K. Deployment simulation using absolute nodal coordinate plate element for next-generation aerospace structures. AIAA Journal, 2017, 56 (3):1266-1276.

[7] Livne E. Future of airplane aeroelasticity. Journal of Aircraft, 2003, 40(6):1066-1092.

[8] Lee D H, Weisshaar T. Aeroelastic studies on a folding wing configuration. AIAA 2005-1996, 2005.

[9] Lee D H, Chen P C. Nonlinear aeroelastic studies on a folding wing configuration with free-play hinge nonlinearity. AIAA 2006-1734, 2006.

[10] Liska S, Dowell E H. Continuum aeroelastic model for a folding-wing configuration. AIAA Journal, 2009, 47(10):2350-2358.

[11] Wang I, Gibbs S C, Dowell E H. Aeroelastic model of multisegmented folding wings: theory and experiment. Journal of Aircraft, 2012, 49(3):911-921.

[12] Castrichini A, Siddaramaiah V H, Calderon, D E, et al. Nonlinear folding wing-tips for gust loads alleviation. Journal of Aircraft, 2016, 53(5):1391-1399.

[13] Zhang W, Lv S, Ni Y. Parametric aeroelastic modeling based on component modal synthesis and stability analysis for horizontally folding wing with hinge joints. Nonlinear Dynamics, 2018, 92: 169-179.

[14] Liu D D, Chen P C, Zhang Z, et al. Continuous dynamic simulation for morphing wing aeroelasticity. AIAA 2009-2572, 2009.

[15] Zhao Y H, Hu H Y. Prediction of transient responses of a folding wing during the morphing process. Aerospace Science and Technology, 2013, 24(1):89-94.

[16] Hu W, Yang Z, Gu Y. Aeroelastic study for folding wing during the morphing process. Journal of Sound and Vibration, 2016, 365:216-229.

[17] Poussot-Vassal C, Roos C. Generation of a reduced-order LPV/LFT model from a set of large-scale MIMO LTI flexible aircraft models. Control Engineering Practice, 2012, 20(9): 919-930.

[18] Ferreres G. Computation of a flexible aircraft LPV/LFT model using interpolation. IEEE Transactions on Control Systems Technology, 2011, 19(1): 132-139.

[19] Roos C. Generation of flexible aircraft LFT models for robustness analysis. IFAC Proceedings Volumes, 2009, 42(6): 349-354.

[20] Lovera M, Mercere G. Identification for gain-scheduling: a balanced subspace approach. 2007 American Control Conference. IEEE, 2007: 858-863.

[21] Ferranti F, Rolain Y. A local identification method for linear parameter-varying systems based on interpolation of state-space matrices and least-squares approximation. Mechanical Systems and Signal Processing, 2017, 82: 478-489.

[22] Caigny J, Pintelon R, Camino J F, et al. Interpolated modeling of LPV systems. IEEE Transactions on Control Systems Technology, 2014, 22(6): 2232-2246.

[23] Caigny J, Camino J F, Swevers J. Interpolation-based modeling of MIMO LPV systems. IEEE Transactions on Control Systems Technology, 2011, 19(1): 46-63.

[24] 张立启，岳承宇，赵永辉. 变后掠翼的参变气动弹性建模与分析. 力学学报, 2021, 53(11): 3134-3146.

[25] Yue C Y, Zhao Y H. Interpolation-based modeling methodology for efficient aeroelastic control of a folding wing. International Journal of Aerospace Engineering, 2021, 2021: 8609211.

[26] Zhao Y H, Hu H Y. Parameterized aeroelastic modeling and flutter analysis for a folding wing. Journal of Sound and Vibration, 2012, 331(2): 308-324.

[27] Alkhoury Z, Petreczky M, Mercère G. Comparing global input-output behavior of frozen-equivalent LPV state-space models. IFAC-Papers, 2017, 50(1): 9766-9771.

[28] Burkard R, Dellamico M, Martello S. Assignment Problems, SIAM, 2009.

[29] Kuhn H W. The Hungarian method for the assignment problem. Naval Research Logistics Quarterly, 1955, 2(1): 83-97.

[30] Jonker R, Volgenant A. A shortest augmenting path algorithm for dense and sparse linear assignment problems. Computing, 1987, 38(4): 325-340.

[31] Ram Y M, Mottershead J E. Receptance method in active vibration control. AIAA Journal, 2007, 45(3): 562-567.

[32] Ram Y M, Mottershead J E. Multiple-input active vibration control by partial pole placement using the method of receptances. Mechanical Systems and Signal Processing, 2013, 40(2): 727-735.

[33] Hassig H J. An approximate true damping solution of the flutter equation by determinant iteration. Journal of Aircraft, 1971, 8(11): 885-889.

[34] Mokrani B, Palazzo F, Mottershead J E, et al. Multiple-input multiple-output experimental aeroelastic control using a receptance-based method. AIAA Journal, 2019, 57(7): 3066-3077.
[35] Kammer D C. Sensor placement for on-orbit modal identification and correlation of large space structures. Journal of Guidance, Control, and Dynamics, 1991, 14(2): 251-259.
[36] Poston W L, Tolson R H. Maximizing the determinant of the information matrix with the effective independence method. Journal of Guidance, Control, and Dynamics, 1992, 15(6): 1513-1514.

第 5 章　飞机突风载荷减缓的自适应前馈控制

飞机气动弹性主动控制技术是减小突风引起的结构振动和内载荷的有效手段之一，现代大型运输类飞机的飞控系统通常配有突风载荷减缓子系统[1]。反馈控制策略在过去一直是突风载荷减缓的主要途径，控制器根据加速度计的反馈信号决定控制面的偏转量，以此产生附加作用力来抵消突风引起的气动弹性响应。典型的控制设计有基于经验调参的 PID 方法[2]，基于状态空间模型的 LQG 方法[3]和 H_∞方法[4]等。反馈控制的优势在于闭环系统对被控对象的变化具有一定鲁棒性，而不足之处是主动控制律未利用突风扰动信息。相比较而言，前馈控制对扰动的补偿更加迅速，但需要获得与突风扰动密切相关的参考信号作为控制器输入[5]。如果能实时获得突风扰动信息，则利用前馈控制方法有望取得比反馈控制更好的突风载荷减缓控制效果。

目前，机载激光雷达 LIDAR 能够探测飞机前方约 50～150 m 的突风速度场[6,7]，超前的测量距离有望为控制系统提供充足的调度时间。突风速度信息的可获得性为突风载荷减缓的前馈控制提供了必要条件。前馈控制器一般为 FIR 滤波器，滤波器系数通过最小均方(LMS)算法在线更新[8]。然而，由于量化和截断误差，LMS 算法在长期运行中存在系数漂移和溢出问题。泄漏 LMS 算法可缓解此问题，但它对滤波器系数的估计是有偏的[9,10]。

本章首先设计了一个四发大型运输机的自适应前馈控制器，用来减缓突风引起的翼根弯矩过载。利用机载 alpha 传感器测量突风迎角，进而为前馈控制提供所需的扰动参考信号。左右翼梢处和质心处的加速度传感器用于构造指示机翼弯曲振动的误差信号，并作为被控变量由对称偏转的副翼负责控制。为了使突风减缓系统在稳定的环境中运行，采用循环泄漏 LMS 算法[11]来更新自适应 FIR 滤波器系数。仿真结果表明，自适应算法能够在连续突风环境中训练出收敛的滤波器系数。利用收敛控制器对离散和连续突风下的翼根弯矩响应展现出了显著的减缓效果。此外，自适应控制系统还对非平稳连续突风具有显著的减缓效果。最后，在自适应控制律中给出了控制面偏转角度和偏转速度约束的处理方法。不同于经典的反馈控制方案，本章研究成果为大型运输类飞机突风载荷减缓提供了新的思路。

5.1　自适应前馈控制结构

5.1.1　基本配置

前馈控制系统的性能很大程度上取决于所测量的参考信号的质量，合适的参考信号应包含尽可能多的扰动信息，以便控制器计算控制输入并快速补偿扰动引起的响应。图 5.1.1 展示了用于飞机前馈突风载荷减缓的传感器布置，安装于机鼻处的 alpha 传感器能够在突风影响到飞机主要升力部件之前探测突风引起的有效迎角，以此作为扰动的参考信号提供给前馈控制器。

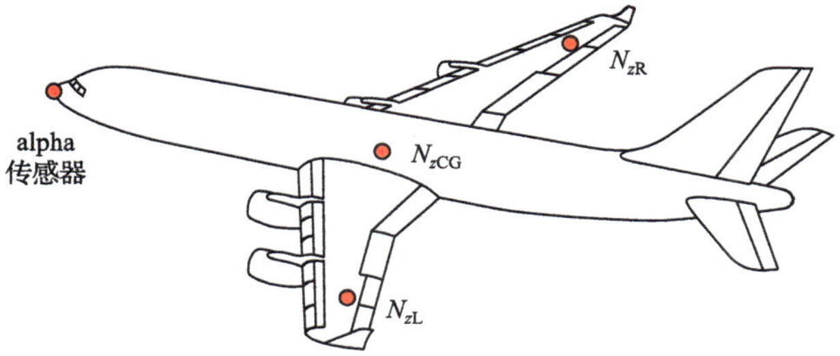

图 5.1.1　用于飞机前馈突风载荷减缓的传感器布置示意图

垂直突风速度用 w_g 来表示，则突风迎角 $\alpha_w = w_g / U_\infty$ 可根据 alpha 传感器的测量值和飞机的运动状态计算出来[12]。

飞机受垂直突风的影响主要体现为机翼的一阶弯曲振动，以及由此产生的翼根弯矩过载。为了减缓翼根弯矩，测量以下误差信号用来指示机翼的弯曲振动

$$e(t) = \frac{N_{zL}(t) + N_{zR}(t)}{2} - N_{zCG}(t) \tag{5.1.1}$$

式中，N_{zL} 和 N_{zR} 分别为左、右翼梢处的垂直加速度信号，N_{zCG} 为飞机质心处的垂直加速度信号，如图 5.1.1 所示。误差信号 $e(t)$ 将作为被控变量由对称偏转的副翼负责控制。

基于以上参考信号和误差信号，设计前馈控制系统的基本框架如图 5.1.2 所示。图中，垂直突风扰动 w_g 到误差信号的传递路径称为主要控制路径(PCP)，相应的传递函数记为 $P_c(s)$；控制输入，即副翼偏转指令 u_a 到误差信号的传递路径称为次要控制路径(SCP)，传递函数记为 $G_c(s)$。d 和 y 分别为误差信号中由突风扰

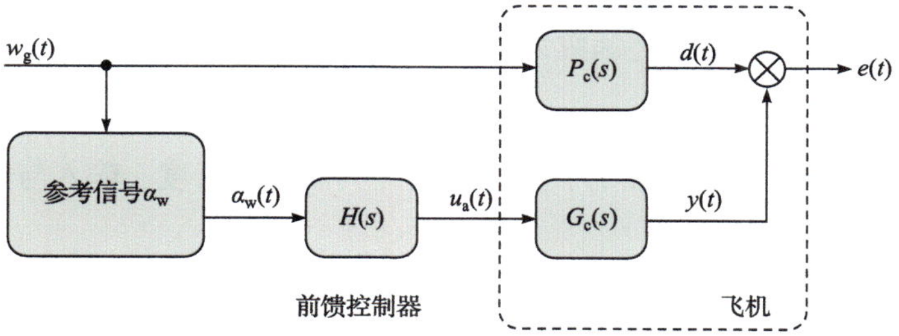

图 5.1.2　前馈控制系统框图

动和副翼偏转运动引起的部分，y 抵消 d 后得到受控系统的最终误差信号 e。控制输入 u_a 由参考信号 α_w 经过前馈控制器 $H(s)$ 滤波得到，其中参考信号 α_w 为 alpha 传感器测得的突风迎角。

为设计离散时间控制器，建立 SCP 传递函数 $G_c(s)$ 的离散时间形式 $G(z)$，如图 5.1.3 所示。

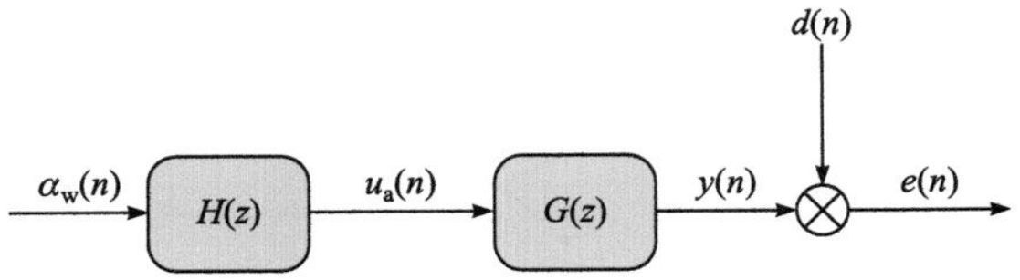

图 5.1.3　前馈控制系统的等效结构

对于单输入单输出通道，$H(z)$ 和 $G(z)$ 的次序可互换。重新排列图 5.1.3 中的 $H(z)$ 和 $G(z)$，转为图 5.1.4 中的等效形式。控制器的输入变为 $r(n)$，定义为实测参考信号 $\alpha_w(n)$ 经 $G(z)$ 滤波后的信号。$r(n)$ 是为控制分析和设计而引入的重要参考信号，当控制算法需要 $r(n)$ 时，可在控制器内部构造 $G(z)$ 的内模 $\hat{G}(z)$ 来获取 $r(n)$ 的估计值 $\hat{r}(n)$。基于图 5.1.3 中的结构，控制器设计变为典型的数字滤波器的干扰抑制问题：输入信号 $r(n)$ 通过滤波器 $H(z)$ 后产生输出信号 $y(n)$，以抵抗扰动信号 $d(n)$ 从而抑制误差信号 $e(n)$。

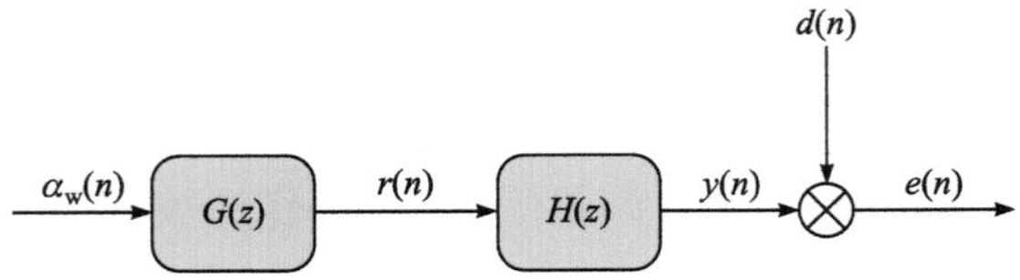

图 5.1.4　交换图 5.1.3 中的模块 $H(z)$和 $G(z)$

常见的数字滤波器分为有限脉冲响应(FIR)和无限脉冲响应(IIR)两种。对于相同的控制目标，FIR 滤波器一般比 IIR 滤波器需要更多的系数。但 IIR 滤波器必须保证极点在单位圆内，滤波器系数漂移有时会引起稳定性问题。而 FIR 滤波器为全零点系统，不存在稳定性问题，这有利于控制设计中的容错和可靠性要求。由 FIR 滤波器建立的控制器传递函数为

$$H(z)=h_0+h_1z^{-1}+\cdots+h_{N-1}z^{-(N-1)} \tag{5.1.2}$$

式中，$h_0,h_1,\cdots,h_{N-1}$ 为滤波器的 N 个系数，N 为滤波器长度。输入与输出的关系表示为

$$y(n)=\boldsymbol{h}^{\mathrm{T}}\boldsymbol{r}(n) \tag{5.1.3}$$

式中，$\boldsymbol{h}$ 为滤波器的系数向量，$\boldsymbol{r}(n)$ 为存储了 N 个时间步长的输入信号向量，即

$$\boldsymbol{h}=\begin{bmatrix}h_0 & h_1 & \cdots & h_{N-1}\end{bmatrix}^{\mathrm{T}} \tag{5.1.4}$$

$$\boldsymbol{r}(n)=\begin{bmatrix}r(n) & r(n-1) & \cdots & r(n-N+1)\end{bmatrix}^{\mathrm{T}} \tag{5.1.5}$$

当考虑滤波器的系数自适应过程时，滤波器系数是随时间变化的。严格来说控制器 $H(z)$ 是时变系统，图 5.1.3 和图 5.1.4 两个系统不等效。实际上，如果自适应迭代步长很小或滤波器系数已经收敛，则 $H(z)$ 仍可近似看作分段线性时不变(LTI)系统，针对图 5.1.4 中系统进行分析的结果同样适用于图 5.1.3。

5.1.2　自适应前馈控制器设计

本节给出自适应 FIR 滤波器的设计方法，滤波器系数通过自适应算法迭代更新，使其趋近于 Wiener 解。此外，还希望自适应滤波器具有应对非平稳突风扰动的能力。

最小均方(LMS)算法易于实现且计算量小，因此被广泛应用于振动和噪声的主动控制中。然而，LMS 算法在数字化的运算环境下存在长期运行的稳定性问题。数字信号处理中，A/D 转换会产生量化误差，有限精度的数值相乘会带来截断误差。量化误差往往会增加滤波器系数的能量，滤波器系数很容易在小梯度的浅坡上长时间缓慢漂移，最终导致溢出。

泄漏最小均方(LLMS)算法是 LMS 算法的改进版本，它通过泄漏因子来缓解标准 LMS 算法中的系数漂移问题[10,13]。LLMS 算法在均方误差指标 $J(n)$ 中加入了一个关于滤波器系数能量的惩罚项，表示为

$$J(n)=E(e^2(n))+\gamma\boldsymbol{h}^{\mathrm{T}}(n)\boldsymbol{h}(n) \tag{5.1.6}$$

式中，$0<\gamma<1$ 称为泄漏因子。最小化 $J(n)$ 导出 LLMS 滤波器系数的更新算法为

$$\boldsymbol{h}(n+1)=(1-c\gamma)\boldsymbol{h}(n)-c\cdot\boldsymbol{r}(n)e(n) \tag{5.1.7}$$

LLMS 算法可以有效地缓解估计梯度过小导致的滤波器系数漂移和溢出。然而，算法得到的滤波器系数是 Wiener 解的有偏估计，这会降低控制效果。循环泄漏 LMS(CLLMS)算法在 LLMS 算法的基础上做了进一步改进，使得滤波器系数能够像标准 LMS 算法一样无偏地收敛于 Wiener 解[14]。CLLMS 算法使用如下滤波器系数更新公式

$$\boldsymbol{h}(n+1)=\tilde{\boldsymbol{h}}(n)-c\cdot\boldsymbol{r}(n)e(n) \tag{5.1.8}$$

式中

$$\tilde{\boldsymbol{h}}(n)=\begin{cases}\boldsymbol{h}_{\mathrm{L}}(n), & |h_k(n)|\geqslant C_1\\ \boldsymbol{h}(n), & \text{其他}\end{cases} \tag{5.1.9}$$

$$\boldsymbol{h}_{\mathrm{L}}(n)=\left\{\begin{array}{c} h_0(n) \\ \vdots \\ \left(1-c\gamma_{\mathrm{L}}(n,h_k(n))\right)h_k(n) \\ \vdots \\ h_{N-1}(n) \end{array}\right\} \tag{5.1.10}$$

式中，下标索引 $k=\mathrm{mod}(n,N)$，含义为随着时间步长 n 的增加循环检查并修正 $\boldsymbol{h}(n)$ 中的系数。修正方式与 LLMS 算法类似，不同的是每次最多只修正一个系数。此外，泄漏因子 γ_{L} 每次更新使用不同的值，按以下方式计算

$$\gamma_{\mathrm{L}}(n,h_k(n))=\begin{cases} \gamma_0, & |h_k(n)|\geqslant C_2 \\ \gamma_0-\dfrac{\gamma_0}{2}\left(\dfrac{C_2-|h_k(n)|}{D}\right)^2, & C_1+D\leqslant|h_k(n)|<C_2 \\ \dfrac{\gamma_0}{2}\left(\dfrac{|h_k(n)|-C_1}{D}\right)^2, & C_1\leqslant|h_k(n)|<C_1+D \\ 0, & \text{其他} \end{cases} \tag{5.1.11}$$

式中，$D=(C_2-C_1)/2$，C_1 和 C_2 为给定值，满足 $0<C_1<C_2$。实施 CLLMS 算法需要设定四个参数：迭代步长 c、基本泄漏因子 γ_0 以及常数 C_1 和 C_2。这些参数的选取方法以及算法稳定性和无偏收敛性的详细证明可参考文献[14]。

与 LMS 算法相同，在实施 CLLMS 算法时，式(5.1.8)中的输入信号 $\boldsymbol{r}(n)$ 应替换为控制器内部的估计值 $\hat{\boldsymbol{r}}(n)$，即 $\hat{\boldsymbol{r}}(n)$ 由估计传递函数 $\hat{G}(z)$ 的输出 $\hat{r}(n)$ 构造得到。

依照图 5.1.3 中前馈控制系统的基本结构，采用自适应算法的控制系统表示为图 5.1.5 中的形式。

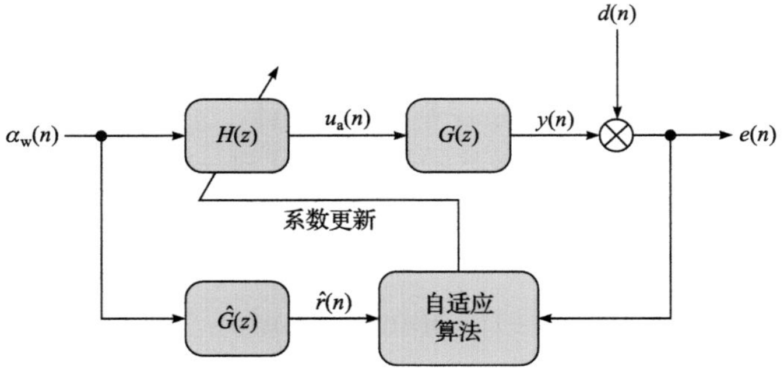

图 5.1.5　自适应前馈控制系统框图

副翼偏转指令信号为

$$u_{\mathrm{a}}(n)=\boldsymbol{\alpha}^{\mathrm{T}}(n)\boldsymbol{h}(n)=\boldsymbol{h}^{\mathrm{T}}(n)\boldsymbol{\alpha}(n) \tag{5.1.12}$$

式中

$$\boldsymbol{\alpha}(n)=\left[\alpha_{\mathrm{w}}(n) \quad \alpha_{\mathrm{w}}(n-1) \quad \cdots \quad \alpha_{\mathrm{w}}(n-N+1)\right]^{\mathrm{T}} \tag{5.1.13}$$

5.2 自适应前馈突风载荷减缓的数值仿真

5.2.1 大型运输机模型

图 5.2.1 为四发大型运输机的结构有限元模型。全尺寸飞机的翼展为 50m，机体长度和高度分别为 53m 和 16.79m。当半翼展长小于突风尺度约 10%时，突风沿展向的分布可认为是常值。因此，主要考察运输机在一维垂直突风扰动下的响应。此时，运输机的运动关于纵轴对称，只建立半结构有限元模型即可。对称模态可通过将飞机纵向对称面内结点的 2 自由度、4 自由度、6 自由度置零来实现。排除飞机的前后刚体模态，结构模型中保留前 13 阶对称模态，其中包括 2 个刚体模态和 11 个弹性模态，具体模态数据见表 5.2.1。

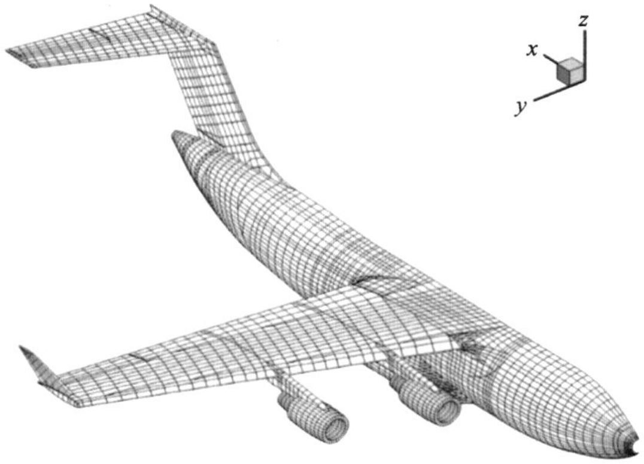

图 5.2.1 四发大型运输机的结构有限元模型

表 5.2.1 运输机结构的主要对称模态

序号	固有频率/Hz	振型描述
1	0.00	沉浮刚体模态
2	0.00	俯仰刚体模态
3	2.00	机翼一阶弯曲
4	3.55	机翼一阶扭转
5	4.54	内、外侧发动机水平摆动(反相位)
6	4.69	内、外侧发动机水平摆动(同相位)

续表

序号	固有频率/Hz	振型描述
7	5.88	机身一阶弯曲+平尾一阶弯曲
8	6.83	内侧发动机垂直振动+平尾一阶弯曲
9	7.46	机翼二阶弯曲+平尾一阶弯曲
10	8.52	机翼二阶弯曲+机翼水平摆动+平尾一阶弯曲
11	9.33	机翼二阶弯曲+机翼水平摆动+平尾二阶弯曲
12	12.60	机翼二阶扭转+机身二阶弯曲+平尾二阶弯曲
13	15.63	机翼二阶扭转

运输机的空气动力模型由机翼状和体状两类单元组成，如图 5.2.2 所示。根据飞机各部件的气动特性，机翼、控制面、垂尾、平尾和发动机挂架按照机翼状单元建模，而发动机短舱和机身作为非升力部件按照体状单元建模。机翼状单元为无厚度的平面网格，飞机的主要气动载荷分布于这些网格上；体状单元用于模拟体积效应引起的气动扰动，仅承受少部分气动载荷，但引入体网格能提供更真实的气动边界条件。非定常气动力的计算基于 DLM 的频域气动力模型，生成与减缩频率相关的 AIC 矩阵。

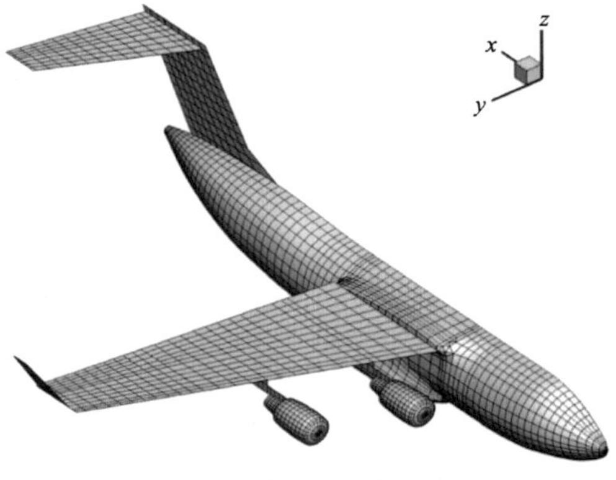

图 5.2.2 运输机的空气动力模型

在自适应前馈控制中，误差信号定义为左、右翼梢垂直加速度的平均值减去质心处的垂直加速度。对于算例中的模型，式(5.1.1)中的翼梢加速度 $N_{z\mathrm{R}}(t)$ 置于有限元结点 1083，质心加速度 $N_{z\mathrm{CG}}(t)$ 置于有限元结点 9572，如图 5.2.3 所示。由于飞机运动对称，因此，$N_{z\mathrm{L}}(t)=N_{z\mathrm{R}}(t)$。此外，靠近外侧发动机的结点 1057、飞机头部结点 8697、机身后部结点 1439 也设为加速度监测点。位于翼根处的局部坐标系用来计算突风引起的结构内载荷，包括翼根弯矩、剪力和扭矩。alpha 传感器安装于机身前部，用于测量突风引起的有效迎角。

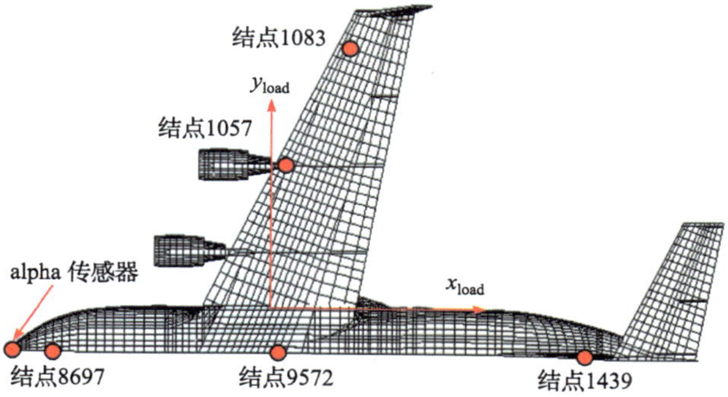

图 5.2.3　alpha 传感器以及监测点位置

5.2.2　突风减缓系统仿真环境

自适应前馈突风载荷减缓系统的数值仿真框架如图 5.2.4 所示。前馈控制器驱动对称偏转的副翼和升降舵分别对误差信号 $e(n)$ 和俯仰角速度 $q(n)$ 进行控制。由 alpha 传感器获得突风迎角 $\alpha_w(n)$，以此作为扰动的参考信号提供给控制器。

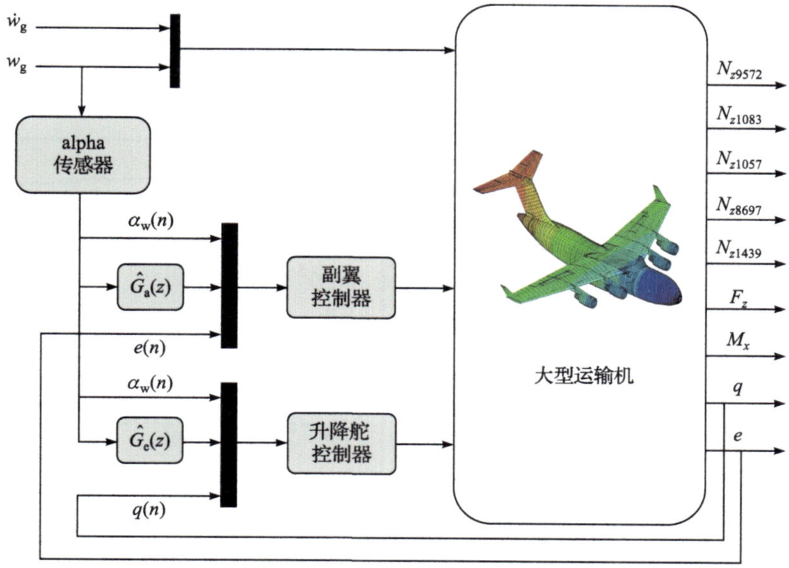

图 5.2.4　自适应前馈突风载荷减缓系统的数值仿真框架

自适应控制器的输入除了参考信号和误差信号，还包含 $\alpha_w(n)$ 经过 SCP 估计传递函数 $\hat{G}_a(z)$ 和 $\hat{G}_e(z)$ 滤波后的参考输入信号。控制器输出右副翼和右升降舵的控制指令，同时相同的控制指令也传递到左副翼和左升降舵。副翼补偿误差信号有时会恶化飞机的纵向飞行响应，因此需要升降舵来补偿副翼偏转和突风引起的附加俯仰力矩。为了实现自适应控制，利用 Simulink 中 level-2 的 S 函数来在线更新 FIR 滤波器系数。被控系统的输出包括描述飞行姿态的各变量、监测点的加速度以及翼根内载荷等。输出翼根弯矩 M_x 和翼根剪力 F_z 的目的是评估突风载荷减缓效果，这些内载荷属于模拟输出，并非传感器的测量输出。

5.2.3 数值结果

以下数值仿真均在 244m/s 的巡航速度(马赫数 0.7)和海平面大气环境下进行。Dryden 连续突风尺度设为 $L_\text{w} = 533\text{m}$ ，突风速度的 RMS 值为 $\sigma_\text{w} = 1\text{m/s}$ 。

Dryden 突风的时域信号由白噪声激励下的突风滤波器产生，将其作为平稳随机激励可训练出收敛的控制器。离散时间控制系统的采样周期为 0.01s，FIR 滤波器的阶数取为 $N = 42$。控制系统启动后，滤波器系数根据 CLLMS 算法进行实时更新。CLLMS 算法的迭代步长 $c = 0.005$，基本泄漏因子 $\gamma_0 = 1$，常数 C_1 和 C_2 分别为 0.5 和 0.7。控制实施期间 FIR 滤波器的系数从零开始迭代更新，图 5.2.5 展示了滤波器系数更新的时间历程。计算结果显示 t = 700s 时控制器收敛。尽管连续突风的统计特征固定，但由于更新算法使用了实时的随机梯度，因此收敛的滤波器系数仍会在最优值附近振荡。LMS 类算法的失调与迭代步长 c 成正比，较小的步长可以降低最终的失调，但会导致较慢的收敛速度，实际应用中少量失调并不会降低控制性能。

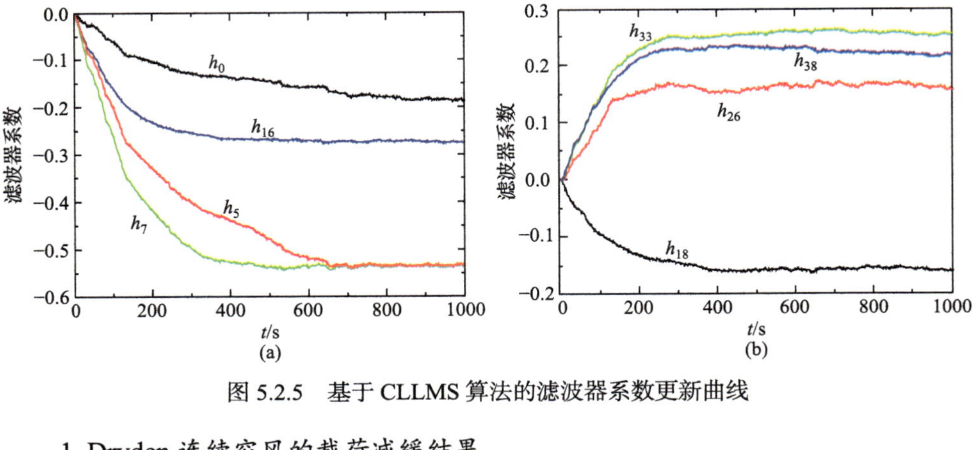

图 5.2.5　基于 CLLMS 算法的滤波器系数更新曲线

1. Dryden 连续突风的载荷减缓结果

接下来，使用训练完成的 CLLMS 控制器来验证突风减缓的控制效果。图 5.2.6 为装配了突风减缓系统的运输机在穿越 Dryden 突风场时各监测点的动态响应。计算结果显示，基于 CLLMS 的前馈控制器能够显著降低误差信号 $e(n)$ 的响应。

表 5.2.2 中的统计结果表明 $e(n)$ 的 RMS 值降低了 55.44%，翼根弯矩的 RMS 值也随之降低了 60.12%。结点 1083 处的加速度 RMS 值减少了 42.75%，大于结点 1057 处加速度的减少量，这是因为翼梢加速度更容易受到副翼偏转的影响，从而表现出明显的降幅。此外，控制器还使结点 9572 处的加速度 RMS 值减少了 34.26%，这意味着乘坐舒适度有所改善。

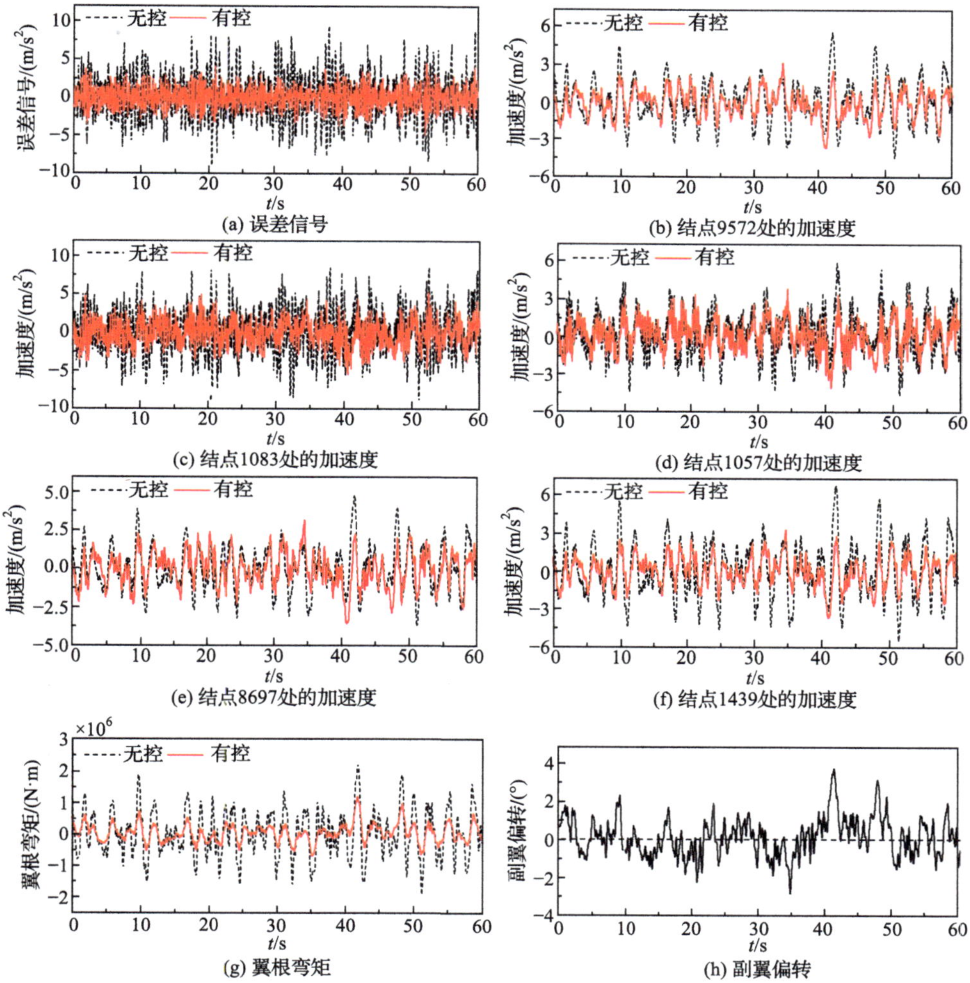

图 5.2.6　基于 Dryden 突风作用下有控和无控系统的动态响应

表 5.2.2　受控系统对连续突风响应的 RMS 值降低率

监测量	RMS 值降低率	监测量	RMS 值降低率
e, m/s^2	55.44%	N_{z9572}, m/s^2	34.26%
N_{z1083}, m/s^2	42.75%	N_{z1057}, m/s^2	28.45%

续表

监测量	RMS 值降低率	监测量	RMS 值降低率
N_{z8697}, m/s^2	21.83%	N_{z1439}, m/s^2	44.22%
M_x, N · m	60.12%	q,（°）/s	62.33%

翼梢加速度和翼根弯矩响应的 PSD 曲线如图 5.2.7 所示。翼梢加速度 PSD 曲线清楚地标识出运输机约 0.4Hz 的短周期运动以及约 2.35Hz 的一阶弯曲振动。突风减缓系统开启后，短周期运动和机翼弯曲振动得到了明显抑制。图 5.2.7(b)中结果表明控制器使翼根弯矩的能量峰值降低了约 85.4%。翼根弯矩的 RMS 值等于对 PSD 曲线积分的平方根，由此算出翼根弯矩的 RMS 值减小了 60.36%，非常接近表 5.2.2 中 60.12%的统计值。图 5.2.8 给出了俯仰角速度的动态响应，图中结果显示升降舵能够补偿副翼和突风引起的俯仰运动，飞机俯仰角速度的 RMS 值因此降低了 62.33%。以上仿真结果验证了基于 CLLMS 的控制器能够有效地实施突风载荷减缓。

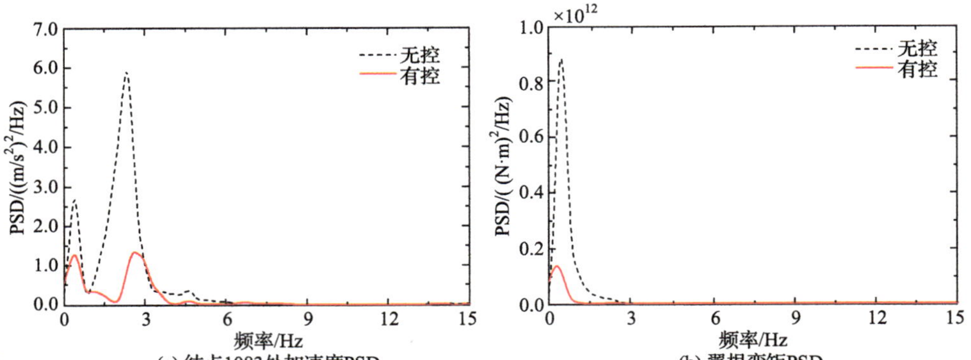

(a) 结点1083处加速度PSD　　(b) 翼根弯矩PSD

图 5.2.7　Dryden 突风作用下有控和无控系统的 PSD 响应

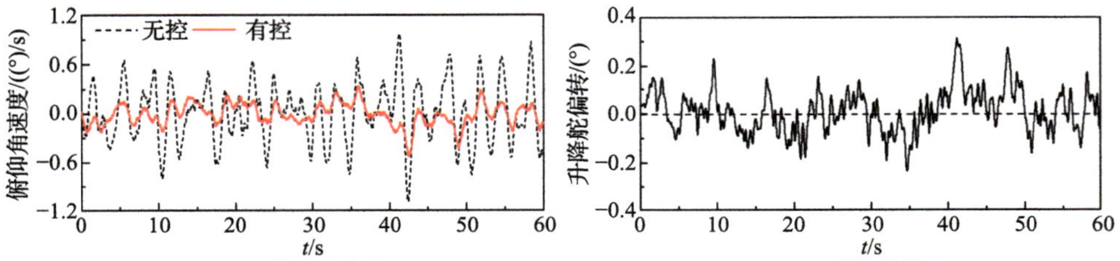

(a) 俯仰角速度　　(b) 升降舵偏转

图 5.2.8　Dryden 突风作用下有控和无控系统的俯仰角速度响应

2. 1-cos 离散突风的载荷减缓结果

为了研究连续突风环境中训练出的控制器能否适用于离散突风的情况，接下来对 1-cos 突风响应进行仿真分析。设置 1-cos 突风的最大突风速度 $w_{g\max}$ 和突风频率 f_g 分别为 5m/s 和 5Hz，飞机的动态响应计算结果如图 5.2.9 所示。

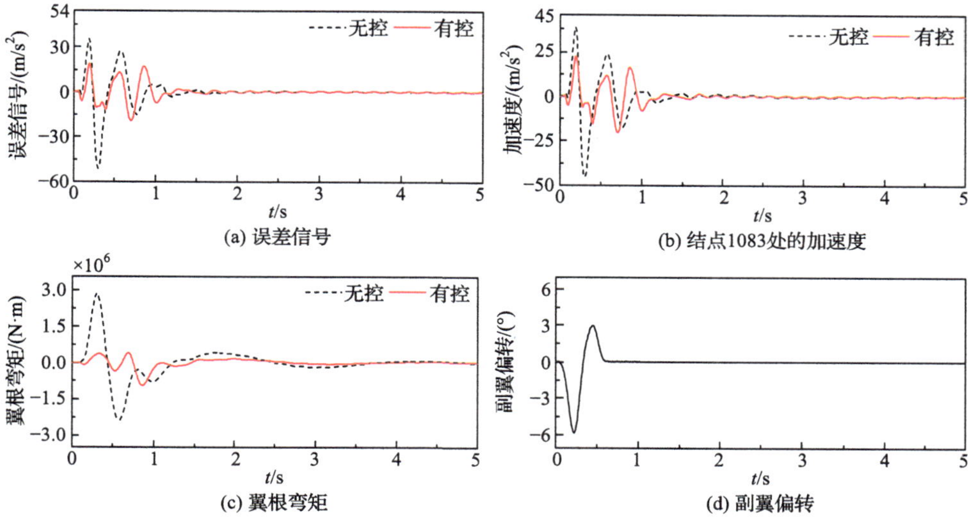

(a) 误差信号　(b) 结点1083处的加速度

(c) 翼根弯矩　(d) 副翼偏转

图 5.2.9　1-cos 突风作用下有控和无控系统的动态响应

表 5.2.3 列出了 1-cos 突风响应的最大值降低率。可以看出，收敛的控制器使翼梢加速度和翼根弯矩的最大值分别减少了 50.43%和 65.81%。图 5.2.10 的结果显示，升降舵作用下飞机的俯仰运动得到了大幅抑制。数值仿真表明基于 CLLMS 的控制器在离散突风环境中是有效的。

表 5.2.3　受控系统对离散突风响应的最大值降低率

监测量	最大值降低率	监测量	最大值降低率
e, m/s²	62.10%	N_{z1083}, m/s²	50.43%
M_x, N · m	65.81%	N_{z1057}, m/s²	12.83%
q, (°) /s	47.18%	N_{z1439}, m/s²	5.69%

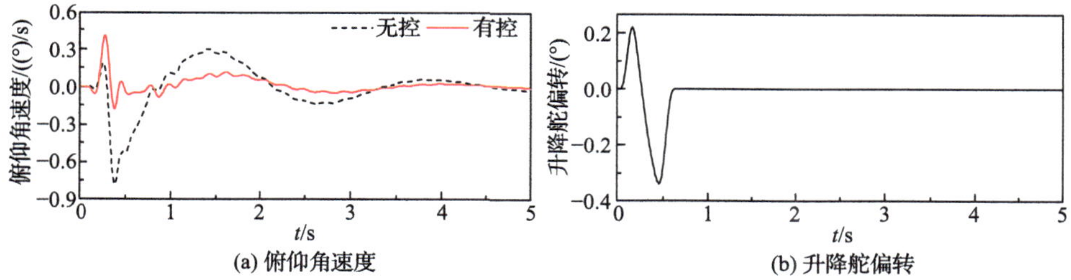

(a) 俯仰角速度　(b) 升降舵偏转

图 5.2.10　1-cos 突风作用下有控和无控系统的俯仰角速度响应

3. 非平稳连续突风的载荷减缓结果

大部分关于突风载荷减缓的研究将突风速度假定为平稳的随机过程，而真实的突风场有时会表现出强烈的非均匀性。下面将研究收敛的前馈控制器对非平稳连续突风的适应性。

非平稳突风过程可由给定函数 $g(t)$ 与平稳过程 $w_{\mathrm{g}}(t)$ 的乘积来描述[15]，表示为

$$\tilde{w}_{\mathrm{g}}(t)=g(t)w_{\mathrm{g}}(t) \tag{5.2.1}$$

式中，$g(t)$ 称为输入调制函数，$w_{\mathrm{g}}(t)$ 为平稳的垂直突风速度信号。第一种输入调制函数形式为

$$g(t)=\begin{cases}p(\mathrm{e}^{-\alpha_1 t}-\mathrm{e}^{-\alpha_2 t}), & t\geqslant 0\\ 0, & t<0\end{cases} \tag{5.2.2}$$

式中，$0\leqslant\alpha_1<\alpha_2$，参数 p 用于将 $|g(t)|$ 的上界置为 1。式(5.2.2)的调制函数适合模拟飞机刚进入突风场的情况。第二种输入调制函数[16]形式为

$$g(t)=\sqrt{1-\zeta^2/2}+\zeta\sin\omega t\text{，}\quad t\geqslant 0 \tag{5.2.3}$$

数值仿真中，非平稳突风速度由式(5.2.1)给出，其中 $w_g(t)$ 为平稳的 Dryden 突风。首先考察式(5.2.2)中第一种调制函数定义的非平稳突风场，图 5.2.11(a)展示了取 $p=1$，$\alpha_1=0$，$\alpha_2=0.05$ 时的调制函数 $g(t)$。动态响应仿真结果如图 5.2.12 所示。由图可见，在平稳突风环境下得到的控制器对非平稳突风仍表现出良好的适应性。接下来，使用式(5.2.3)给出的第二种调制函数进行非平稳突风响应计算。图 5.2.11(b)展

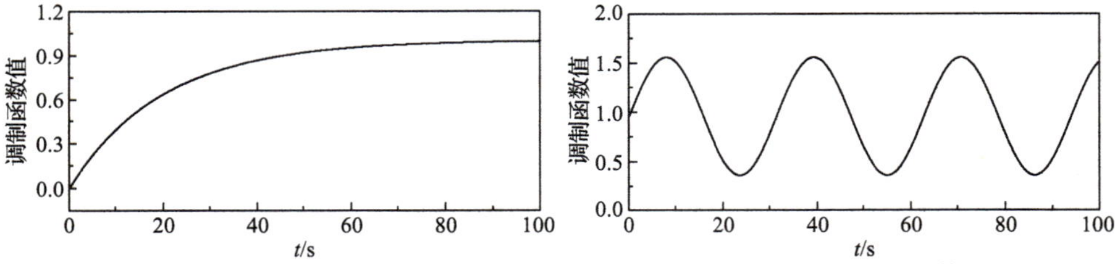

(a) 第一种调制函数　　(b) 第二种调制函数

图 5.2.11　数值仿真中使用的调制函数

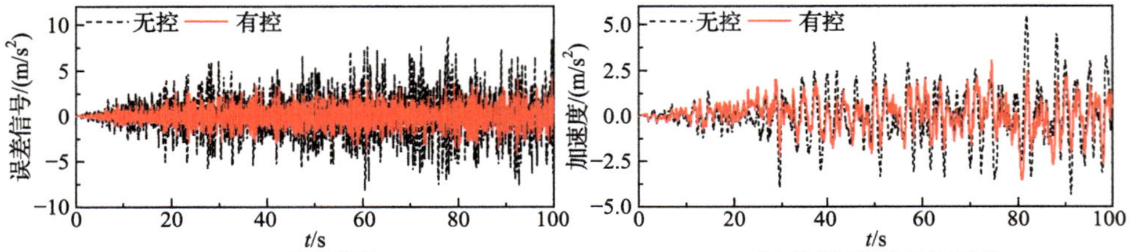

(a) 误差信号　　(b) 结点9572处的加速度

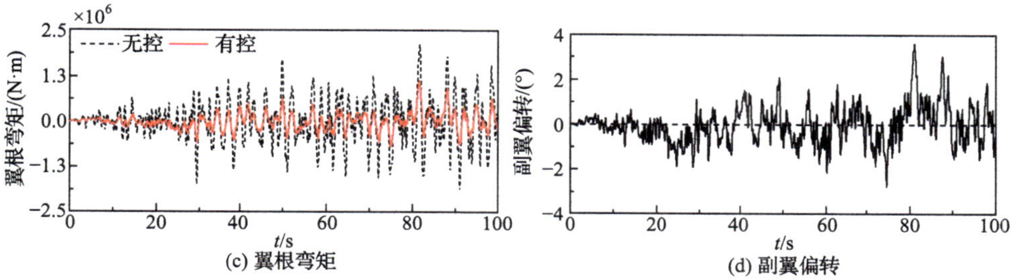

图 5.2.12　第一种非平稳突风作用下有控和无控系统的动态响应

示了取 $\zeta=0.6$ ，$\omega=0.2$ rad/s 时的调制函数 $g(t)$ 。仿真结果如图 5.2.13 所示，控制器取得了与第一种情况同样好的效果，翼根弯矩得到了有效减缓。

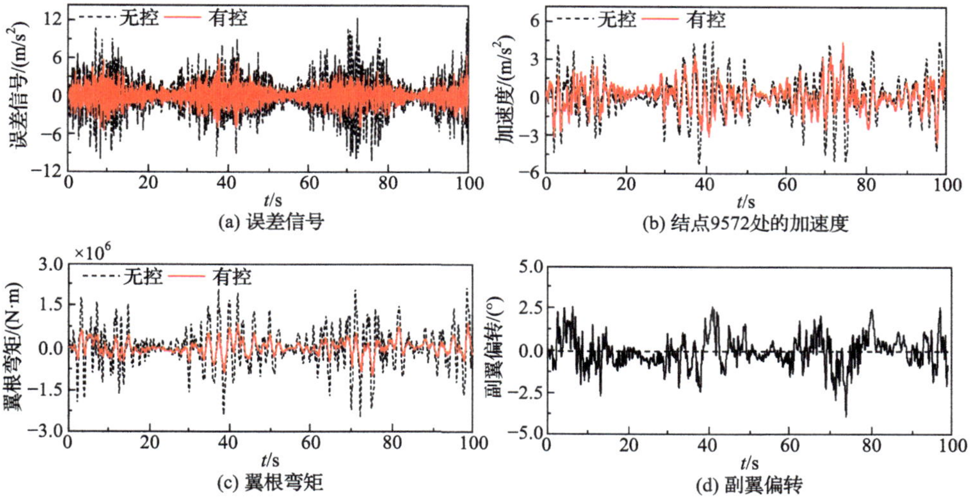

图 5.2.13　第二种非平稳突风作用下有控和无控系统的动态响应

4. 考虑控制面偏转运动约束情形

前面给出的自适应前馈控制算法没有考虑控制面偏转角度和偏转角速率的限制。实际上，由于作动器功率有限，实际的控制面偏转角度和偏转角速度都有一定的限制。因此在突风载荷减缓控制中，进一步考虑控制面偏转运动的限制具有实际意义。这意味着控制实施时，加入对控制面偏转角度和偏转角速度的限制。

可在 FIR 控制器权更新策略上进行改进，从而计入控制面偏转的限制。假设控制面偏转角度 $\delta_{\mathrm{c}}(t)$ 和偏转速率 $\dot{\delta}_{\mathrm{c}}(t)$ 有如下限制

$$\begin{cases}\delta_{\mathrm{c\,min}} \leqslant \delta_{\mathrm{c}}(t) \leqslant \delta_{\mathrm{c\,max}} \\ \rho_{\mathrm{c\,min}} \leqslant \dot{\delta}_{\mathrm{c}}(t) \leqslant \rho_{\mathrm{c\,max}}\end{cases} \tag{5.2.4}$$

式中，$\delta_{\mathrm{c\,min}}$、$\delta_{\mathrm{c\,max}}$ 分别为控制面偏转角度的下限和上限值，为常数；$\rho_{\mathrm{c\,min}}$、$\rho_{\mathrm{c\,max}}$

分别为偏转角速率的下限和上限值，为常数。

设采样间隔为T，则根据时间导数的定义，式(5.2.4)的约束转化为如下约束

$$\underline{\delta}_{c}(t) \leqslant \delta_{c}(t) \leqslant \overline{\delta}_{c}(t) \tag{5.2.5}$$

式中

$$\begin{cases} \underline{\delta}_{c}(t) = \max\{\delta_{c\min}, \delta_{c}(t-T) + T\rho_{c\min}\} \\ \overline{\delta}_{c}(t) = \min\{\delta_{c\max}, \delta_{c}(t-T) + T\rho_{c\max}\} \end{cases} \tag{5.2.6}$$

设控制器输出，即控制面偏转指令为 $u_{a}(n)$，则 FIR 滤波器的权可按如下规则进行更新。

(1) 如果$u_{a}(n) > \overline{\delta}_{c}(n)$，则

$$\begin{cases} \boldsymbol{h}(n+1) = \boldsymbol{h}(n+1)\dfrac{\overline{\delta}_{c}(n)}{u_{a}(n)} \\ u_{a}(n) = u_{a}(n)\dfrac{\overline{\delta}_{c}(n)}{u_{a}(n)} = \overline{\delta}_{c}(n) \end{cases} \tag{5.2.7}$$

(2) 如果$u_{a}(n) < \underline{\delta}_{c}(n)$，则

$$\begin{cases} \boldsymbol{h}(n+1) = \boldsymbol{h}(n+1)\dfrac{\underline{\delta}_{c}(n)}{u_{a}(n)} \\ u_{a}(n) = u_{a}(n)\dfrac{\underline{\delta}_{c}(n)}{u_{a}(n)} = \underline{\delta}_{c}(n) \end{cases} \tag{5.2.8}$$

以上两式通过对$\boldsymbol{h}(n+1)$进行缩放，确保下一时刻在范围内；通过对控制面偏转指令$u_{a}(n)$缩放，确保控制器当前输出在范围内，具体仿真结果可参见文献[17]。

5.3 本章小结

本章基于对突风扰动的直接测量开发了一种自适应前馈控制器，来减缓四发大型运输机的突风响应和内载荷。为了解决 LMS 算法的系数漂移和 LLMS 算法的有偏估计问题，采用 CLLMS 算法来实时更新自适应 FIR 滤波器的系数。仿真结果表明，基于 CLLMS 的突风载荷减缓系统能够在 Dryden 突风环境中有效降低翼根弯矩的 RMS 值，以及在离散突风环境中降低翼根弯矩最大值。此外，控制器还表现出对非平稳突风的适应性和对不精确测量参考信号的鲁棒性。

目前，使用电传操纵的大型运输机通常配有先进的飞控系统，具备实施主动突风减缓的所有必要条件。突风载荷减缓的初期效果评估可在不考虑其他内部控制回路的情况下进行。而实际应用中，基于反馈控制的突风减缓系统会与已有飞控系统相互影响，控制设计和闭环性能评估将变得复杂。本章的前馈控制系统不

存在与其他控制回路耦合的情况，因此控制器输出可以简单地叠加到飞控系统的输出信号上，避免了控制系统的反复验证和迭代设计。另外，本章给出的方法还可方便地扩展到多操纵面突风载荷减缓控制中。

参考文献

[1] 曾宪昂，赵冬强，李俊杰,等. 弹性机翼阵风减缓控制策略风洞试验. 航空学报, 2023, 44(4): 226869.

[2] 周宜涛，杨阳，吴志刚，等. 大展弦比无人机平台的阵风减缓飞行试验. 航空学报,2022, 43(6): 319-330.

[3] Dillsaver M J, Cesnik C E S, Kolmanovsky I V. Gust load alleviation control for very flexible aircraft. AIAA 2011-6368, 2011.

[4] Aouf N, Boulet B, Botez R M. Robust gust load alleviation for a flexible aircraft. Canadian Aeronautics and Space Journal, 2000, 46(3): 131-139.

[5] Wildschek A. An adaptive feed-forward controller for active wing bending vibration alleviation on large transport aircraft. Hamburg: Hamburg University of Technology, 2009.

[6] Sleeper R K. Spanwise measurements of vertical components of atmospheric turbulence. NASA-TP-2963, 1990.

[7] Schmitt N P, Rehm W, Pistner T, et al. The AWIATOR airborne LIDAR turbulence sensor. Aerospace Science and Technology, 2007, 11(7): 546-552.

[8] Hansen C H, Snyder S D. Active Control of Noise and Vibration. Taylor & Francis Group, 2012.

[9] Mayyas K, Aboulnasr T. Leaky LMS algorithm: MSE analysis for Gaussian data. IEEE Transactions on Signal Processing, 1997, 45(4): 927-934.

[10] Tobias O J, Seara R. Leaky delayed LMS algorithm: stochastic analysis for Gaussian data and delay modeling error. IEEE Transactions on Signal Processing, 2004, 52(6): 1596-1606.

[11] Nascimento V H, Sayed A H. Unbiased and stable leakage-based adaptive filters. IEEE Transactions on Signal Processing, 1999, 47(12): 3261-3276.

[12] Wildschek A, Hanis T, Stroscher F. L_∞ Optimal feedforward gust load alleviation design for a large blended wing body airliner. Progress in Flight Dynamics, Guidance, Navigation, Control, Fault Detection, and Avionics, 2013, 6: 707-728.

[13] Mayyas K, Aboulnasr T. Leaky LMS algorithm: MSE analysis for Gaussian data. IEEE Transactions on Signal Processing, 1997, 45(4): 927-934.

[14] Nascimento V H, Sayed A H. Unbiased and stable leakage-based adaptive filters. IEEE Transactions on Signal Processing, 1999, 47(12): 3261-3276.

[15] Zhao Y H, Yue C Y, Hu H Y. Gust load alleviation on a large transport airplane. Journal of Aircraft, 2016, 53(6): 1932-1946.

[16] Verdon J M, Steiner R. Response of a rigid aircraft to nonstationary atmospheric turbulence. AIAA Journal, 1973, 11(8): 1086-1092.

[17] Zhang L Q, Zhao Y H. Adaptive feed-forward control for gust load alleviation on a flying-wing model using multiple control surfaces. Aerospace, 2023, 10(12): 981.

第 6 章　基于等效输入扰动的突风载荷减缓控制

突风载荷减缓在控制工程中可看作扰动抑制问题。但现实问题是：是否具有测量扰动的硬件设备？如果扰动可测量且拥有扰动测量硬件设备，那么就可以设计前馈控制律去抵消扰动的影响。然而，现实问题是：飞机通常没有装备直接测量突风的特殊传感器(如 alpha 传感器[1-3]和 LIDAR 传感器[4,5])。如果能在缺少突风测量设备的前提下又能获得突风扰动信息，无疑对提高扰动抑制系统的性能十分有利。

在缺少突风测量设备的前提下，基于扰动观测器的控制方法[6]为突风减缓提供了另一种可能的解决方案。其核心思想是构造观测器估计被控系统中的扰动，设计前馈控制律进行主动补偿，以提升控制系统的抗扰动性能。许多学者独立提出了各种观测器，比如扰动观测器(DOB)[7]、扩张状态观测器(ESO)[8]、未知输入观测器(UIO)[9]等。尽管这些方法已广泛应用于许多领域，但很少有研究将抗扰动控制引入气动弹性系统的突风减缓。这主要是因为一般的抗扰动方法仅适用于扰动输入与控制输入在相同通道的简单系统，即需要满足匹配条件[10]。

等效输入扰动(equivalent-input-disturbance，EID)方法给出了一种新的抗扰动控制框架。She 等[11]创造性地提出，从控制输入通道去估计虚拟的 EID 而不是实际扰动，能够极大降低扰动补偿的难度。无论实际扰动是否满足匹配条件，直接补偿 EID 都可以提升控制系统的抗扰动性能。EID 方法的基本思想是：首先利用状态观测器的输出误差构造出扰动的最小二乘估计，随后引入一个低通滤波器滤出欲补偿的扰动。根据预期的扰动带宽和作动器的控制带宽，观测器增益和滤波器参数可以定量设计。

目前，EID 方法在振动主动控制领域已有少量应用[12,13]，但尚未见到在气动弹性主动控制中的应用。2023 年，笔者针对传统 EID 方法的不足给出了详细的改进方案，并首次将改进的 EID 方法应用到飞行器突风载荷减缓控制中，取得了很好的控制效果[14]。

本章基于 EID 方法设计了 ASE 系统的抗扰动控制器，旨在减缓突风引起的结构振动和内载荷。在测量信号为加速度的情况下，常规的设计方法会导致扰动估计带宽受限，进而使控制器在低频范围的抗扰动性能下降。为此本章提出了一种新的低通滤波器设计方法，并结合观测器增益给出了滤波器参数的整定算法，能够保证扰动估计带宽和控制系统稳定性。基于上述算法设计的控制器仅由指定的带宽参数确定，因此很容易推广到变体飞行器中，进而得到参数化的控制器。本章详细给出了改进的 EID 方法的理论公式，详细展示了控制系统的设计流程，并与常规设计方法进行比较。然后，将改进的 EID 方法应用到折叠翼参变系统的突风载荷减缓控制中。最后，给出了 EID 方法在飞翼突风载荷减缓中的应用算例。仿真结果表明：改进的 EID 方法对参数固定和参变气动弹性系统均具有很好的突风载荷减缓效果。

6.1　基于 EID 的气动弹性控制系统的基本理论框架

6.1.1　控制面偏转和突风扰动联合激励下的 ASE 模型

飞行器 ASE 详细的建模方法已经在前面章节中给出，为完备起见，这里只给出 ASE 建模的主要框架。理论公式中，有的物理量的符号有所改变，以适应 EID 框架。

结构模态坐标系下，控制面偏转和突风扰动联合激励下的气动弹性方程可写为如下形式

$$\boldsymbol{M}_{\text{ss}}\ddot{\boldsymbol{q}}_{\text{s}} + \boldsymbol{D}_{\text{ss}}\dot{\boldsymbol{q}}_{\text{s}} + \boldsymbol{K}_{\text{ss}}\boldsymbol{q}_{\text{s}} = -\boldsymbol{M}_{\text{sc}}\ddot{\boldsymbol{\delta}}_{\text{c}} + q_\infty\boldsymbol{Q}_{\text{ss}}\boldsymbol{q}_{\text{s}} + q_\infty\boldsymbol{Q}_{\text{sc}}\boldsymbol{\delta}_{\text{c}} + q_\infty\boldsymbol{Q}_{\text{sg}}\frac{w_{\text{g}}}{U_\infty} \tag{6.1.1}$$

式中，$\boldsymbol{q}_{\text{s}} \in \mathbb{R}^q$ 为结构广义位移，$\boldsymbol{\delta}_{\text{c}} \in \mathbb{R}^m$ 为控制面的实际偏转角，w_{g} 为突风速度。利用 RFA 技术可将频域 GAF 矩阵 $\boldsymbol{Q}_{\text{ss}}$、$\boldsymbol{Q}_{\text{sc}}$ 和 $\boldsymbol{Q}_{\text{sg}}$ 转换至时域，随后得到状态空间形式的气动弹性方程

$$\dot{\boldsymbol{x}}_{\text{ae}} = \boldsymbol{A}_{\text{ae}}\boldsymbol{x}_{\text{ae}} + \boldsymbol{B}_{\text{ae}}\boldsymbol{\delta}_{\text{ae}} + \boldsymbol{B}_{\text{aw}}\boldsymbol{d}_{\text{w}} \tag{6.1.2}$$

式中，$\boldsymbol{A}_{\text{ae}}$、$\boldsymbol{B}_{\text{ae}}$ 和 $\boldsymbol{B}_{\text{aw}}$ 均为常矩阵，其阶数与以下相关变量匹配

$$\boldsymbol{x}_{\text{ae}} = \begin{Bmatrix} \boldsymbol{\xi} \\ \dot{\boldsymbol{\xi}} \\ \boldsymbol{x}_{\text{a}} \end{Bmatrix},\quad \boldsymbol{\delta}_{\text{ae}} = \begin{Bmatrix} \boldsymbol{\delta}_{\text{c}} \\ \dot{\boldsymbol{\delta}}_{\text{c}} \\ \ddot{\boldsymbol{\delta}}_{\text{c}} \end{Bmatrix},\quad \boldsymbol{d}_{\text{w}} = \begin{Bmatrix} w_{\text{g}} \\ \dot{w}_{\text{g}} \end{Bmatrix} \tag{6.1.3}$$

式中，$\boldsymbol{x}_{\text{a}} \in \mathbb{R}^l$ 为 RFA 引入的空气动力状态变量，$\boldsymbol{d}_{\text{w}}$ 为突风扰动向量。

考虑控制面由伺服作动器驱动，作动器的动态模型应并入状态空间方程以提升控制系统的可靠性。每个控制面由独立的作动器驱动，通常使用以下二阶传递函数

$$\frac{\delta_{\text{c}i}(s)}{u_i(s)} = \frac{\omega_{\text{c}i}^2}{s^2 + 2\zeta_{\text{c}i}\omega_{\text{c}i}s + \omega_{\text{c}i}^2},\quad i = 1, 2, \cdots, m \tag{6.1.4}$$

或三阶传递函数

$$\frac{\delta_{ci}(s)}{u_i(s)}=\frac{a_{0i}}{s^3+a_{2i}s^2+a_{1i}s+a_{0i}}\ , \quad i=1,2,\cdots,m \tag{6.1.5}$$

来建立单个控制面的指令偏转$u_i=[\boldsymbol{u}]_i$与实际偏转角$\delta_{ci}=[\boldsymbol{\delta}_c]_i$之间的传递关系。根据式(6.1.4)或式(6.1.5)，将所有控制面的作动器模型统一写为如下状态空间形式

$$\dot{\boldsymbol{x}}_{ac}=\boldsymbol{A}_{ac}\boldsymbol{x}_{ac}+\boldsymbol{B}_{ac}\boldsymbol{u} \tag{6.1.6}$$

$$\boldsymbol{\delta}_{ae}=\boldsymbol{C}_{ac}\boldsymbol{x}_{ac}+\boldsymbol{D}_{ac}\boldsymbol{u} \tag{6.1.7}$$

结合式(6.1.2)、式(6.1.6)和式(6.1.7)，得到 ASE 系统的状态空间方程为

$$\begin{Bmatrix}\dot{\boldsymbol{x}}_{ae}\\ \dot{\boldsymbol{x}}_{ac}\end{Bmatrix}=\begin{bmatrix}\boldsymbol{A}_{ae} & \boldsymbol{B}_{ae}\boldsymbol{C}_{ac}\\ \boldsymbol{0} & \boldsymbol{A}_{ac}\end{bmatrix}\begin{Bmatrix}\boldsymbol{x}_{ae}\\ \boldsymbol{x}_{ac}\end{Bmatrix}+\begin{bmatrix}\boldsymbol{B}_{ae}\boldsymbol{D}_{ac}\\ \boldsymbol{B}_{ac}\end{bmatrix}\boldsymbol{u}+\begin{bmatrix}\boldsymbol{B}_{aw}\\ \boldsymbol{0}\end{bmatrix}\boldsymbol{d}_w \tag{6.1.8}$$

最后，补充关于式(6.1.8)的输出方程，则完整的 ASE 系统方程可写为如下形式

$$\dot{\boldsymbol{x}}=\boldsymbol{A}\boldsymbol{x}+\boldsymbol{B}\boldsymbol{u}+\boldsymbol{B}_w\boldsymbol{d}_w \tag{6.1.9}$$

$$\boldsymbol{y}=\boldsymbol{C}\boldsymbol{x}+\boldsymbol{D}\boldsymbol{u}+\boldsymbol{D}_w\boldsymbol{d}_w \tag{6.1.10}$$

式中，状态变量$\boldsymbol{x}\in\mathbb{R}^n$包含模态位移、模态速度以及气动力和作动器的状态变量；$\boldsymbol{u}\in\mathbb{R}^m$为控制输入；$\boldsymbol{y}\in\mathbb{R}^v$为测量输出 (提供给控制器，比如监测点加速度) 或控制输出 (用于评估控制效果，比如结构内载荷)。注意直接传输矩阵$\boldsymbol{D}$仅在一种情况下非零，即采用二阶作动器模型且输出加速度信号时。为了不失一般性，系统方程式(6.1.10)中保留$\boldsymbol{D}$矩阵。

6.1.2 基于 EID 的抗扰动控制

工程中常用标准突风模型来生成扰动$\boldsymbol{d}_w$，这些理想化的标准模型可用于气动布局设计、结构强度分析以及飞行品质评估。然而对于气动弹性控制设计来说，实际飞行中面对的突风扰动复杂多变，控制器不应只针对特定的扰动而设计。EID 方法提供了一套有前景的抗扰动控制框架，它不需要扰动的内部模型或先验信息，而是从控制输入通道去估计和补偿所谓的等效输入扰动，以期在原有飞控系统的基础上进一步提升抗扰动性能。

基于 EID 的 ASE 控制系统框架如图 6.1.1 所示。控制系统包含四个部分：被控对象、状态观测器、状态反馈控制器以及 EID 估计器。注意到控制输入$\boldsymbol{u}$与突风扰动$\boldsymbol{d}_w$从不同的通道进入系统，尽管$\boldsymbol{d}_w$可估计，但这种非匹配扰动无法通过$\boldsymbol{u}$来直接补偿。She 等[11]提出了 EID 的概念并说明：“如果开环系统能控能观，并且在虚轴上无零点，那么总是存在一个系统输入端的等效扰动$\boldsymbol{d}_e\in\mathbb{R}^m$，其对系统输出的影响与$\boldsymbol{d}_w$相同。”这样，扰动观测和补偿的对象可替换成 EID，即$\boldsymbol{d}_e$。式(6.1.9)和式(6.1.10)中的系统方程重写为如下形式

$$\dot{\boldsymbol{x}} = \boldsymbol{A}\boldsymbol{x} + \boldsymbol{B}(\boldsymbol{u} + \boldsymbol{d}_{\mathrm{e}}) \tag{6.1.11}$$

$$\boldsymbol{y} = \boldsymbol{C}\boldsymbol{x} + \boldsymbol{D}(\boldsymbol{u} + \boldsymbol{d}_{\mathrm{e}}) \tag{6.1.12}$$

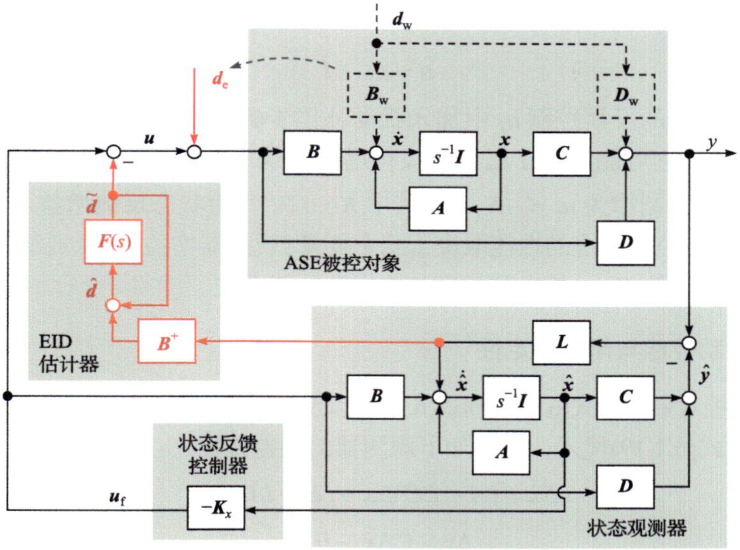

图 6.1.1　基于 EID 的 ASE 控制系统框图

利用稳定逆方法[15]可以准确计算 $\boldsymbol{d}_{\mathrm{e}}$，然而求逆运算是非因果的，无法在线进行。实际上，通过观测器很容易获取 EID 的估计值。针对式(6.1.11)和式(6.1.12)给出的系统，构造如下 Luenberger 状态观测器

$$\dot{\hat{\boldsymbol{x}}} = \boldsymbol{A}\hat{\boldsymbol{x}} + \boldsymbol{B}\boldsymbol{u}_{\mathrm{f}} + \boldsymbol{L}(\boldsymbol{y} - \hat{\boldsymbol{y}}) \tag{6.1.13}$$

$$\hat{\boldsymbol{y}} = \boldsymbol{C}\hat{\boldsymbol{x}} + \boldsymbol{D}\boldsymbol{u}_{\mathrm{f}} \tag{6.1.14}$$

式中，$\boldsymbol{L} \in \mathbb{R}^{n\times v}$ 为观测器增益，$\boldsymbol{u}_{\mathrm{f}} \in \mathbb{R}^{m}$ 为反馈控制的输入，同时也是观测器的输入。系统的实际输入 $\boldsymbol{u} + \boldsymbol{d}_{\mathrm{e}}$ 与观测器输入 $\boldsymbol{u}_{\mathrm{f}}$ 之间的误差可看作观测器的扰动，式(6.1.13)的最后一项反映了这种扰动的影响。EID 的估值由最小二乘解给出为

$$\hat{\boldsymbol{d}} = \boldsymbol{B}^{+}\boldsymbol{L}(\boldsymbol{y} - \hat{\boldsymbol{y}}) + \boldsymbol{u}_{\mathrm{f}} - \boldsymbol{u} \tag{6.1.15}$$

式中，$\boldsymbol{B}^{+} = (\boldsymbol{B}^{\mathrm{T}}\boldsymbol{B})^{-1}\boldsymbol{B}^{\mathrm{T}} \in \mathbb{R}^{m\times n}$ 为矩阵 $\boldsymbol{B}$ 的 Moore-Penrose 广义逆。

引入一个低通滤波器对估值 $\hat{\boldsymbol{d}}$ 滤波，用来抵抗量测噪声并获得观测带宽内的扰动信号。EID 估计器最终输出滤波后的估计扰动，表示为

$$\tilde{\boldsymbol{d}} = \boldsymbol{F}(s)\hat{\boldsymbol{d}} \tag{6.1.16}$$

式中，传递矩阵 $\boldsymbol{F}(s) \in \mathbb{C}^{m\times m}$ 为对角阵形式。设低通滤波器的阶数为 r，则 $\boldsymbol{F}(s)$ 描述了一个 $m \times r$ 阶系统，其状态空间实现记为

$$\dot{\boldsymbol{x}}_{\mathrm{f}} = \boldsymbol{A}_{\mathrm{f}}\boldsymbol{x}_{\mathrm{f}} + \boldsymbol{B}_{\mathrm{f}}\hat{\boldsymbol{d}} \tag{6.1.17}$$

$$\tilde{\boldsymbol{d}} = \boldsymbol{C}_{\mathrm{f}}\boldsymbol{x}_{\mathrm{f}} \tag{6.1.18}$$

基于 EID 的抗扰动控制律为

$$\boldsymbol{u} = \boldsymbol{u}_{\mathrm{f}} - \tilde{\boldsymbol{d}} \tag{6.1.19}$$

其意图是在基本的反馈控制 $\boldsymbol{u}_{\mathrm{f}}$ 中加入扰动补偿步骤。$\boldsymbol{u}_{\mathrm{f}}$ 的设计不属于 EID 框架构造的一部分，它可能源自于已有的飞行增稳系统或主动气弹控制系统。图 6.1.1 中的状态反馈控制律为 $\boldsymbol{u}_{\mathrm{f}} = -\boldsymbol{K}_x\hat{\boldsymbol{x}}$，其中 $\boldsymbol{K}_x \in \mathbb{R}^{m\times n}$ 为状态反馈增益。

综上所述，控制系统的性能取决于三个要素：观测器增益 $\boldsymbol{L}$、低通滤波器 $\boldsymbol{F}(s)$ 以及状态反馈增益 $\boldsymbol{K}_x$，其中前两者与抗扰动性能有关。

6.1.3　抗扰动性能与闭环稳定性

结合被控对象方程式(6.1.11)和式(6.1.12)以及观测器方程式(6.1.13)和式(6.1.14)，再将控制律式(6.1.19)代入，得到如下观测器的误差方程

$$\Delta\dot{\boldsymbol{x}} = (\boldsymbol{A} - \boldsymbol{LC})\Delta\boldsymbol{x} + (\boldsymbol{B} - \boldsymbol{LD})\Delta\boldsymbol{d} \tag{6.1.20}$$

$$\Delta\boldsymbol{y} = \boldsymbol{C}\Delta\boldsymbol{x} + \boldsymbol{D}\Delta\boldsymbol{d} \tag{6.1.21}$$

式中，$\Delta\boldsymbol{x} = \boldsymbol{x} - \hat{\boldsymbol{x}}$、$\Delta\boldsymbol{y} = \boldsymbol{y} - \hat{\boldsymbol{y}}$、$\Delta\boldsymbol{d} = \boldsymbol{d}_{\mathrm{e}} - \tilde{\boldsymbol{d}}$ 分别为状态变量、测量输出以及 EID 的估计误差。利用以上记号，并考虑状态反馈增益 $\boldsymbol{K}_x$，被控对象方程可写为

$$\dot{\boldsymbol{x}} = (\boldsymbol{A} - \boldsymbol{BK}_x)\boldsymbol{x} + \boldsymbol{B}(\boldsymbol{K}_x\Delta\boldsymbol{x} + \Delta\boldsymbol{d}) \tag{6.1.22}$$

$$\boldsymbol{y} = (\boldsymbol{C} - \boldsymbol{DK}_x)\boldsymbol{x} + \boldsymbol{D}(\boldsymbol{K}_x\Delta\boldsymbol{x} + \Delta\boldsymbol{d}) \tag{6.1.23}$$

式(6.1.20)～式(6.1.23)表明，闭环系统稳定至少要求矩阵 $\boldsymbol{A} - \boldsymbol{LC}$ 和 $\boldsymbol{A} - \boldsymbol{BK}_x$ 是 Hurwitz 的，这是控制系统设计的常规要求。除此之外，只要保证 $\boldsymbol{d}_{\mathrm{e}}$ 到 $\Delta\boldsymbol{d}$ 的子系统稳定，则整个闭环系统稳定(考虑 $\boldsymbol{d}_{\mathrm{e}}$ 是唯一外源输入，且式(6.1.20)～式(6.1.23)描述了两个串联子系统的等效系统结构)。接下来重点分析从 $\boldsymbol{d}_{\mathrm{e}}$ 到 $\tilde{\boldsymbol{d}}$ 的子系统，能够同时对控制系统的稳定性和抗扰动性能进行评估。根据式(6.1.15)、式(6.1.20)和式(6.1.21)推出以下扰动传递关系

$$\hat{\boldsymbol{d}} = \boldsymbol{G}_{\mathrm{L}}(s)\tilde{\boldsymbol{d}} + \boldsymbol{G}_{\mathrm{O}}(s)\boldsymbol{d}_{\mathrm{e}} \tag{6.1.24}$$

式中，$\boldsymbol{G}_{\mathrm{L}}(s) = \boldsymbol{I} - \boldsymbol{G}_{\mathrm{O}}(s)$，而 $\boldsymbol{G}_{\mathrm{O}}(s)$ 定义为

$$\boldsymbol{G}_{\mathrm{O}}(s) = \boldsymbol{B}^{+}\boldsymbol{L}\left(\boldsymbol{C}(s\boldsymbol{I} - \boldsymbol{A} + \boldsymbol{LC})^{-1}(\boldsymbol{B} - \boldsymbol{LD}) + \boldsymbol{D}\right) \tag{6.1.25}$$

矩阵 $\boldsymbol{A} - \boldsymbol{LC}$ 稳定的前提下，$\boldsymbol{G}_{\mathrm{L}}(s)$ 和 $\boldsymbol{G}_{\mathrm{O}}(s)$ 均为稳定系统。结合式(6.1.16)和式(6.1.24)可知，扰动估计环节的稳定性在于 $\boldsymbol{F}(s)$ 和 $\boldsymbol{G}_{\mathrm{L}}(s)$ 构成的反馈系统，如图 6.1.2(a)所示。根据小增益定理，得到如下稳定性条件

$$\left\|\boldsymbol{G}_{\mathrm{L}}(s)\boldsymbol{F}(s)\right\|_{\infty}<1 \tag{6.1.26}$$

式中，$\|\ \|_{\infty}$ 表示系统的 H_{∞} 范数。

图 6.1.2(a)可变换为图 6.1.2 (b)中的等效结构，扰动估计环节表示为回路传递矩阵 $\boldsymbol{G}_{\mathrm{F}}(s)\boldsymbol{G}_{\mathrm{O}}(s)$ 的负反馈，其中

$$\boldsymbol{G}_{\mathrm{F}}(s)=\left(\boldsymbol{I}-\boldsymbol{F}(s)\right)^{-1}\boldsymbol{F}(s) \tag{6.1.27}$$

实际上是 EID 估计器的一部分。因此，从 $\boldsymbol{d}_{\mathrm{e}}$ 到 $\tilde{\boldsymbol{d}}$ 的传递矩阵可写为

$$\boldsymbol{T}_{\mathrm{d}}(s)=\left(\boldsymbol{I}+\boldsymbol{G}_{\mathrm{F}}(s)\boldsymbol{G}_{\mathrm{O}}(s)\right)^{-1}\boldsymbol{G}_{\mathrm{F}}(s)\boldsymbol{G}_{\mathrm{O}}(s) \tag{6.1.28}$$

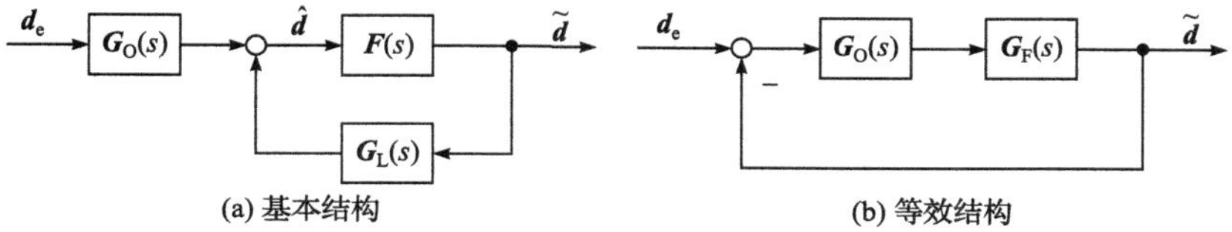

图 6.1.2　从 $\boldsymbol{d}_{\mathrm{e}}$ 到 $\tilde{\boldsymbol{d}}$ 的扰动估计传递关系

良好的扰动估计要求 $\boldsymbol{T}_{\mathrm{d}}(s)$ 尽可能接近于单位阵，尤其是在扰动集中的低频率范围。$\boldsymbol{T}_{\mathrm{d}}(s)$ 的两个组成要素，$\boldsymbol{G}_{\mathrm{O}}(s)$ 和 $\boldsymbol{G}_{\mathrm{F}}(s)$，分别与观测器增益 $\boldsymbol{L}$ 和低通滤波器 $\boldsymbol{F}(s)$ 有关。这使得我们能够从两个方面相继调节控制系统的抗扰动性能，以达到预期效果。

最后，还应检查 $\boldsymbol{T}_{\mathrm{d}}(s)$ 的稳定性。式(6.1.26)给出的稳定性条件是一个偏保守的充分条件。下面将论证，某些情况下低通滤波器的设计可能会为了满足稳定性要求而降低扰动估计性能。作者给出了一种新的设计方法来解决此问题。

6.2　一种新的 EID 控制系统设计算法

6.2.1　完美观测中存在的问题

在 EID 方法中，完美观测的概念常用于设计观测器增益 $\boldsymbol{L}$，从而使系统 $\boldsymbol{G}_{\mathrm{O}}(s)$ 具备基础的观测带宽。构造由标量 ρ 参数化的观测器增益如下

$$\boldsymbol{L}(\rho)=(\boldsymbol{SC}^{\mathrm{T}}+\boldsymbol{BD}^{\mathrm{T}})(\rho^{2}\boldsymbol{I}+\boldsymbol{DD}^{\mathrm{T}})^{-1} \tag{6.2.1}$$

式中，$\boldsymbol{S}\in\mathbb{R}^{n\times n}$ 为以下代数 Riccati 方程的唯一半正定解

$$\boldsymbol{AS}+\boldsymbol{SA}^{\mathrm{T}}-(\boldsymbol{SC}^{\mathrm{T}}+\boldsymbol{BD}^{\mathrm{T}})(\rho^{2}\boldsymbol{I}+\boldsymbol{DD}^{\mathrm{T}})^{-1}(\boldsymbol{CS}+\boldsymbol{DB}^{\mathrm{T}})+\boldsymbol{BB}^{\mathrm{T}}=\boldsymbol{0} \tag{6.2.2}$$

较小的 ρ 值对应较大的观测器增益。极限情况下，使用式(6.2.1)的观测器增益可获得对系统的完美观测，满足[16]

$$\lim_{\rho \to 0} (s\boldsymbol{I} - \boldsymbol{A} + \boldsymbol{LC})^{-1}(\boldsymbol{B} - \boldsymbol{LD}) = \boldsymbol{0} \tag{6.2.3}$$

注意到式(6.1.25)可改写为如下形式

$$\boldsymbol{G}_{\mathrm{O}}(s) = \boldsymbol{I} - \boldsymbol{B}^{+}(s\boldsymbol{I} - \boldsymbol{A})(s\boldsymbol{I} - \boldsymbol{A} + \boldsymbol{LC})^{-1}(\boldsymbol{B} - \boldsymbol{LD}) \tag{6.2.4}$$

因此传递矩阵 $\boldsymbol{G}_{\mathrm{O}}(s)$ 也有以下性质

$$\lim_{\rho \to 0} \boldsymbol{G}_{\mathrm{O}}(s) = \boldsymbol{I} \tag{6.2.5}$$

上式意味着理论上仅靠状态观测器便可获得准确的扰动估计，即 $\hat{\boldsymbol{d}} = \boldsymbol{d}_{\mathrm{e}}$。EID 估计器的输出相应地为 $\tilde{\boldsymbol{d}} = \boldsymbol{F}(s)\boldsymbol{d}_{\mathrm{e}}$，说明调节低通滤波器能够得到任意期望带宽内的扰动。式(6.1.26)中的稳定性条件也自然满足。然而 ρ 通常不能取到 0，一方面是因为在矩阵 $\boldsymbol{DD}^{\mathrm{T}}$ 半正定时避免 Riccati 方程求解奇异；另一方面是因为过小的 ρ 容易放大量测噪声。实践中的常规设计方案是选择一个合适的 $\rho > 0$，在规定的观测带宽内近似满足 $\boldsymbol{G}_{\mathrm{O}}(s) \approx \boldsymbol{I}$，只需做到低频范围的"完美观测"。

振动主动控制领域中，加速度信号是最方便获得的测量输出。遗憾的是，当 ASE 系统仅输出加速度响应时，$\boldsymbol{G}_{\mathrm{O}}(s) \approx \boldsymbol{I}$ 并不在低频范围内始终满足。这个特点是基于加速度传递函数的直流增益为零的事实，或者说 s^2 主导了传递函数的零频响应。接下来将进一步阐述，缺少零频率附近的扰动估值不仅影响观测带宽，还会降低扰动观测的幅值。

首先，发现式(6.1.25)还可以改写为如下等效表达

$$\boldsymbol{G}_{\mathrm{O}}(s) = \boldsymbol{B}^{+}\boldsymbol{L}\underbrace{\left(\boldsymbol{I} - \boldsymbol{C}(s\boldsymbol{I} - \boldsymbol{A} + \boldsymbol{LC})^{-1}\boldsymbol{L}\right)}_{\boldsymbol{G}_{\mathrm{Y}}(s)}\underbrace{\left(\boldsymbol{C}(s\boldsymbol{I} - \boldsymbol{A})^{-1}\boldsymbol{B} + \boldsymbol{D}\right)}_{\boldsymbol{G}_{\mathrm{P}}(s)} \tag{6.2.6}$$

式中，$\boldsymbol{G}_{\mathrm{Y}}(s)$ 是测量输出 $\boldsymbol{y}$ 到估计误差 $\Delta\boldsymbol{y}$ 的传递矩阵，$\boldsymbol{G}_{\mathrm{P}}(s)$ 是被控对象的传递矩阵。随后考虑 $\boldsymbol{y}$ 为加速度信号的情况。在 $s \to 0$ 且 $\rho \neq 0$ 时，$\boldsymbol{G}_{\mathrm{Y}}(s)$ 趋近于常值；而 $\boldsymbol{G}_{\mathrm{P}}(s)$ 与 ρ 无关，在 $s \to 0$ 时，$\boldsymbol{G}_{\mathrm{P}}(s) \sim s^2$，即 $\boldsymbol{G}_{\mathrm{P}}(s)$ 与 s^2 以相同的趋势趋近于零。由此可以推断：无论观测器增益如何设计，在零频率附近，$\boldsymbol{G}_{\mathrm{O}}(s)$ 都与 s^2 同速地趋近于零。

以上讨论揭示了基于完美观测的式(6.2.5)在实际应用中的不精确之处。实际上，与单位阵相比，ρ 足够小时，$\boldsymbol{G}_{\mathrm{O}}(s)$ 可能更加接近于一个高通滤波器(只是截止频率非常低)。这种情况下，设计常规的低通滤波器既不能补偿缺失的观测带宽，还容易违反式(6.1.26)中的稳定性条件。以单输入单输出(SISO)系统为例，假设 $G_{\mathrm{O}}(s)$ 不再近似为 1 而是呈现二阶高通滤波器的特征，即

$$G_{\mathrm{O}}(s) \approx 1 \Rightarrow G_{\mathrm{O}}(s) \approx \frac{s^2}{(s + \omega_{\mathrm{o}})^2} \tag{6.2.7}$$

式中，$\omega_{\mathrm{o}} > 0$ 是小数值但不为零。可以发现，虽然 $\left\| G_{\mathrm{O}}(s) \right\|_{\infty} = 1$ 但是相关的

$\|G_{\mathrm{L}}(s)\|_{\infty}>1$。随后按照常规设计方法，选取直流增益为 1 且截止频率为 $\omega_{\mathrm{c}} \gg \omega_{\mathrm{o}}$ 的 r 阶低通滤波器

$$F(s)=\left(\frac{\omega_{\mathrm{c}}}{s+\omega_{\mathrm{c}}}\right)^{r} \tag{6.2.8}$$

容易验证，在 $s \to 0$ 时回路传递函数 $G_{\mathrm{F}}(s)G_{\mathrm{O}}(s) \to 0$ ，因此扰动估计传递函数 $T_{\mathrm{d}}(s)$ 的零频响应始终为 0 (对任意阶数 r 均成立)。此外，由于 $\|F(s)\|_{\infty}=1$ ，因此式(6.1.26)中的稳定性条件也不满足。为了保证稳定性，低通滤波器可以乘以一个减缩系数而修改为如下形式

$$F'(s)=\frac{1}{\|G_{\mathrm{L}}(s)\|_{\infty}}F(s) \tag{6.2.9}$$

很明显这样做会降低扰动估计性能。

需要说明的是，推导式(6.2.3)需要被控对象 $(\boldsymbol{A},\boldsymbol{B},\boldsymbol{C},\boldsymbol{D})$ 为最小相位系统的条件。对于非最小相位系统，只能做到次完美观测[17]。这将导致观测器性能的限制，从而式(6.2.5)中的极限小于单位值。对于多输入多输出 (MIMO) 系统，容易通过改变传感器数量或位置的方式消除传输零点，使被控对象变为最小相位系统。

6.2.2　设计状态观测器和 EID 估计器

下面通过反推演的方式导出一种低通滤波器的设计方法，以解决上述扰动估计环节中存在的问题。我们直接给出扰动估计传递函数 $\boldsymbol{T}_{\mathrm{d}}(s)$ 的预期形式为

$$\boldsymbol{T}_{\mathrm{d}}(s)=\operatorname{diag}\begin{bmatrix}\cdots & \dfrac{\varepsilon\omega_{\mathrm{c}}}{s+\omega_{\mathrm{c}}} & \cdots\end{bmatrix} \in \mathbb{C}^{m\times m} \tag{6.2.10}$$

式中，$0<\varepsilon<1$ ，ω_{c} 为控制带宽。由式(6.1.28)可知，上式要求

$$\boldsymbol{G}_{\mathrm{F}}(s)\boldsymbol{G}_{\mathrm{O}}(s)=\operatorname{diag}\begin{bmatrix}\cdots & \dfrac{\varepsilon\omega_{\mathrm{c}}}{s+\omega_{\mathrm{c}}-\varepsilon\omega_{\mathrm{c}}} & \cdots\end{bmatrix} \tag{6.2.11}$$

观测器增益 $\boldsymbol{L}$ 通过求解 Riccati 方程得到，参照式(6.2.1)和式(6.2.2)。随后将 $\boldsymbol{G}_{\mathrm{O}}(s)$ 当作已知项代入式(6.2.11)，可进一步推出 $\boldsymbol{G}_{\mathrm{F}}(s)$ 以及 $\boldsymbol{F}(s)$ 的表达式。然而，直接使用精确表达式会导致低通滤波器的阶数过高。当 ρ 足够小时，$\boldsymbol{G}_{\mathrm{O}}(s)$ 总是趋近于简单的形式，尤其是在低频范围。因此可以使用简化表达式近似描述 $\boldsymbol{G}_{\mathrm{O}}(s)$ 的主要特征。基于加速度测量的扰动估计中，$\boldsymbol{G}_{\mathrm{O}}(s)$ 表现出高通特性，表示为

$$\boldsymbol{G}_{\mathrm{O}}(s)\approx\operatorname{diag}\begin{bmatrix}\cdots & \dfrac{k_i s^2}{(s+\omega_{\mathrm{c}}-\varepsilon\omega_{\mathrm{c}})(s+\omega_{\mathrm{o}i})} & \cdots\end{bmatrix},\quad s\in[0,\ \mathrm{j}\omega_{\mathrm{c}}] \tag{6.2.12}$$

式中，k_i 和 $\omega_{\mathrm{o}i}$ 为待确定的拟合参数，$i=1,2,\cdots,m$ 。

将式(6.2.12)代入式(6.2.11)得到 $\boldsymbol{G}_{\mathrm{F}}(s)$ ，最终导出如下改进的低通滤波器

$$\boldsymbol{F}(s)=\mathrm{diag}\left[\cdots \quad \frac{\varepsilon\omega_{\mathrm{c}}(s+\omega_{\mathrm{o}i})}{k_i(s+\tau)^2+\varepsilon\omega_{\mathrm{c}}(s+\omega_{\mathrm{o}i})} \quad \cdots\right] \tag{6.2.13}$$

式(6.2.13)中加入了一个很小的正容差 $\tau\approx 0$ ，目的是避免系统 $\boldsymbol{G}_{\mathrm{F}}(s)$ 中出现 0 值极点。引入 τ 提升了工程可行性，下面的分析中我们忽略 τ ，这不会改变分析结果。

式(6.2.13)中的低通滤波器是一个二阶系统，其自然频率和阻尼比分别为

$$\omega_{\mathrm{n}i}=\sqrt{\frac{\varepsilon\omega_{\mathrm{c}}\omega_{\mathrm{o}i}}{k_i}}\,,\quad \zeta_i=\frac{\omega_{\mathrm{n}i}}{2\omega_{\mathrm{o}i}}\,,\quad i=1,2,\cdots,m \tag{6.2.14}$$

这表明滤波器的稳定性容易通过 $\zeta_i>0$ 来保证。若设置 $\omega_{\mathrm{o}i}=0$ ，则式(6.2.13)退化为式(6.2.8)中截止频率为 $\varepsilon\omega_{\mathrm{c}}/k_i$ 的传统一阶低通滤波器。然而估计带宽以及稳定性要求使我们限制 $\omega_{\mathrm{o}i}\neq 0$ 。

注意到扰动估计环节的稳定性在式(6.2.10)中得到保证，前提是式(6.2.12)不出现较大误差。因此在选择滤波器参数时，一方面要考虑 $\boldsymbol{T}_{\mathrm{d}}(s)$ 的带宽，另一方面要让 $\boldsymbol{G}_{\mathrm{O}}(s)$ 的简化表达式尽量准确。本书给出以下算法用于整定式(6.2.13)中滤波器的参数。

(1) 设计观测器增益 $\boldsymbol{L}$ ，使 $\boldsymbol{G}_{\mathrm{O}}(s)$ 在两个给定的频率点 ω_1 和 ω_2 处满足如下带宽约束

$$\sigma_{\max}\left(\boldsymbol{G}_{\mathrm{O}}(\mathrm{j}\omega_1)\right)=\frac{1}{2}\,,\quad \left|G_{\mathrm{O}i}(\mathrm{j}\omega_2)\right|>\frac{\sqrt{2}}{2}\,,\quad i=1,2,\cdots,m \tag{6.2.15}$$

式中，$\sigma_{\max}$ 表示最大奇异值，$G_{\mathrm{O}i}=[\boldsymbol{G}_{\mathrm{O}}]_{i,i}$ 。ω_1 是一个接近零的频率，ω_2 是一个稍高的频率。

(2) 参数 $\omega_{\mathrm{o}i}$ 和 k_i 按照下式计算

$$\omega_{\mathrm{o}i}=\omega_1\sqrt{g_i^2-1}\,,\quad g_i=\frac{k_i}{\sqrt{2}\left|G_{\mathrm{O}i}(\mathrm{j}\omega_1)\right|}\,,\quad k_i=\left|G_{\mathrm{O}i}(\mathrm{j}\omega_2)\right|\,,\quad i=1,2,\cdots,m \tag{6.2.16}$$

式(6.2.15)中的约束确保了 $g_i>1$ 。实际多数情况下 k_i 接近于 1 且 $g_i>\sqrt{2}$ ，因此 $\omega_{\mathrm{o}i}$ 一般比 ω_1 稍大。

(3) 参数 ω_{c} 和 ε 设计为

$$\omega_{\mathrm{c}}=\omega_2\,,\quad \varepsilon=1-\omega_1/\omega_2 \tag{6.2.17}$$

可以验证，式(6.2.12)因此成为 $\boldsymbol{G}_{\mathrm{O}}(s)$ 的一个粗略近似。式(6.2.17)表明 ω_2 即控制带宽可先于 ω_1 确定，ω_1 越小对观测器增益 $\boldsymbol{L}$ 的要求越高（更小的 ρ），同时 $\boldsymbol{T}_{\mathrm{d}}(s)$ 的直流增益也更接近于单位值。

(4) 验证扰动估计环节的稳定性。将 $\boldsymbol{F}(s)$ 转化为式(6.1.17)和式(6.1.18)中的状

态空间实现，系统稳定等价于以下矩阵是 Hurwitz 的

$$\boldsymbol{A}_{\mathrm{EID}}=\begin{bmatrix}\boldsymbol{A}-\boldsymbol{LC} & (\boldsymbol{B}-\boldsymbol{LD})\boldsymbol{C}_{\mathrm{f}}\\ -\boldsymbol{B}_{\mathrm{f}}\boldsymbol{B}^{+}\boldsymbol{LC} & \boldsymbol{A}_{\mathrm{f}}+\boldsymbol{B}_{\mathrm{f}}(\boldsymbol{I}-\boldsymbol{B}^{+}\boldsymbol{LD})\boldsymbol{C}_{\mathrm{f}}\end{bmatrix} \tag{6.2.18}$$

当 ω_1 和 ω_2 的选择不合理导致 ρ 过大时，式(6.2.12)引入的误差可能使系统不稳定，这时应当重新评估 $\boldsymbol{G}_{\mathrm{O}}(s)$ 并给出合理的 ω_1 和 ω_2。

6.2.3　设计状态反馈控制器

状态反馈控制器在无外扰的情况下设计，起到增加系统阻尼或稳定性的作用。对于式(6.1.9)中的 ASE 系统，不考虑突风扰动 $\boldsymbol{d}_{\mathrm{w}}$，设计如下状态反馈控制律

$$\boldsymbol{u}=-\boldsymbol{K}_x\boldsymbol{x} \tag{6.2.19}$$

使用线性二次型调节器方法计算的状态反馈增益为

$$\boldsymbol{K}_x=\boldsymbol{R}^{-1}\boldsymbol{B}^{\mathrm{T}}\boldsymbol{P} \tag{6.2.20}$$

式中，$\boldsymbol{P}\in\mathbb{R}^{n\times n}$ 为以下代数 Riccati 方程的唯一半正定解

$$\boldsymbol{A}^{\mathrm{T}}\boldsymbol{P}+\boldsymbol{PA}-\boldsymbol{PBR}^{-1}\boldsymbol{B}^{\mathrm{T}}\boldsymbol{P}+\boldsymbol{Q}=\boldsymbol{0} \tag{6.2.21}$$

建议直接使用传感器所在位置的结构位移来构造状态权重矩阵 $\boldsymbol{Q}\geqslant 0$，表示为

$$\boldsymbol{Q}=\mathrm{blockdiag}(\boldsymbol{\Phi}_{\mathrm{o}}^{\mathrm{T}}\boldsymbol{\Phi}_{\mathrm{o}}\quad \boldsymbol{0})\in\mathbb{R}^{n\times n} \tag{6.2.22}$$

式中，$\boldsymbol{\Phi}_{\mathrm{o}}\in\mathbb{R}^{v\times q}$ 是结构模态到结点位移的转换矩阵，即 $\boldsymbol{y}_{\mathrm{disp}}=\boldsymbol{\Phi}_{\mathrm{o}}\boldsymbol{\xi}$。使用位移输出而不是加速度输出进行加权，有利于改善系统的低频响应特性。这样，只调节输入权重矩阵 $\boldsymbol{R}>0$ 即可确定状态反馈增益。

6.2.4　EID 方法的基本方程、控制器方程和闭环系统方程

为清晰起见，本小节对 EID 方法的基本方程、控制器方程和闭环系统方程进行如下总结。

1. EID 方法的基本方程

A. 被控系统

$$\dot{\boldsymbol{x}}=\boldsymbol{Ax}+\boldsymbol{B}(\boldsymbol{u}+\boldsymbol{d}_{\mathrm{e}}) \tag{6.2.23}$$

$$\boldsymbol{y}=\boldsymbol{Cx}+\boldsymbol{D}(\boldsymbol{u}+\boldsymbol{d}_{\mathrm{e}}) \tag{6.2.24}$$

式中，状态变量 $\boldsymbol{x}\in\mathbb{R}^n$，控制输入 $\boldsymbol{u}\in\mathbb{R}^m$，等效输入扰动 $\boldsymbol{d}_{\mathrm{e}}\in\mathbb{R}^m$，测量输出 $\boldsymbol{y}\in\mathbb{R}^v$。

B. 状态观测器

$$\dot{\hat{\boldsymbol{x}}} = \boldsymbol{A}\hat{\boldsymbol{x}} + \boldsymbol{B}\boldsymbol{u}_{\mathrm{f}} + \boldsymbol{L}(\boldsymbol{y} - \hat{\boldsymbol{y}}) \tag{6.2.25}$$

$$\hat{\boldsymbol{y}} = \boldsymbol{C}\hat{\boldsymbol{x}} + \boldsymbol{D}\boldsymbol{u}_{\mathrm{f}} \tag{6.2.26}$$

式中，反馈控制输入 $\boldsymbol{u}_{\mathrm{f}} \in \mathbb{R}^{m}$，观测器增益 $\boldsymbol{L} \in \mathbb{R}^{n\times v}$。

C. EID 估计值

$$\hat{\boldsymbol{d}} = \boldsymbol{B}^{+}\boldsymbol{L}(\boldsymbol{y} - \hat{\boldsymbol{y}}) + \boldsymbol{u}_{\mathrm{f}} - \boldsymbol{u} \tag{6.2.27}$$

$$\tilde{\boldsymbol{d}} = \boldsymbol{F}(s)\hat{\boldsymbol{d}} \tag{6.2.28}$$

式中，$\boldsymbol{B}^{+} \in \mathbb{R}^{m\times n}$，EID 估值 $\hat{\boldsymbol{d}}, \tilde{\boldsymbol{d}} \in \mathbb{R}^{m}$，低通滤波器传递矩阵 $\boldsymbol{F}(s) \in \mathbb{C}^{m\times m}$。

D. $F(s)$的状态空间表示

$$\dot{\boldsymbol{x}}_{\mathrm{f}} = \boldsymbol{A}_{\mathrm{f}}\boldsymbol{x}_{\mathrm{f}} + \boldsymbol{B}_{\mathrm{f}}\hat{\boldsymbol{d}} \tag{6.2.29}$$

$$\tilde{\boldsymbol{d}} = \boldsymbol{C}_{\mathrm{f}}\boldsymbol{x}_{\mathrm{f}} \tag{6.2.30}$$

式中，$\boldsymbol{x}_{\mathrm{f}} \in \mathbb{R}^{m\times r}$，$m$ 为作动器数量，r 为低通滤波器的阶数。

E. 抗扰动控制律

$$\boldsymbol{u} = \boldsymbol{u}_{\mathrm{f}} - \tilde{\boldsymbol{d}} \tag{6.2.31}$$

$$\boldsymbol{u}_{\mathrm{f}} = -\boldsymbol{K}_{x}\hat{\boldsymbol{x}} \tag{6.2.32}$$

式中，状态反馈增益 $\boldsymbol{K}_{x} \in \mathbb{R}^{m\times n}$。

2. EID 控制器方程

结合式(6.2.25)～式(6.2.32)即可得到 EID 控制器方程。具体为，首先由式(6.2.31)得到

$$\tilde{\boldsymbol{d}} = \boldsymbol{u}_{\mathrm{f}} - \boldsymbol{u} \tag{6.2.33}$$

将式(6.2.33)代入式(6.2.27)中，得到

$$\hat{\boldsymbol{d}} = \boldsymbol{B}^{+}\boldsymbol{L}(\boldsymbol{y} - \hat{\boldsymbol{y}}) + \tilde{\boldsymbol{d}} \tag{6.2.34}$$

将式(6.2.26)、式(6.2.30)、式(6.2.32)和式(6.2.33)代入式(6.2.25)和式(6.2.29)中，得到

$$\dot{\hat{\boldsymbol{x}}} = \left(\boldsymbol{A} - \boldsymbol{L}\boldsymbol{C} - (\boldsymbol{B} - \boldsymbol{L}\boldsymbol{D})\boldsymbol{K}_{x}\right)\hat{\boldsymbol{x}} + \boldsymbol{L}\boldsymbol{y} \tag{6.2.35}$$

$$\dot{\boldsymbol{x}}_{\mathrm{f}} = -\boldsymbol{B}_{\mathrm{f}}\boldsymbol{B}^{+}\boldsymbol{L}(\boldsymbol{C} - \boldsymbol{D}\boldsymbol{K}_{x})\hat{\boldsymbol{x}} + (\boldsymbol{A}_{\mathrm{f}} + \boldsymbol{B}_{\mathrm{f}}\boldsymbol{C}_{\mathrm{f}})\boldsymbol{x}_{\mathrm{f}} + \boldsymbol{B}_{\mathrm{f}}\boldsymbol{B}^{+}\boldsymbol{L}\boldsymbol{y} \tag{6.2.36}$$

将式(6.2.35)和式(6.2.36)合写为

$$\begin{Bmatrix} \dot{\hat{\boldsymbol{x}}} \\ \dot{\boldsymbol{x}}_{\mathrm{f}} \end{Bmatrix} = \begin{bmatrix} \boldsymbol{A} - \boldsymbol{L}\boldsymbol{C} - (\boldsymbol{B} - \boldsymbol{L}\boldsymbol{D})\boldsymbol{K}_{x} & \boldsymbol{0} \\ -\boldsymbol{B}_{\mathrm{f}}\boldsymbol{B}^{+}\boldsymbol{L}(\boldsymbol{C} - \boldsymbol{D}\boldsymbol{K}_{x}) & \boldsymbol{A}_{\mathrm{f}} + \boldsymbol{B}_{\mathrm{f}}\boldsymbol{C}_{\mathrm{f}} \end{bmatrix} \begin{Bmatrix} \hat{\boldsymbol{x}} \\ \boldsymbol{x}_{\mathrm{f}} \end{Bmatrix} + \begin{bmatrix} \boldsymbol{L} \\ \boldsymbol{B}_{\mathrm{f}}\boldsymbol{B}^{+}\boldsymbol{L} \end{bmatrix} \boldsymbol{y} \tag{6.2.37}$$

此外，由式(6.2.30) ～ 式(6.2.32)可知，控制输入为

$$u = -\begin{bmatrix} K_x & C_{\mathrm{f}} \end{bmatrix} \begin{Bmatrix} \hat{x} \\ x_{\mathrm{f}} \end{Bmatrix} \tag{6.2.38}$$

式(6.2.37)和式(6.2.38)就是 EID 控制器方程，简写为

$$\dot{x}_{\mathrm{k}} = A_{\mathrm{k}} x_{\mathrm{k}} + B_{\mathrm{k}} y \tag{6.2.39}$$

$$u = C_{\mathrm{k}} x_{\mathrm{k}} \tag{6.2.40}$$

3. 闭环系统方程

为了实施 GLA 仿真，将被控系统式(6.2.23)、式(6.2.24)改为原始的形式

$$\dot{x} = Ax + Bu + B_{\mathrm{w}} d_{\mathrm{w}} \tag{6.2.41}$$

$$y = Cx + Du + D_{\mathrm{w}} d_{\mathrm{w}} \tag{6.2.42}$$

$$y_{\mathrm{o}} = C_{\mathrm{o}} x + D_{\mathrm{o}} u + D_{\mathrm{od}} d_{\mathrm{w}} \tag{6.2.43}$$

式中，$d_{\mathrm{w}} \in \mathbb{R}^2$ 为突风扰动；y 为量测输出，即控制器输入；y_{o} 为控制输出，用于评估控制的效果。

结合式(6.2.39)～式(6.2.43)，即可得到闭环系统方程为

$$\begin{Bmatrix} \dot{x} \\ \dot{x}_{\mathrm{k}} \end{Bmatrix} = \begin{bmatrix} A & BC_{\mathrm{k}} \\ B_{\mathrm{k}} C & A_{\mathrm{k}} + B_{\mathrm{k}} D C_{\mathrm{k}} \end{bmatrix} \begin{Bmatrix} x \\ x_{\mathrm{k}} \end{Bmatrix} + \begin{bmatrix} B_{\mathrm{w}} \\ B_{\mathrm{k}} D_{\mathrm{w}} \end{bmatrix} d_{\mathrm{w}} \tag{6.2.44}$$

$$y_{\mathrm{o}} = \begin{bmatrix} C_{\mathrm{o}} & D_{\mathrm{o}} C_{\mathrm{k}} \end{bmatrix} \begin{Bmatrix} x \\ x_{\mathrm{k}} \end{Bmatrix} + D_{\mathrm{od}} d_{\mathrm{w}} \tag{6.2.45}$$

6.3　基于 EID 的突风载荷减缓仿真

6.3.1　机翼模型与仿真条件

本节数值仿真在具有可变结构的折叠翼上进行，以验证基于 EID 的抗扰动控制器对突风响应的减缓效果。该机翼结构与第 4 章相同，如图 6.3.1 所示。内翼和外翼的后缘处各自带有一个控制面，机翼表面分布四个传感器来输出结构的法向加速度(图 6.3.1(a))，从而建立起 MIMO ASE 系统。折叠翼的结构构型可随折叠角 θ 变化，θ 的变化范围为 $0°$ (完全展开)到 $120°$ (完全折叠)，如图 6.3.1(b)所示。图 6.3.2 给出了折叠翼的前 6 阶固有频率随折叠角的变化情况。

首先在 $\theta = 0°$ 的固定结构构型下设计控制器，以应对常规巡航状态的突风减缓。这部分工作着重于展示基于 EID 的 ASE 控制系统的设计流程，并验证本章

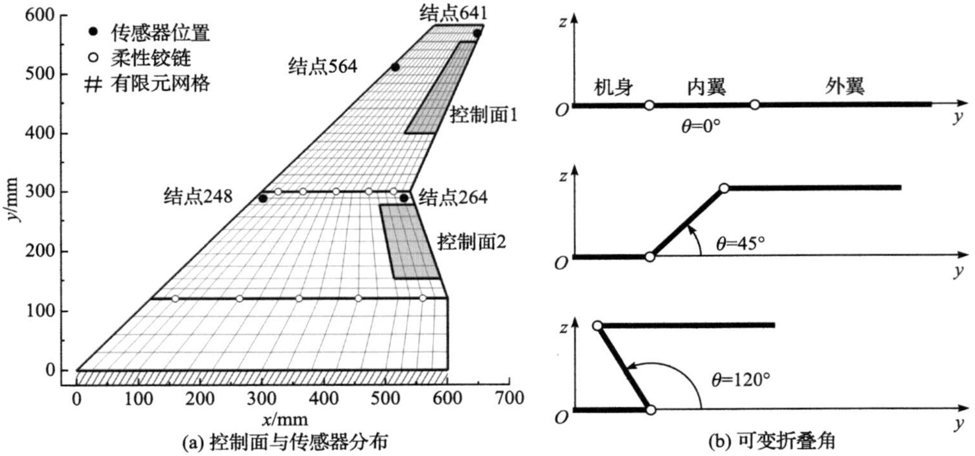

图 6.3.1　折叠翼 ASE 系统配置

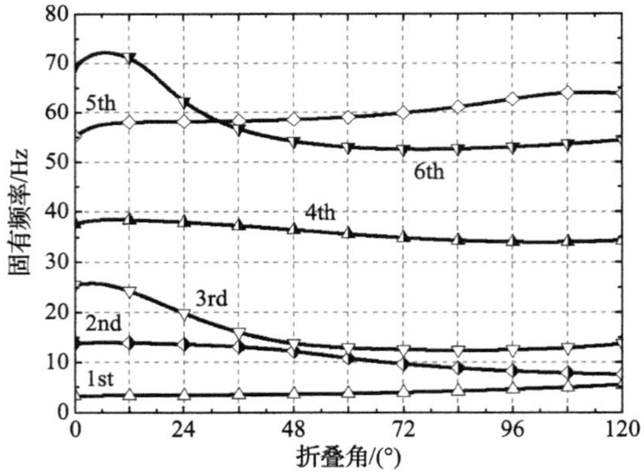

图 6.3.2　前 6 阶固有频率随折叠角的变化

提出的设计算法的优越性。随后，我们还研究了结构构型变化情况下控制器的设计方法。通过统一的设计标准构造基于插值的参数化控制器，实现对多种构型或慢时变结构的突风减缓。

在数值仿真中，飞行环境设定为海平面大气条件和 25m/s 的飞行速度。使用 1-cos 离散突风和 Dryden 连续突风两种扰动输入，突风速度垂直向上。在上述飞行条件下，1-cos 突风频率设置为 10Hz，最大突风速度为 1m/s；Dryden 突风尺度设置为 5m，突风速度的均方根为 0.5m/s。

6.3.2　固定结构构型情形

巡航状态($\theta=0°$)下折叠翼的 ASE 数学模型可用参数固定的状态空间方程表示。根据式(6.2.1)和式(6.2.2)，观测器增益 $\boldsymbol{L}$ 由参数 ρ 唯一确定，相关的传递矩阵

$\boldsymbol{G}_{\mathrm{O}}(s)$ 可用于评估观测器性能。$\boldsymbol{G}_{\mathrm{O}}(s)$ 的维数与控制输入的数量相等，算例中为 2 行 2 列。图 6.3.3 展示了不同 ρ 值对 $\boldsymbol{G}_{\mathrm{O}}(s)$ 的影响，$\boldsymbol{G}_{\mathrm{O}}(s)$ 的频幅特性由最大奇异值给出，它是频响函数幅值在 MIMO 系统中的推广。可以看出，图中结果符合式(6.2.5)中完美观测理论的推论，即 ρ 很小时 $\boldsymbol{G}_{\mathrm{O}}(s)\approx\boldsymbol{I}$ 近似成立。然而，在零频率附近 $\boldsymbol{G}_{\mathrm{O}}(s)$ 总是趋近于零，这是由加速度测量造成的。常规的 EID 方法对此没有专门的应对方案，会导致低频扰动观测的缺失。

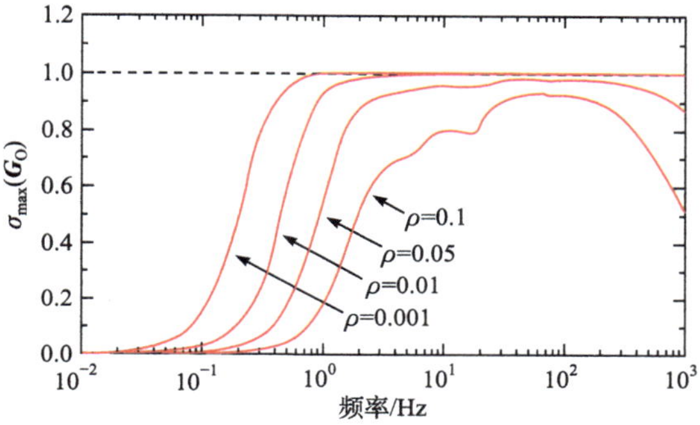

图 6.3.3　选择不同 ρ 时 $\boldsymbol{G}_{\mathrm{O}}(s)$的最大奇异值图

本章方法设计的低通滤波器可以弥补 $\boldsymbol{G}_{\mathrm{O}}(s)$ 的低频缺陷。根据 6.2.2 节中的算法，首先选择一个低频率 ω_1 =1.57rad/s(0.25Hz)和一个截止频率 ω_2 = 94.25rad/s (15Hz)。随后调节参数 ρ 使得式(6.2.15)中的条件满足。图 6.3.4 展示了满足条件的 $\boldsymbol{G}_{\mathrm{O}}(s)$ 及其对角元素 $G_{\mathrm{O}i}(s)$ 的奇异值曲线(红色实线)，其中 $\rho=1.52\times10^{-3}$。低通滤波器的参数最终由式(6.2.16)和式(6.2.17)计算得到，具体数值见表 6.3.1。为了比较，同时给出常规方法设计的低通滤波器为

$$\boldsymbol{F}'(s)=\operatorname{diag}\begin{bmatrix}\cdots & \dfrac{k_{\mathrm{c}}\omega_{\mathrm{c}}}{s+\omega_{\mathrm{c}}} & \cdots\end{bmatrix}\tag{6.3.1}$$

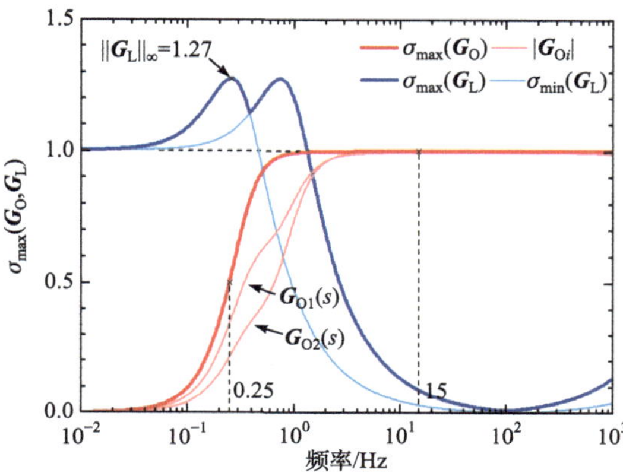

图 6.3.4　满足条件的 $\boldsymbol{G}_{\mathrm{O}}(s)$和 $\boldsymbol{G}_{\mathrm{L}}(s)$($\rho=1.52\times10^{-3}$)

式中，$\omega_c = 94.25\text{rad/s}(15\text{Hz})$，$k_c = 1/1.27$ 取值依赖 $\boldsymbol{G}_L(s)$，见图 6.3.4(蓝色实线)。

表 6.3.1　式(6.2.13)中低通滤波器的参数

参数	滤波器 $F_1(s)$的参数取值	滤波器 $F_2(s)$的参数取值
ω_c	94.2478	94.2478
ε	0.9833	0.9833
τ	0.0010	0.0010
k_i	0.9939	0.9978
ω_{oi}	2.8460	5.0306

图 6.3.5 展示了扰动估计环节传递函数 $\boldsymbol{T}_d(s)$ 的奇异值曲线。可以看出，提出的低通滤波器使 $\boldsymbol{T}_d(s)$ 非常接近式(6.2.10)的预期形式。在 15Hz 的截止频率内，EID 估计器能够提供良好的扰动观测效果。常规的低通滤波器为满足式(6.1.26)的稳定性条件而引入系数 k_c，在大部分频率处降低了 $\boldsymbol{T}_d(s)$ 的增益。受 $\boldsymbol{G}_L(s)$ 的影响，$\boldsymbol{T}_d(s)$ 还在 0.17Hz 和 0.49Hz 处出现两个大于 1 的峰值。最重要的差别在于常规低通滤波器使得 EID 估计器无法获得零频率附近的扰动，本章的设计方法改进了这个缺点。

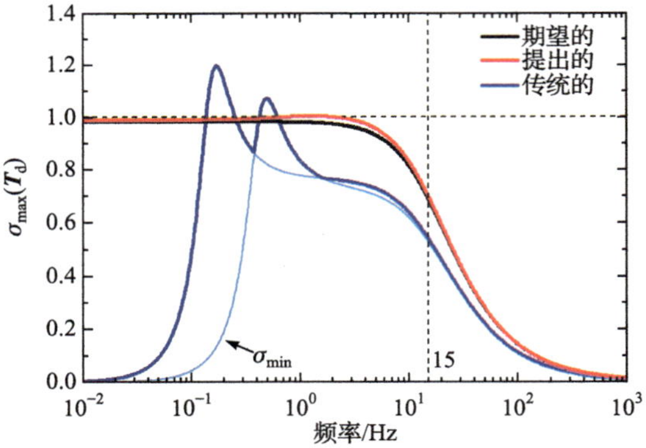

图 6.3.5　从 $\boldsymbol{d}_e$ 到 $\tilde{\boldsymbol{d}}$ 的扰动估计传递函数 $\boldsymbol{T}_d(s)$的最大奇异值图

状态反馈增益 $\boldsymbol{K}_x$ 由式(6.2.20)～式(6.2.22)计算得到。为了简化设计，令 $\boldsymbol{R} = \gamma^2 \boldsymbol{I}$，使得 $\boldsymbol{K}_x$ 由参数 γ 唯一确定。选则 $\gamma = 1\times10^{-3}$，至此 EID 控制系统设计完成。图 6.3.6 展示了开环和闭环系统(从 $\boldsymbol{d}_e$ 到机翼弯曲载荷)的最大奇异值曲线，用于评估控制系统的综合抗扰动性能。结果显示，无 EID 估计器时，状态观测器加上状态反馈构成的控制器只能提供有限的抗扰动效果。加入 EID 估计器后，抗扰动控制律起了积极作用。本章的控制设计在 15Hz 以下的频率范围具有显著的抗扰动效果。常规的低通滤波器虽然也设定了 15Hz 的截止频率，但是控制器却无法补偿接近零频率的扰动。具体来说，在奇异值峰值 12.26Hz 处，本章方法和常规方法设计的控制器均使开环响应降低了 18dB。然而在接近零频率处，常规方法失去了抗扰动效果，甚至在 0.14Hz 附近的频率恶化了扰动响应；相比之下，本章方法使零频响应降低超过 30dB。

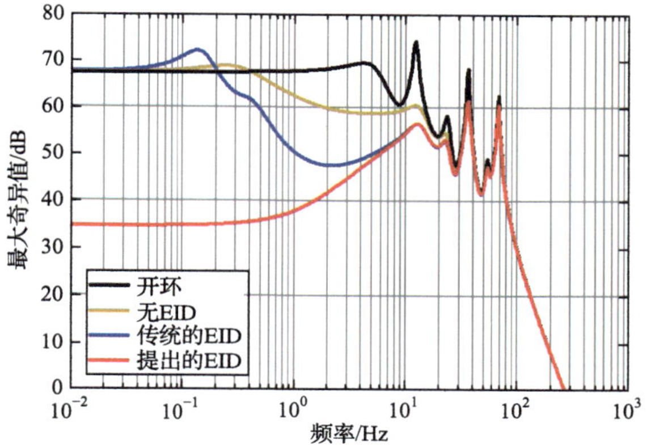

图 6.3.6　从 $\boldsymbol{d}_e$ 到弯曲载荷的开/闭环系统最大奇异值图

接下来，使用标准突风模型对机翼的突风减缓效果进行进一步考察。图 6.3.7 和图 6.3.8 分别是 1-cos 突风和 Dryden 突风的动态响应仿真结果。可以明显看出，对于高频信号为主的加速度响应，本章方法和常规方法得到的闭环响应几乎相同；然而，对于位移响应和翼根弯矩响应，常规方法应对低频扰动的不足得以暴露，

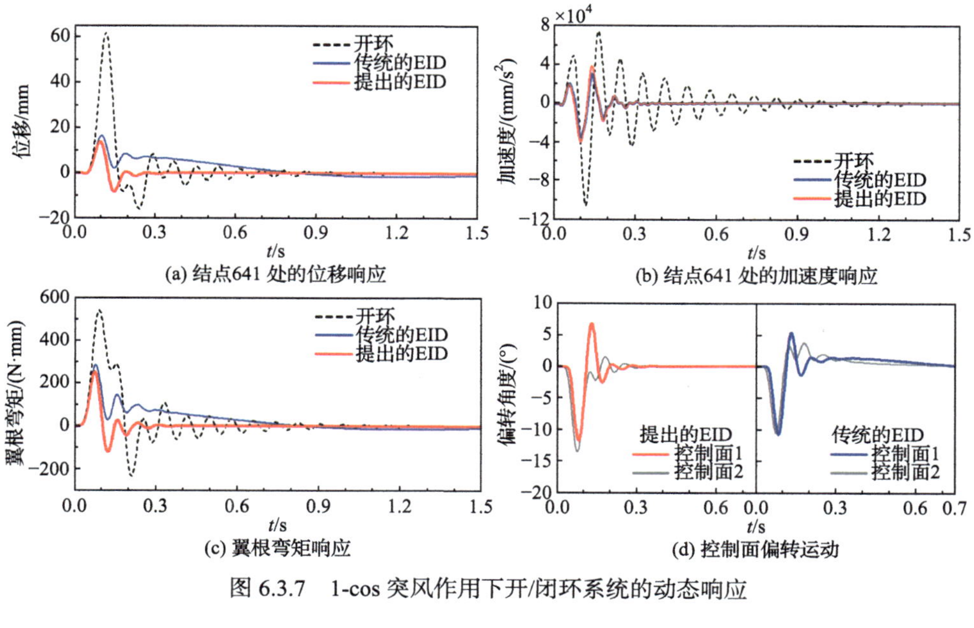

图 6.3.7　1-cos 突风作用下开/闭环系统的动态响应

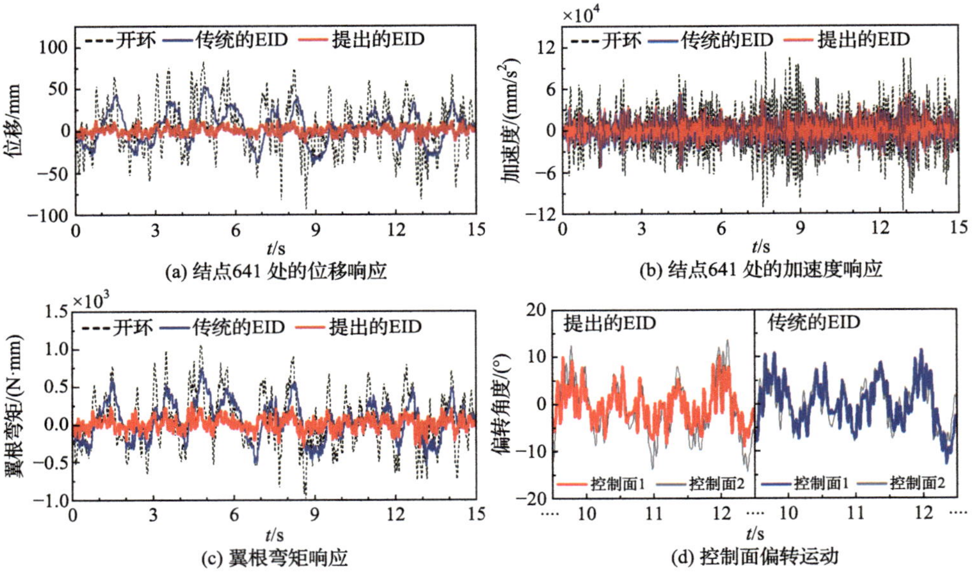

(a) 结点641 处的位移响应　(b) 结点641 处的加速度响应

(c) 翼根弯矩响应　(d) 控制面偏转运动

图 6.3.8　Dryden 突风作用下开/闭环系统的动态响应

这在更复杂的 Dryden 突风响应中尤其明显。本章方法在改善了低频响应特性后，突风减缓效果得到了显著提升。本章方法对于 1-cos 突风，翼梢结点 641 的位移峰值降低了 77.72%，加速度峰值降低了 61.96%，翼根弯矩峰值降低了 53.76%；对于Dryden突风，翼梢结点位移、加速度和翼根弯矩的均方根分别降低了84.14%、54.64%和 74.71%。

6.3.3　可变结构构型

作为可变体结构，折叠翼能够在飞行中主动改变折叠角。由于不同折叠角下系统的动态特性发生了本质变化，因此固定的控制器难以满足变角度的控制要求。本书采用熟知的增益调度方法来应对可变体结构的突风减缓，增益调度通过对当地控制器的插值实现[18]。当地控制器在一系列离散的调度参数下设计，设计中忽略未建模的时变动力学的影响。折叠角变化时，对预先计算的当地控制器(状态空间矩阵表示)实时插值，即可得到所需的参数化控制器。图 6.3.9 展示了本书使用的矩阵插值方案，该方案基于简单的索引操作，具有很高的计算效率。

在 0° ～120° 范围内选择 21 个等间隔的折叠角，当地控制器在这些折叠角处使用相同的设计标准计算。与 6.3.2 节的流程相同，确定带宽参数(ω_1 = 1.57rad/s 和 ω_2 = 94.25rad/s)后，观测器增益 $\boldsymbol{L}$ 和低通滤波器 $\boldsymbol{F}(s)$ 通过 6.2.2 节提出的算法自动生成。状态反馈增益 $\boldsymbol{K}_x$ 由式(6.2.20)～式(6.2.22)给出，其中 $\boldsymbol{R}=\gamma^2\boldsymbol{I}$ ，权重参数 $\gamma=1\times10^{-3}$ 始终不变。

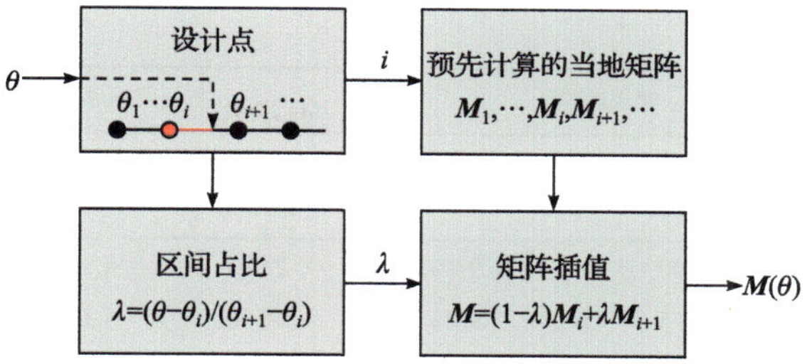

图 6.3.9　用于增益调度控制的矩阵插值方案

基于一致的指标，算法生成了随折叠角连续变化的当地控制器，从而使插值构造参数化控制器得以实施。图 6.3.10 展示了四个插值点($\theta=9°$、45°、81°、117°) 处 ASE 系统从 EID 到机翼弯曲载荷传递矩阵的最大奇异值曲线。对比开环和闭环系统的频域响应，可以看出控制器在各插值点都有理想的抗扰动性能，其效果与直接设计的控制器(图 6.3.6)处于同一水平。

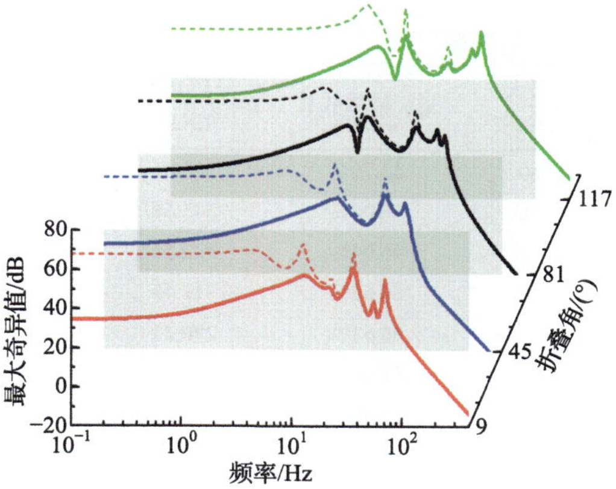

图 6.3.10　开/闭环系统在四个插值点处的最大奇异值图

$\theta=9°$、45°、81°、117° ；虚线：开环系统；实线：闭环系统

表 6.3.2 和表 6.3.3 总结了整个设计区间内的多个折叠角下，折叠翼对标准突风响应的仿真结果。结果表明控制器在大范围的角度变化中表现出良好的突风减缓效果，闭环系统的翼梢位移和翼根弯矩相对于开环响应得到了大幅降低。由于机翼面积随折叠角的增加而减小，因此小折叠角构型受垂直突风扰动的影响更大。尽管如此，在整个折叠角范围内实施突风减缓仍然具有实际意义，因为实践中存在更复杂的扰动条件。

表 6.3.2　不同折叠角下翼梢位移的最大值/RMS 值

θ/(°)	1-cos 突风响应			Dryden 突风响应		
	开环最大值/mm	闭环最大值/mm	最大值降低率	开环 RMS 值/mm	闭环 RMS 值/mm	RMS 值降低率
0	61.82	13.77	77.72%	30.26	4.80	84.14%

续表

θ / (°)	1-cos 突风响应			Dryden 突风响应		
	开环最大值/mm	闭环最大值/mm	最大值降低率	开环 RMS 值/mm	闭环 RMS 值/mm	RMS 值降低率
15	56.31	13.00	76.93%	28.23	4.58	83.78%
30	52.75	11.95	77.35%	26.68	4.39	83.56%
45	46.11	10.68	76.83%	24.17	4.03	83.31%
60	38.66	8.98	76.78%	21.01	3.40	83.82%
75	31.02	6.80	78.09%	17.47	2.63	84.94%
90	24.84	5.31	78.60%	13.99	2.09	85.04%
105	20.37	4.56	77.61%	10.85	1.77	83.65%
120	17.27	5.03	70.87%	8.37	1.87	77.63%

表 6.3.3　不同折叠角下翼根弯矩的最大值/RMS 值

θ / (°)	1-cos 突风响应			Dryden 突风响应		
	开环最大值/mm	闭环最大值/mm	最大值降低率	开环 RMS 值/mm	闭环 RMS 值/mm	RMS 值降低率
0	542.42	250.80	53.76%	366.54	92.69	74.71%
15	498.14	218.98	56.04%	345.66	79.80	76.91%
30	484.73	261.57	46.04%	332.54	102.43	69.20%
45	447.15	220.75	50.63%	311.48	84.62	72.83%
60	398.87	177.47	55.51%	276.23	70.51	74.48%
75	339.45	130.21	61.64%	235.26	52.49	77.69%
90	289.64	82.28	71.59%	187.12	35.13	81.22%
105	237.92	40.25	83.08%	135.01	18.02	86.65%
120	174.47	33.16	81.00%	88.27	14.58	83.48%

最后，对折叠角缓慢变化过程中的折叠翼 ASE 系统进行仿真，以验证参数化控制器对慢时变结构的突风减缓效果。折叠角的变化速率为均匀的 2°/s 。图 6.3.11 和图 6.3.12 分别为 $\theta=0°\sim60°$ 和 $\theta=60°\sim120°$ 的过程中，折叠翼对 Dryden 突风的翼梢位移和翼根弯矩的时间历程。随着折叠角的连续变化，每一时刻的结构动态响应和附加载荷都得到了有效减缓。以上仿真结果验证了 EID 方法在气动弹性

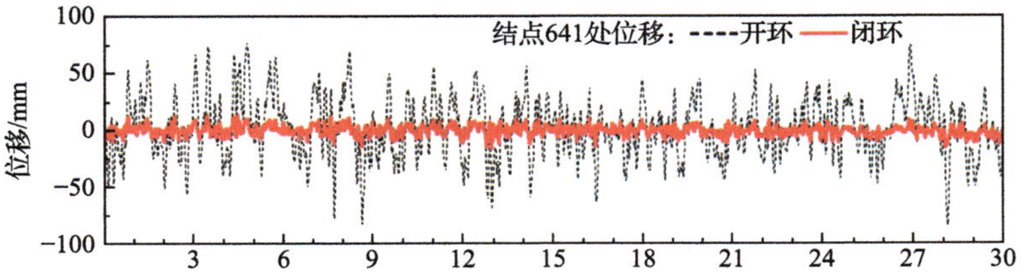

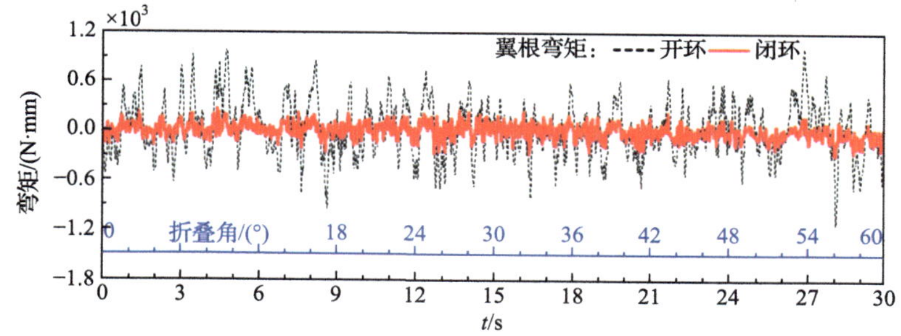

图 6.3.11　折叠过程开/闭环系统对 Dryden 突风的动态响应($\theta=0°\sim60°$)

系统突风减缓中的适用性。本书提出的设计算法不但在多种构型下获得了理想的控制效果，还成功扩展并应用于参变系统的突风减缓中。

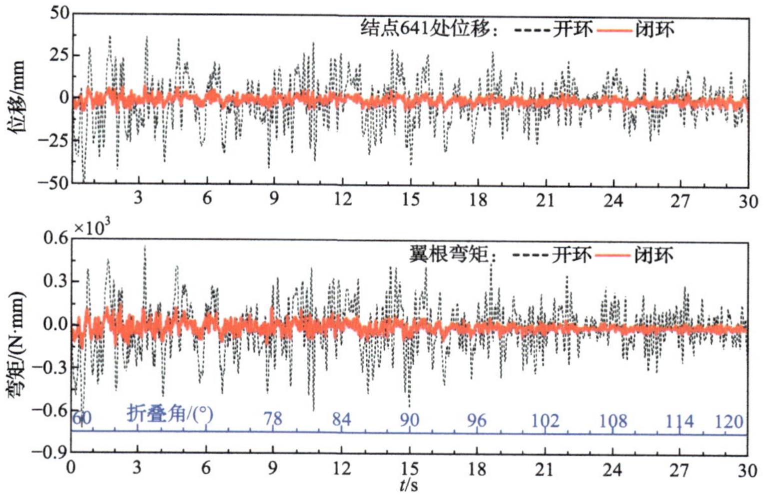

图 6.3.12　折叠过程开/闭环系统对 Dryden 突风的动态响应($\theta=60°\sim120°$)

6.4　基于 EID 的多操纵面突风载荷减缓

6.4.1　飞翼结构模型和气动模型

为进一步考核 EID 方法在飞机突风载荷减缓控制中的有效性，以多操纵面飞行翼结构研究对象，其有限元模型和空气动力模型如图 6.4.1 所示。其中，有限元模型为根部固支，根弦长为 878mm，翼尖弦长为 240mm，半展长为 1578mm；空气动力模型采用基于偶极子格网法的非定常气动力模型。根部固支机翼的前 6 阶固有模态如表 6.4.1 所示。

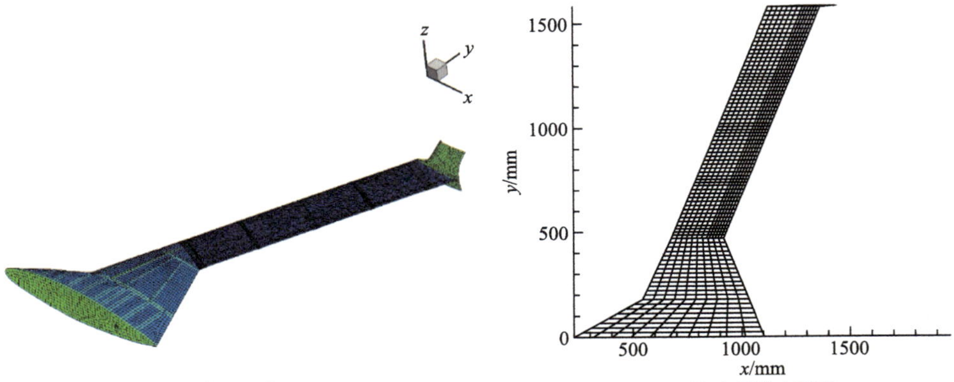

(a) 有限元模型　(b) 空气动力模型

图 6.4.1　飞翼的有限元模型和空气动力模型

表 6.4.1　机翼的前 6 阶固有模态

序号	固有频率/Hz	振型描述
1	2.39	机翼一阶弯曲
2	14.32	机翼二阶弯曲
3	16.15	机翼水平摆振
4	22.87	机翼一阶扭转
5	26.45	机翼二阶扭转+翼尖小翼一阶弯曲
6	43.35	机翼三阶弯曲+机翼二阶扭转+翼尖小翼一阶弯曲+翼尖小翼一阶扭转

在突风载荷减缓研究中，采用了四个控制面(控制面 1～4)，从翼尖到翼根顺序编号，各控制面的位置如图 6.4.2 所示。在每个控制面附近分别布置了 1 个加速度

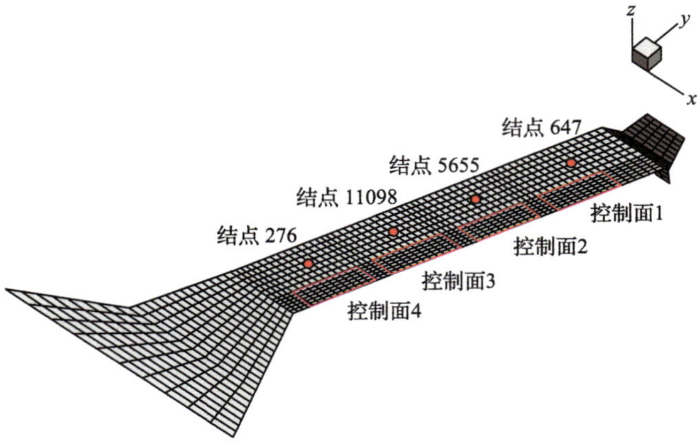

图 6.4.2　机翼的控制面布置和传感器布置

传感器，机翼共布置了 4 个加速度传感器，用于控制目的并监控关键部位的响应。除此之外，输出方程中还包括突风引起的结构内载荷：翼根弯矩、剪力和扭矩。

仿真中，飞行环境设定为海平面大气条件和 27.22m/s 的飞行速度。图 6.4.3 展示了开环和闭环系统(从 $\boldsymbol{d}_{\mathrm{w}}$ 到机翼弯曲载荷输出)的最大奇异值曲线。可见，在设计频率范围内，闭环系统的最大奇异值相比于开环系统大大降低，说明基于 EID 的抗扰动控制具有显著的扰动抑制效果。

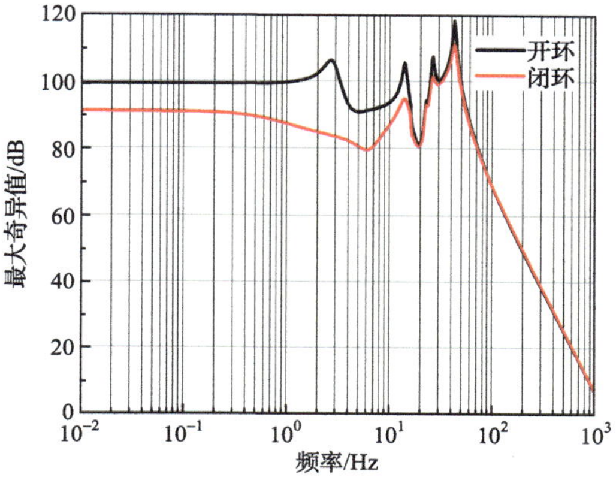

图 6.4.3　从 $\boldsymbol{d}_{\mathrm{w}}$ 到弯曲载荷输出的开/闭环系统最大奇异值图

6.4.2　1-cos 离散突风下的减缓效果

设置 1-cos 突风的最大突风速度为 0.5m/s，突风频率设置为 3Hz。典型监控点的位移和加速度响应的减缓效果如图 6.4.4 所示。可见，施加控制后，监控点的加速度响应得到了大幅减小。

施加载荷减缓控制后，翼根内载荷也得到了很大的减缓，如图 6.4.5 所示。突风载荷减缓控制过程中，各个控制面的偏转规律如图 6.4.6 所示。

为了定量评估载荷减缓效果，表 6.4.2 列出了 1-cos 突风响应的最大值降低率。可以看出，施加控制后，翼梢加速度(结点 647)和翼根弯矩的最大值分别减少了 89.58%和 78.82%，剪力减小了 68.87%，扭矩减小了 89.10%。数值仿真表明：基于 EID 突风载荷减缓控制器在离散突风环境中是十分有效的。

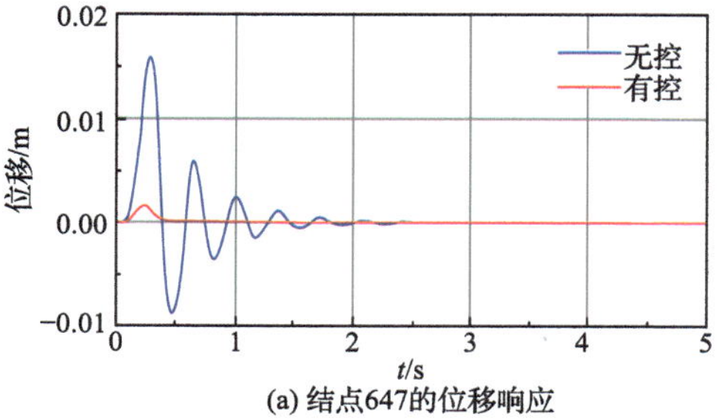

(a) 结点647的位移响应

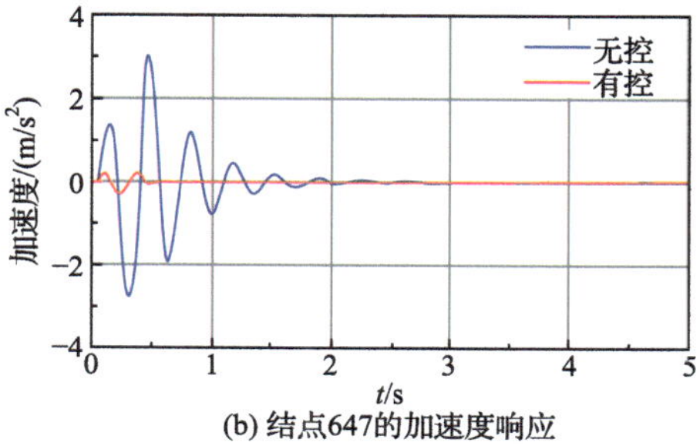

(b) 结点647的加速度响应

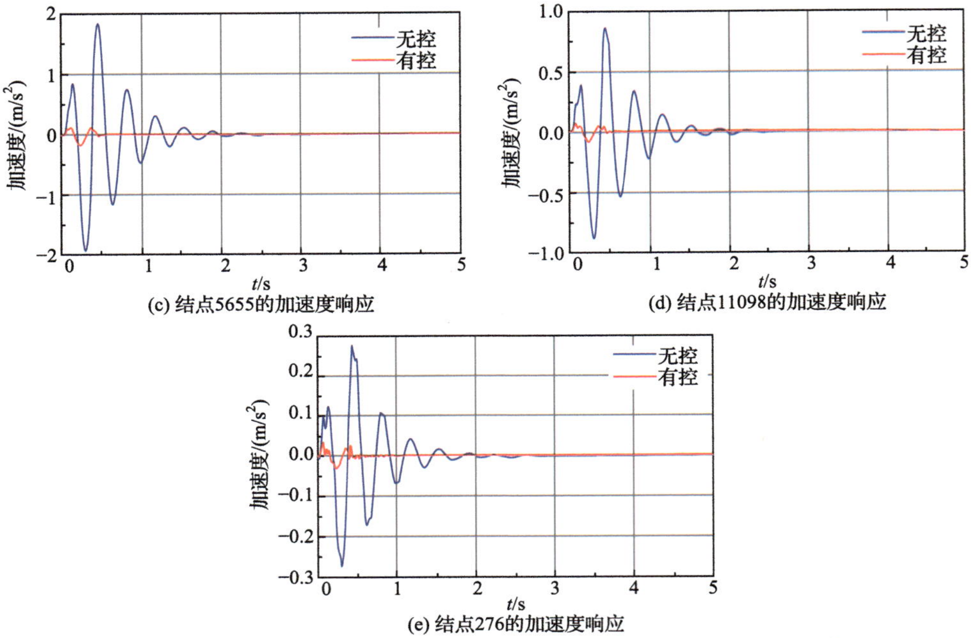

(c) 结点5655的加速度响应

(d) 结点11098的加速度响应

(e) 结点276的加速度响应

图 6.4.4　1-cos 突风作用下监控点处在有控和无控状态下的响应

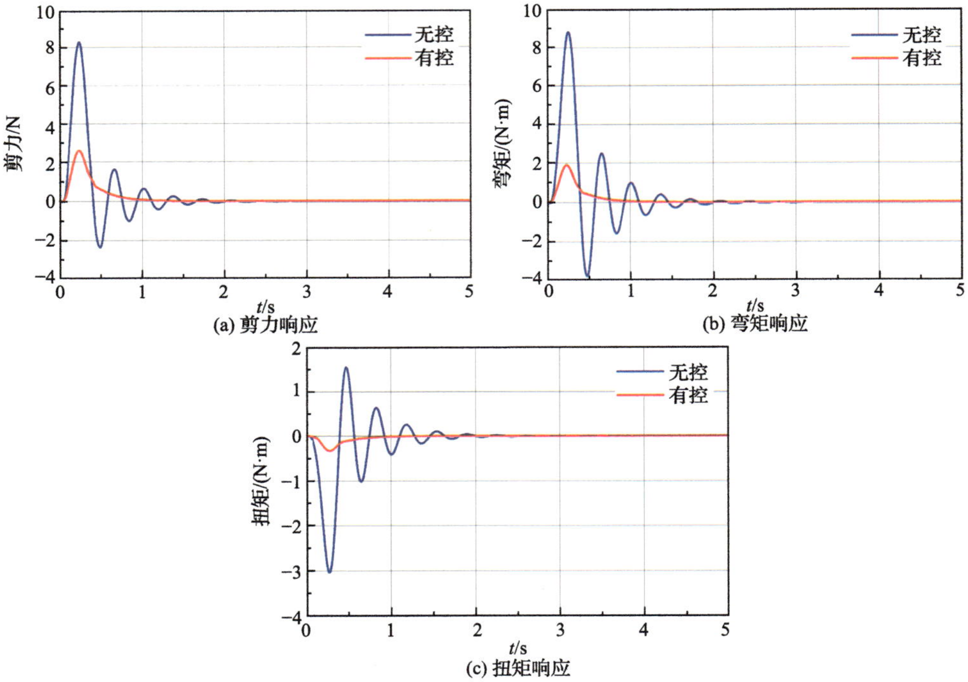

(a) 剪力响应

(b) 弯矩响应

(c) 扭矩响应

图 6.4.5　翼根内载荷在有控和无控状态下的响应

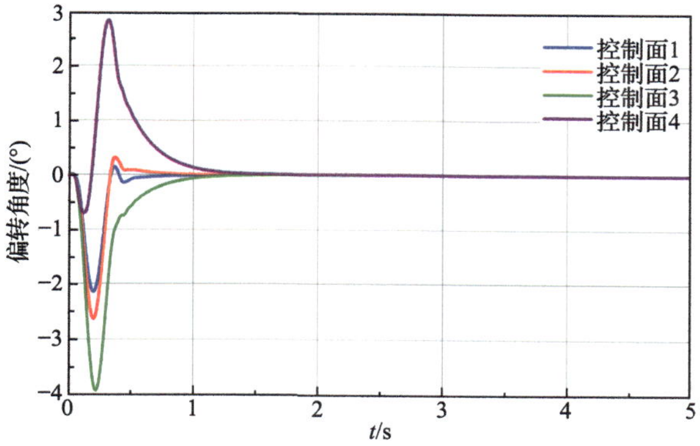

图 6.4.6　各控制面的偏转运动

表 6.4.2　受控系统对 1-cos 离散突风响应的最大值降低率

监测量	最大值降低率	监测量	最大值降低率
D_{z647}, m	89.58%	N_{z647}, m/s^2	91.17%
N_{z5655}, m/s^2	91.22%	N_{z11098}, m/s^2	90.61%
N_{z276}, m/s^2	87.72%	N_{shear}, N	68.87%
M_x, N · m	78.82%	M_y, N · m	89.10%

6.4.3　Dryden 连续突风下的减缓效果

Dryden 突风尺度设置为 53.3m，突风速度的均方根为 0.2m/s。图 6.4.7 为装配了 EID 突风减缓系统的机翼在穿越 Dryden 突风场时各监测点的位移和加速度响

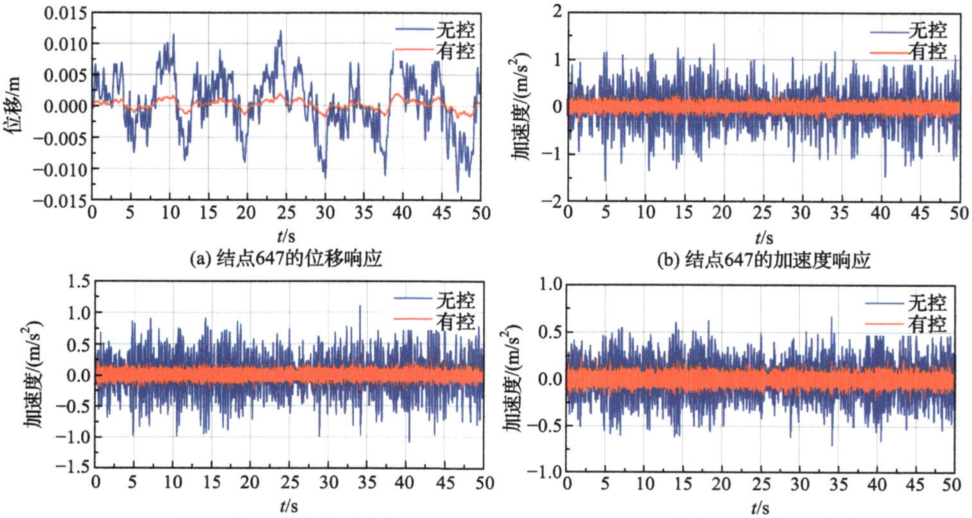

(a) 结点647的位移响应　(b) 结点647的加速度响应

(c) 结点5655的加速度响应　(d) 结点11098的加速度响应

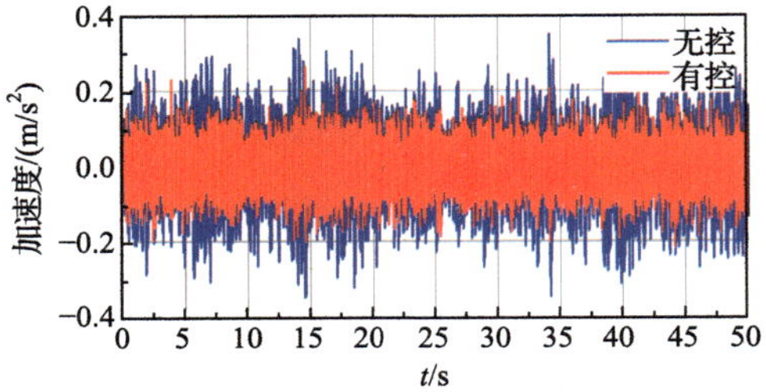

(e) 结点276的加速度响应

图 6.4.7　监控点处在有控和无控状态下的响应

应。可见，突风载荷减缓控制能有效抑制这些监控点的加速度响应。如图 6.4.8 所示，施加主动控制后，翼根剪力、弯矩和扭矩载荷都得到了明显的减小。有控和无控状态下，各个控制面的偏转运动如图 6.4.9 所示。

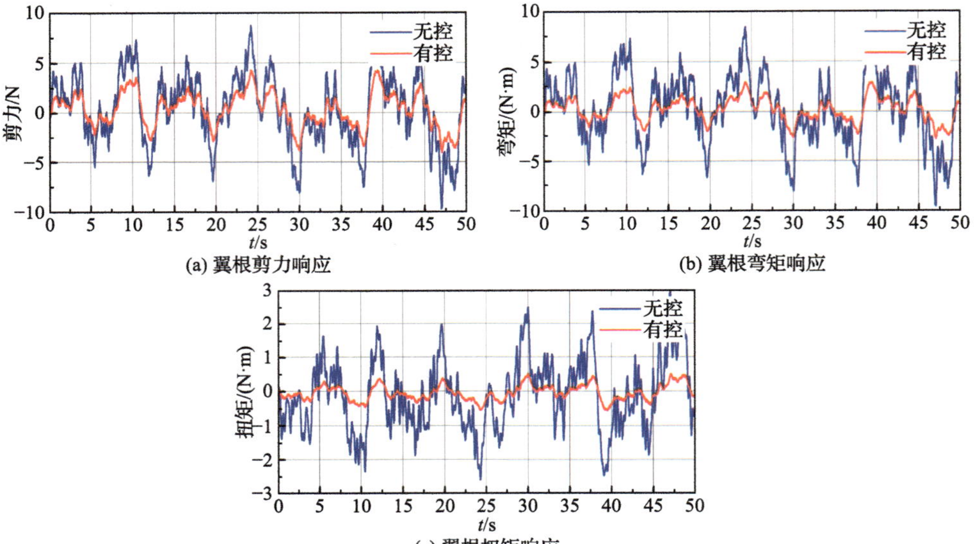

(a) 翼根剪力响应　　(b) 翼根弯矩响应

(c) 翼根扭矩响应

图 6.4.8　翼根载荷在有控和无控状态下的响应

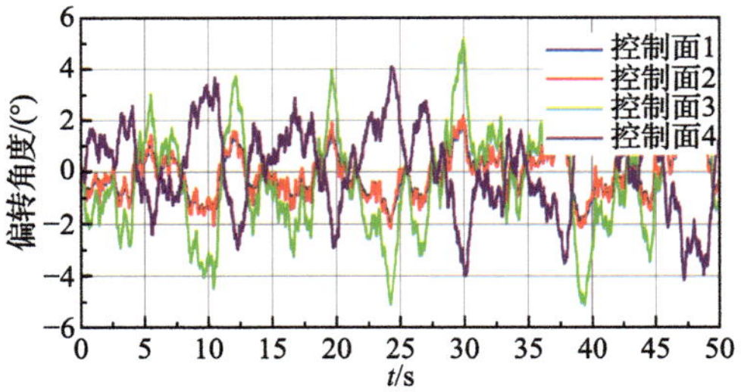

图 6.4.9　有控和无控状态下，各控制面的偏转运动

表 6.4.3 中的统计结果表明：施加控制后，翼根剪力、弯矩和扭矩的 RMS 值分别减小了 50.99%，65.74%和 79.13%。四个监控点处的加速度 RMS 值也大幅减小。以上仿真结果验证了基于 EID 突风载荷减缓控制是十分有效的。

表 6.4.3　受控系统对 Dryden 连续突风响应的 RMS 值降低率

监测量	RMS 值降低率	监测量	RMS 值降低率
D_{z647}, m	83.97%	N_{z647}, m/s^2	82.79%
N_{z5655}, m/s^2	79.22%	N_{z11098}, m/s^2	70.80%
N_{z276}, m/s^2	41.55%	N_{shear}, N	50.99%
M_x, N · m	65.74%	M_y, N · m	79.13%

图 6.4.10 给出了结点 647 和结点 11098 的翼根剪力、翼根弯矩以及翼根扭矩这几个物理量中的两个物理量之间的相关凸包图。从图中不但可以可清晰地看出突风载荷减缓效果，而且还可以看出两个物理量之间的减缓效果的相关性：施加主动控制后，只有一个物理量得到减缓，还是两个物理量都得到减缓。

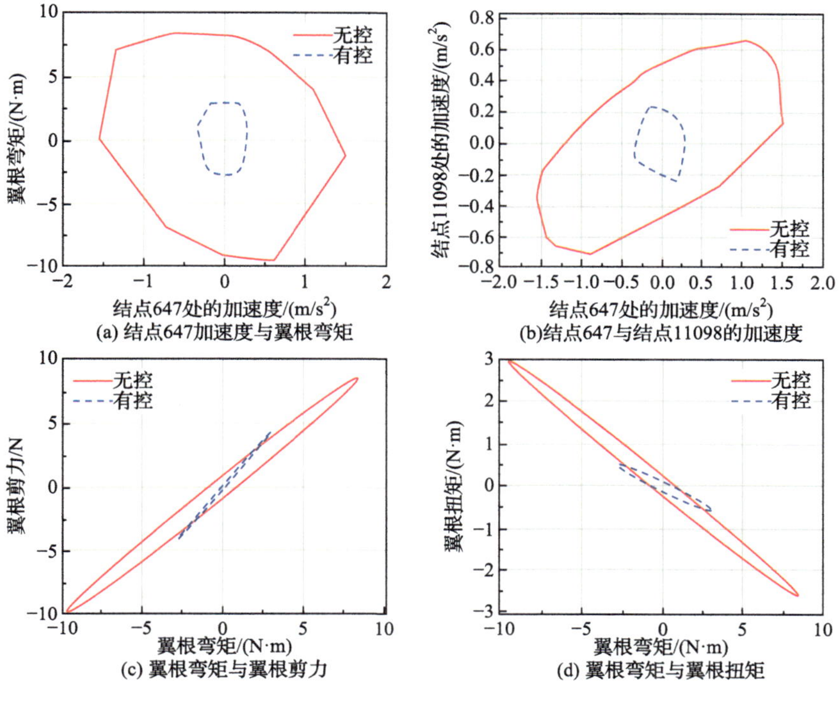

(a) 结点647加速度与翼根弯矩　(b)结点647与结点11098的加速度
(c) 翼根弯矩与翼根剪力　(d) 翼根弯矩与翼根扭矩

图 6.4.10　两个物理量减缓效果相关性的凸包图

6.4.4　控制面故障情形下的减缓效果

图 6.4.2 给出的飞翼模型有 4 个控制面，下面研究其中一个或两个控制面卡死故障对突风载荷减缓效果的影响。仿真中考虑了 4 种控制面卡死故障情况。按照图 6.4.2 给出的控制面编号，这 4 种故障情形分别是：控制面 1 卡死，控制面 1 和控制面 3 卡死，控制面 2 和控制面 3 卡死，控制面 3 和控制面 4 卡死。其中，假设所有控制面卡死在 2° 位置。

图 6.4.11 直观地给出了控制面 1 卡死后，各监控点和翼根内载荷的开、闭环响应。由图可见，与无故障情形相比，控制面卡死故障对闭环系统的性能有很大

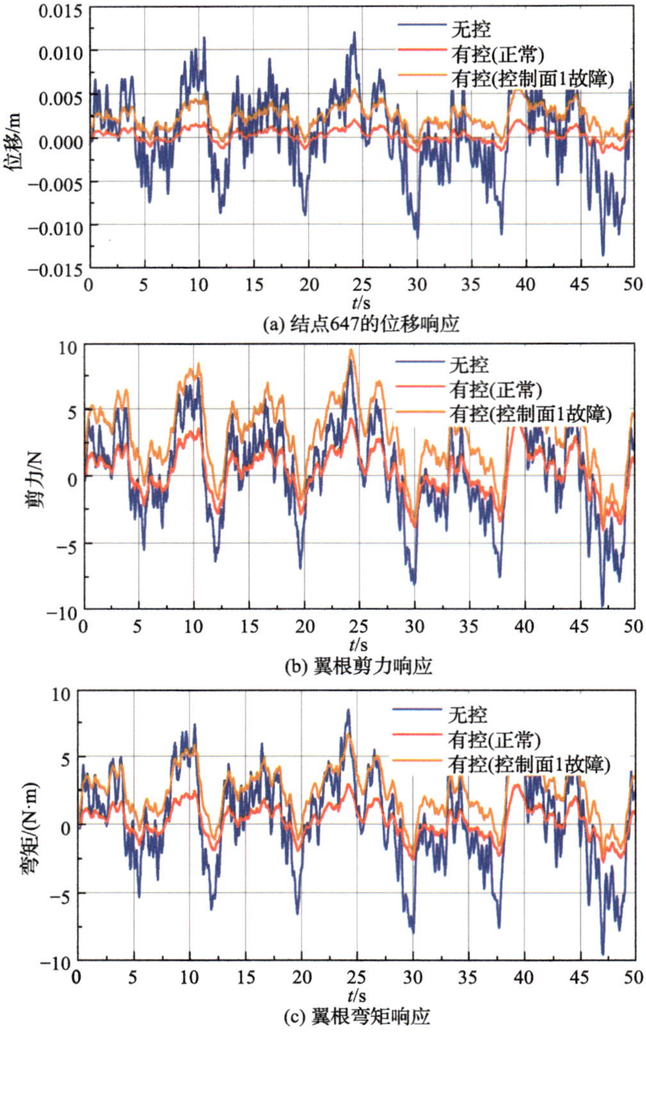

(a) 结点647的位移响应

(b) 翼根剪力响应

(c) 翼根弯矩响应

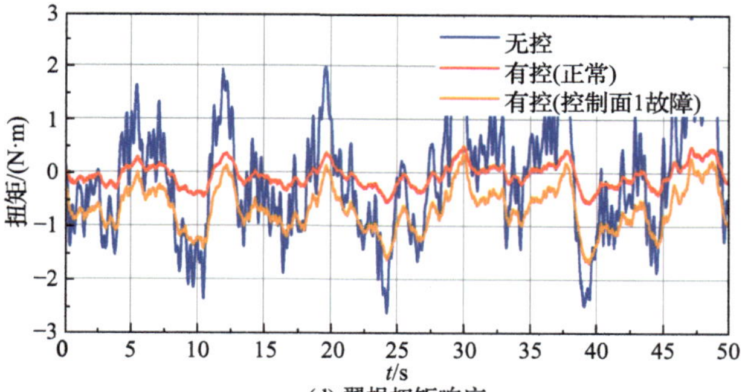

(d) 翼根扭矩响应

图 6.4.11　无控、有控(控制面正常)和控制面 1 故障三种情形下系统的响应

影响，主要表现是控制效果变差。控制面 1 卡死改变了闭环系统的响应，因此控制面 1 卡死后各控制面的偏转运动发生了较大的改变，如图 6.4.12 所示。

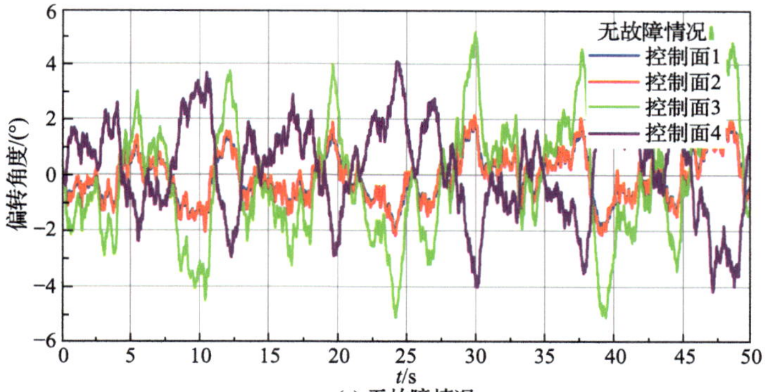

(a) 无故障情况

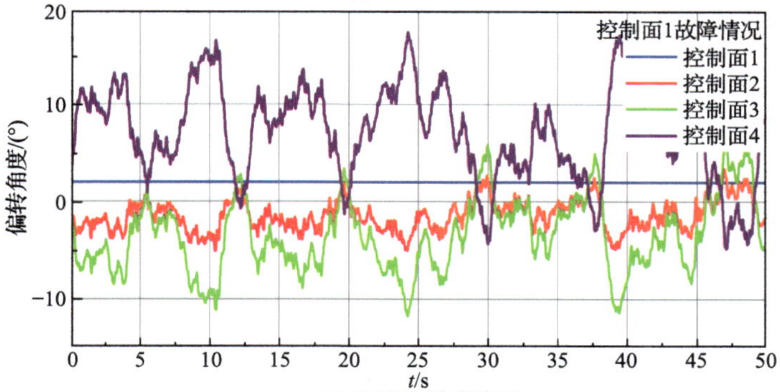

(b) 控制面1故障情况

图 6.4.12　控制面 1 故障和无故障情况下各控制面的偏转运动

由图 6.4.13～图 6.4.16 可见，任意一个或两个控制面失效，都会使翼根载荷

减缓效果变差。对控制系统性能的影响的大小取决于控制面卡死的位置，与未卡死情况相比，控制面卡死使得闭环响应的平均值发生了平移。

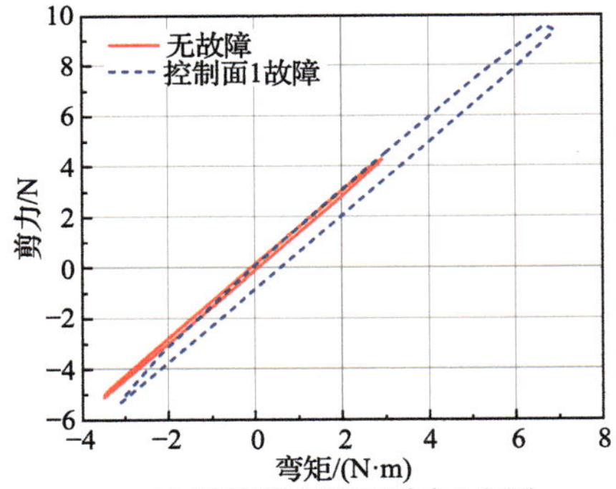

(a) 翼根弯矩和翼根剪力凸包图

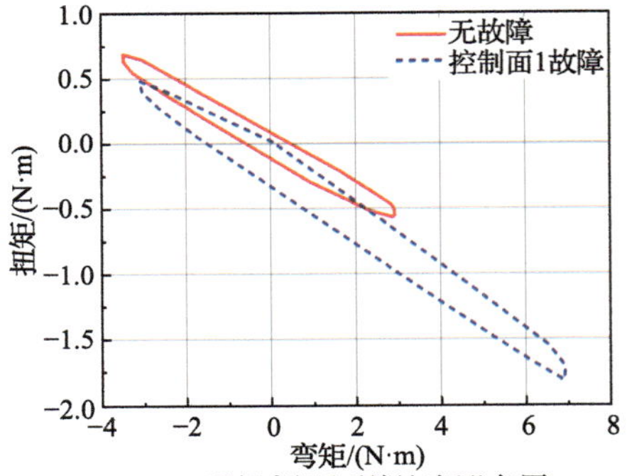

(b) 翼根弯矩和翼根扭矩凸包图

图 6.4.13　控制面 1 故障与无故障情况下载荷减缓效果的对比

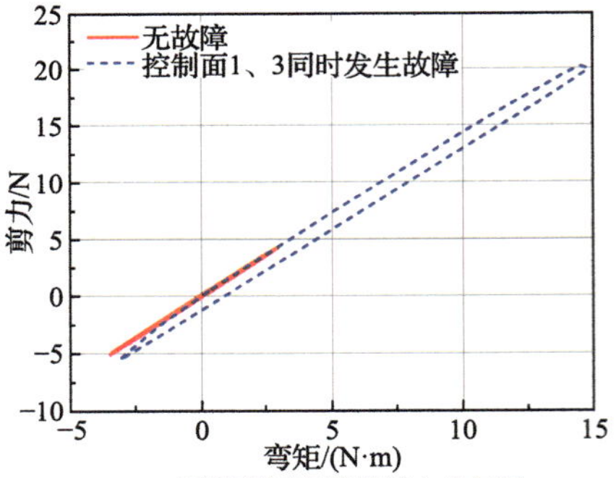

(a) 翼根弯矩和翼根剪力凸包图

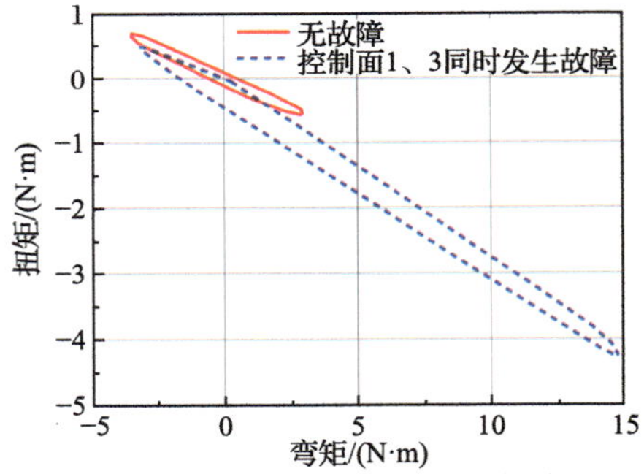

(b) 翼根弯矩和翼根扭矩凸包图

图 6.4.14　控制面 1、3 同时发生故障与无故障情况下载荷减缓效果的对比

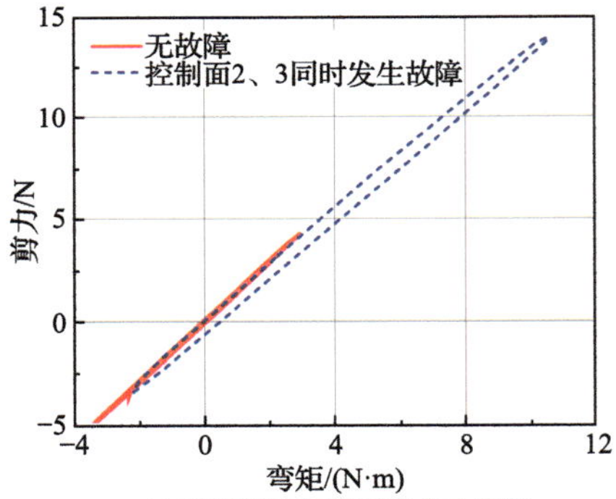

(a) 翼根弯矩和翼根剪力凸包图

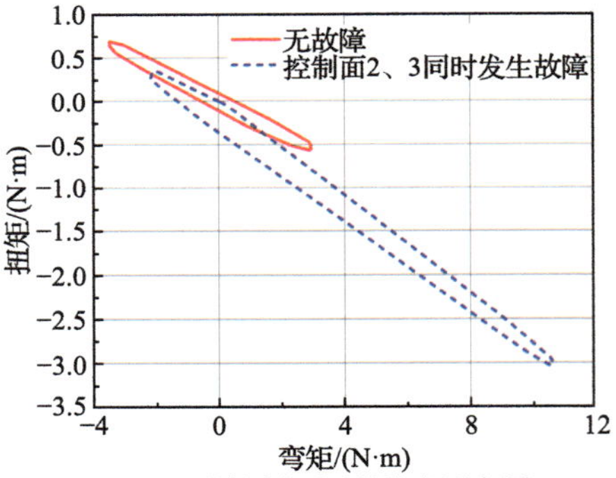

(b) 翼根弯矩和翼根扭矩凸包图

图 6.4.15　控制面 2、3 同时发生故障与无故障情况下载荷减缓效果的对比

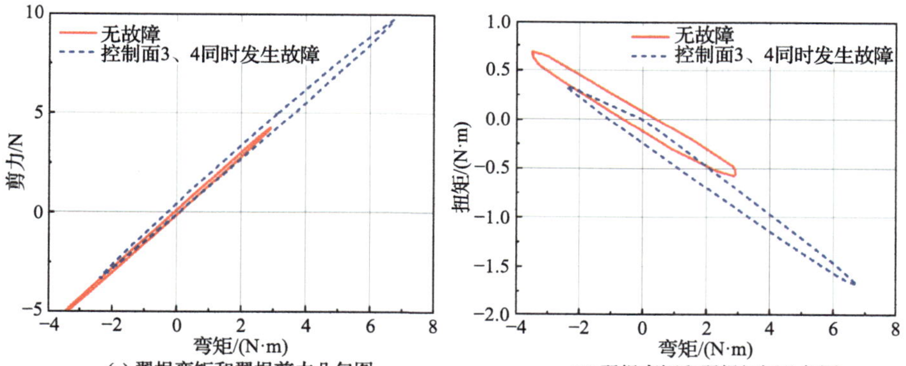

(a) 翼根弯矩和翼根剪力凸包图　(b) 翼根弯矩和翼根扭矩凸包图

图 6.4.16　控制面 3、4 同时发生故障与无故障情况下载荷减缓效果的对比

6.5　本章小结

EID 方法给出了一种新的抗扰动控制框架。从控制输入通道去估计虚拟的 EID 而不是实际扰动，能够极大降低扰动补偿的难度。本章首次将 EID 方法应用在弹性飞机的突风载荷减缓研究中，在多操纵面折叠翼和飞行翼布局飞机的突风载荷减缓研究中取得了很好的载荷减缓效果。

完美观测理论在构造 EID 控制器时可用于指导观测器增益的设计。然而只有加速度测量的情况下，低频扰动的观测效果是不足的。常规的低通滤波器无法弥补这种低频缺陷。此外，为了满足稳定性条件不得不降低扰动估计的幅值。本章展示了一种新的设计方法，由预期的扰动估计反推出低通滤波器结构。滤波器参数和观测器增益均通过给定的算法得到，只需指定两个与观测带宽有关的频率。仿真结果表明，相比于常规 EID 设计，本章方法改善了低频扰动的估计性能，突风载荷减缓效果得到了显著提升。对于可变体折叠翼结构，基于固定参数下的 EID 控制器，经插值操作，得到了参数化控制器。在多种固定构型和慢时变条件下，控制器均获得了理想的突风减缓效果。此外，EID 方法在四操纵面飞行翼结构中也取得了良好的突风载荷减缓效果。

与颤振主动抑制不同，在突风载荷减缓研究中，对突风扰动信息了解得越多，则越有可能设计出性能优异的突风载荷减缓控制器。与基于突风测量信息的自适应前馈控制方案比较，EID 方法不需要突风攻角传感器就能获得突风扰动信息，为提高突风载荷减缓控制系统的性能提供了必要条件。因此，基于 EID 的突风载荷减缓是一种十分有前途的实用方法。

参 考 文 献

[1] Wildschek A, Maier R. Flight test with an adaptive feed-forward controller for alleviation of

turbulence excited wing bending vibrations. AIAA 2009-6118, 2009.

[2] Wildschek A, Bartosiewicz Z, Mozyrska D. A multi-input multi-output adaptive feed-forward controller for vibration alleviation on a large blended wing body airliner. Journal of Sound and Vibration, 2014, 333:3859-3880.

[3] Wildschek A, Hanis T, Stroscher F. L_∞ optimal feedforward gust load alleviation design for a large blended wing body airliner. Progress in Flight Dynamics, GNC, and Avionics, 2013, 6:707-728.

[4] Schmitt N P, Rehm W, Pistner T, et al. The AWIATOR airborne LIDAR turbulence sensor. Aerospace Science and Technology, 2007, 11(7): 546-552.

[5] Rabadan G J, Schmitt N, Pistner T. Airborne lidar for automatic feedforward control of turbulent in-flight phenomena. Journal of Aircraft, 2010, 47(2):392-403.

[6] Chen W H, Yang J, Guo L, et al. Disturbance-observer-based control and related methods: an overview. IEEE Transactions on Industrial Electronics, 2016, 63(2):1083-1095.

[7] Sariyildiz E, Ohnishi K. A guide to design disturbance observer. Journal of Dynamic Systems, Measurement, and Control, 2014, 136(2): 021011.

[8] Han J. From PID to active disturbance rejection control. IEEE Transactions on Industrial Electronics, 2009, 56(3): 900-906.

[9] Takahashi R H C, Peres P L D. Unknown input observers for uncertain systems: a unifying approach. European Journal of Control, 1999, 5(2): 261-275.

[10] An H, Liu J, Wang C, et al. Disturbance observer-based anti-windup control for air-breathing hypersonic vehicles. IEEE Transactions on Industrial Electronics, 2016, 63(5): 3038-3049.

[11] She J H, Fang M, Ohyama Y, et al. Improving disturbance-rejection performance based on an equivalent-input-disturbance approach. IEEE Transactions on Industrial Electronics, 2008, 55(1): 380-389.

[12] Miyamoto K, She J, Imani J, et al. Equivalent-input-disturbance approach to active structural control for seismically excited buildings. Engineering Structures, 2016, 125: 392-399.

[13] Miyamoto K, Sato D, She J, et al. New spectra of responses and control force for design of equivalent-input-disturbance-based active structural control of base-isolated buildings. Journal of Sound and Vibration, 2021, 507: 116160.

[14] Yue C Y, Zhao Y H. Active disturbance rejection controller design for alleviation of gust-induced aeroelastic responses. Aerospace Science and Technology, 2023, 133:108116.

[15] Hunt L R, Meyer G, Su R. Noncausal inverses for linear systems. IEEE Transactions on Automatic Control, 1996, 41(4): 608-611.

[16] Fujita M, Uchida K, Matsumura F. Asymptotic H_∞ disturbance attenuation based on perfect observation. IEEE Transactions on Automatic Control, 1991, 36(7): 875-880.

[17] Kimura H. Perfect and subperfect regulation in linear multivariable control systems. Automatica, 1982, 18(2): 125-145.

[18] Stilwell D J, Rugh W J. Interpolation of observer state feedback controllers for gain scheduling. IEEE Transactions on Automatic Control, 1999, 44(6): 1225-1229.

第 7 章　基于导纳方法的参变气动弹性系统的颤振主动抑制

可变体飞机能够在飞行中自主改变结构和气动外形，从而使单一飞行器能够执行多种复杂任务[1]。以折叠翼为例，Verstraete 等[2]的研究表明，配平状态、颤振边界和发散速度等气动弹性特性对折叠角、铰链刚度和变体控制参数都很敏感。气动弹性失稳问题，使得折叠翼飞行器的飞行性能受到很大限制。因此，利用颤振主动抑制技术实现折叠翼飞行器的边界拓展具有重要意义。

近年来，飞行器主动气动弹性控制技术引起了航空航天界的极大兴趣。基于多种控制策略，国内外对主动颤振抑制和突风载荷减缓进行了一系列数值和实验研究[3-13]。其中，导纳方法最初作为一种为振动控制而开发的极点配置方法，由于其优于矩阵基的方法，在国际上引起了很大的关注[14-16]。具体而言，可以使用嵌入式传感器和作动器之间的传递函数来实现用于抑制气动弹性振动和扩展颤振边界的极点分配。主动气动弹性控制技术通常不可避免地需要模型降阶和状态观测器设计，而基于导纳的控制策略则不需要这些。

可变体飞机的动力学行为复杂，特别是折叠翼可变体飞机，其颤振特性随折叠角的变化而变化，对其进行颤振主动抑制的研究很少。本章将参数化 ASE 建模方法与基于导纳的控制策略相结合，研究了折叠翼的参数化颤振主动抑制。设计并使用了参变的主动气动弹性控制律，该控制律可方便地应用于对折叠角和流速敏感的折叠翼中。数值算例验证了作者提出的参数化颤振主动抑制律的有效性，研究成果为可变体飞机的 ASE 特性和主动气动弹性控制设计提供了新的思路和方法。

7.1　参数化气动伺服弹性建模

7.1.1　参数化气动伺服弹性建模流程

如图 7.1.1 所示，机翼模型由三部分组成：机身、内翼和外翼。在变形过程中，内翼的折叠角度允许在 0° (完全展开配置)到120° (完全折叠配置)之间变化，以实现多任务的最佳飞行性能。

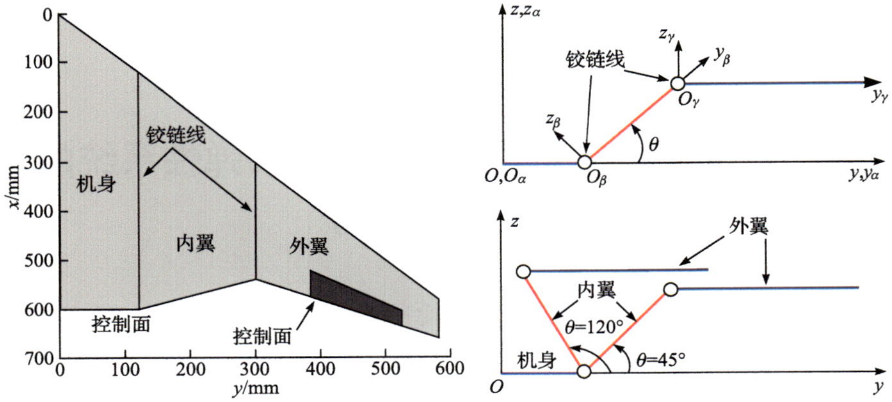

图 7.1.1　折叠翼的几何尺寸和局部坐标系统

由于较小的黏性阻力和更好的机动性，在追逐或特技飞行任务中，变形机翼的完全折叠是期望的构型。根据变体控制律，位于翼段根部的两个折叠铰链作动器根据指令构型驱动内翼和外翼运动。达到指令构型后，折叠铰链被锁定，铰链刚度承受作用在机翼上的空气动力载荷。假设机翼在每个锁定构型下已经处于平衡状态。本节给出了带后缘控制面的折叠机翼的参数化 ASE 建模方法，流程图如图 7.1.2 所示。

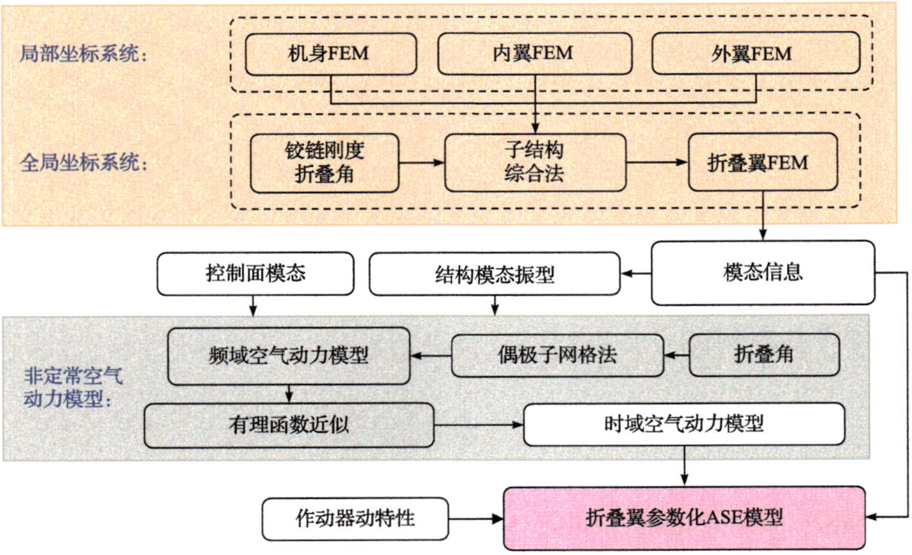

图 7.1.2　参数化 ASE 建模方法的流程图

7.1.2　结构动力学建模

为了建立参数化 ASE 模型，提出了一种基于子结构综合的折叠翼结构参数化建模方法[17]。主要过程简述如下：首先通过在局部坐标系中建立机身、内翼和外翼三个子结构的有限元模型。这些子结构通过对接结点处的扭转弹簧连接。在应用子结构综合方法之前，将每个子结构的有限元结点分为两类：用下标 I 表示内部结点，用下标 θ 和 o 表示对接结点。下标 θ 代表旋转自由度，下标 o 代表对接结点的其余自由度。根据上述分类重新排序和划分后，机身、内翼和外翼的动力学方程如下

$$\begin{bmatrix} \boldsymbol{M}_{II}^{\alpha} & \boldsymbol{M}_{Io_1}^{\alpha} & \boldsymbol{M}_{I\theta_1}^{\alpha} \\ \boldsymbol{M}_{o_1I}^{\alpha} & \boldsymbol{M}_{o_1o_1}^{\alpha} & \boldsymbol{M}_{o_1\theta_1}^{\alpha} \\ \boldsymbol{M}_{\theta_1I}^{\alpha} & \boldsymbol{M}_{\theta_1o_1}^{\alpha} & \boldsymbol{M}_{\theta_1\theta_1}^{\alpha} \end{bmatrix} \begin{Bmatrix} \ddot{\boldsymbol{u}}_I^{\alpha} \\ \ddot{\boldsymbol{u}}_{o_1}^{\alpha} \\ \ddot{\boldsymbol{u}}_{\theta_1}^{\alpha} \end{Bmatrix} + \begin{bmatrix} \boldsymbol{K}_{II}^{\alpha} & \boldsymbol{K}_{Io_1}^{\alpha} & \boldsymbol{K}_{I\theta_1}^{\alpha} \\ \boldsymbol{K}_{o_1I}^{\alpha} & \boldsymbol{K}_{o_1o_1}^{\alpha} & \boldsymbol{K}_{o_1\theta_1}^{\alpha} \\ \boldsymbol{K}_{\theta_1I}^{\alpha} & \boldsymbol{K}_{\theta_1o_1}^{\alpha} & \boldsymbol{K}_{\theta_1\theta_1}^{\alpha} \end{bmatrix} \begin{Bmatrix} \boldsymbol{u}_I^{\alpha} \\ \boldsymbol{u}_{o_1}^{\alpha} \\ \boldsymbol{u}_{\theta_1}^{\alpha} \end{Bmatrix} = \begin{Bmatrix} \boldsymbol{0} \\ \boldsymbol{f}_{o_1}^{\alpha} \\ \boldsymbol{f}_{\theta_1}^{\alpha} \end{Bmatrix} \tag{7.1.1}$$

$$\begin{aligned} &\begin{bmatrix} \boldsymbol{M}_{II}^{\beta} & \boldsymbol{M}_{Io_1}^{\beta} & \boldsymbol{M}_{I\theta_1}^{\beta} & \boldsymbol{M}_{Io_2}^{\beta} & \boldsymbol{M}_{I\theta_2}^{\beta} \\ \boldsymbol{M}_{o_1I}^{\beta} & \boldsymbol{M}_{o_1o_1}^{\beta} & \boldsymbol{M}_{o_1\theta_1}^{\beta} & \boldsymbol{M}_{o_1o_2}^{\beta} & \boldsymbol{M}_{o_1\theta_2}^{\beta} \\ \boldsymbol{M}_{\theta_1I}^{\beta} & \boldsymbol{M}_{\theta_1o_1}^{\beta} & \boldsymbol{M}_{\theta_1\theta_1}^{\beta} & \boldsymbol{M}_{\theta_1o_2}^{\beta} & \boldsymbol{M}_{\theta_1\theta_2}^{\beta} \\ \boldsymbol{M}_{o_2I}^{\beta} & \boldsymbol{M}_{o_2o_1}^{\beta} & \boldsymbol{M}_{o_2\theta_1}^{\beta} & \boldsymbol{M}_{o_2o_2}^{\beta} & \boldsymbol{M}_{o_2\theta_2}^{\beta} \\ \boldsymbol{M}_{\theta_2I}^{\beta} & \boldsymbol{M}_{\theta_2o_1}^{\beta} & \boldsymbol{M}_{\theta_2\theta_1}^{\beta} & \boldsymbol{M}_{\theta_2o_2}^{\beta} & \boldsymbol{M}_{\theta_2\theta_2}^{\beta} \end{bmatrix} \begin{Bmatrix} \ddot{\boldsymbol{u}}_I^{\beta} \\ \ddot{\boldsymbol{u}}_{o_1}^{\beta} \\ \ddot{\boldsymbol{u}}_{\theta_1}^{\beta} \\ \ddot{\boldsymbol{u}}_{o_2}^{\beta} \\ \ddot{\boldsymbol{u}}_{\theta_2}^{\beta} \end{Bmatrix} \\ &+ \begin{bmatrix} \boldsymbol{K}_{II}^{\beta} & \boldsymbol{K}_{Io_1}^{\beta} & \boldsymbol{K}_{I\theta_1}^{\beta} & \boldsymbol{K}_{Io_2}^{\beta} & \boldsymbol{K}_{I\theta_2}^{\beta} \\ \boldsymbol{K}_{o_1I}^{\beta} & \boldsymbol{K}_{o_1o_1}^{\beta} & \boldsymbol{K}_{o_1\theta_1}^{\beta} & \boldsymbol{K}_{o_1o_2}^{\beta} & \boldsymbol{K}_{o_1\theta_2}^{\beta} \\ \boldsymbol{K}_{\theta_1I}^{\beta} & \boldsymbol{K}_{\theta_1o_1}^{\beta} & \boldsymbol{K}_{\theta_1\theta_1}^{\beta} & \boldsymbol{K}_{\theta_1o_2}^{\beta} & \boldsymbol{K}_{\theta_1\theta_2}^{\beta} \\ \boldsymbol{K}_{o_2I}^{\beta} & \boldsymbol{K}_{o_2o_1}^{\beta} & \boldsymbol{K}_{o_2\theta_1}^{\beta} & \boldsymbol{K}_{o_2o_2}^{\beta} & \boldsymbol{K}_{o_2\theta_2}^{\beta} \\ \boldsymbol{K}_{\theta_2I}^{\beta} & \boldsymbol{K}_{\theta_2o_1}^{\beta} & \boldsymbol{K}_{\theta_2\theta_1}^{\beta} & \boldsymbol{K}_{\theta_2o_2}^{\beta} & \boldsymbol{K}_{\theta_2\theta_2}^{\beta} \end{bmatrix} \begin{Bmatrix} \boldsymbol{u}_I^{\beta} \\ \boldsymbol{u}_{o_1}^{\beta} \\ \boldsymbol{u}_{\theta_1}^{\beta} \\ \boldsymbol{u}_{o_2}^{\beta} \\ \boldsymbol{u}_{\theta_2}^{\beta} \end{Bmatrix} = \begin{Bmatrix} \boldsymbol{0} \\ \boldsymbol{f}_{o_1}^{\beta} \\ \boldsymbol{f}_{\theta_1}^{\beta} \\ \boldsymbol{f}_{o_2}^{\beta} \\ \boldsymbol{f}_{\theta_2}^{\beta} \end{Bmatrix} \end{aligned} \tag{7.1.2}$$

$$\begin{bmatrix} \boldsymbol{M}_{II}^{\gamma} & \boldsymbol{M}_{Io_2}^{\gamma} & \boldsymbol{M}_{I\theta_2}^{\gamma} \\ \boldsymbol{M}_{o_2I_2}^{\gamma} & \boldsymbol{M}_{o_2o_2}^{\gamma} & \boldsymbol{M}_{o_2\theta_2}^{\gamma} \\ \boldsymbol{M}_{\theta_2I}^{\gamma} & \boldsymbol{M}_{\theta_2o_2}^{\gamma} & \boldsymbol{M}_{\theta_2\theta_2}^{\gamma b} \end{bmatrix} \begin{Bmatrix} \ddot{\boldsymbol{u}}_I^{\gamma} \\ \ddot{\boldsymbol{u}}_{o_2}^{\gamma} \\ \ddot{\boldsymbol{u}}_{\theta_2}^{\gamma} \end{Bmatrix} + \begin{bmatrix} \boldsymbol{K}_{II}^{\gamma} & \boldsymbol{K}_{Io_2}^{\gamma} & \boldsymbol{K}_{I\theta_2}^{\gamma} \\ \boldsymbol{K}_{o_2I}^{\gamma} & \boldsymbol{K}_{o_2o_2}^{\gamma} & \boldsymbol{K}_{o_2\theta_2}^{\gamma} \\ \boldsymbol{K}_{\theta_2I}^{\gamma} & \boldsymbol{K}_{\theta_2o_2}^{\gamma} & \boldsymbol{K}_{\theta_2\theta_2}^{\gamma} \end{bmatrix} \begin{Bmatrix} \boldsymbol{u}_I^{\gamma} \\ \boldsymbol{u}_{o_2}^{\gamma} \\ \boldsymbol{u}_{\theta_2}^{\gamma} \end{Bmatrix} = \begin{Bmatrix} \boldsymbol{0} \\ \boldsymbol{f}_{o_2}^{\gamma} \\ \boldsymbol{f}_{\theta_2}^{\gamma} \end{Bmatrix} \tag{7.1.3}$$

在上述方程中，上标 α 、 β 和 γ 分别代表机身、内翼和外翼的有限元结点。下标 1 和 2 分别代表对机身和内翼之间、内翼和外翼之间的对接结点。此外，方程右侧中的力向量表示子结构在对接结点处的相互作用力。

为了通过子结构综合法建立折叠翼的参数化结构模型，每个子结构的动力学方程都应该在全局坐标系中表示。如图 7.1.1 所示，由于内翼在非零折叠角处的局部坐标系 o_β-$x_\beta y_\beta z_\beta$ 与全局坐标系 o-xyz 不平行，因此需要对动力学方程进行坐标变换，于是有

$$
\begin{bmatrix}
\bar{M}_{II}^{\beta} & \bar{M}_{Io_1}^{\beta} & \bar{M}_{I\theta_1}^{\beta} & \bar{M}_{Io_2}^{\beta} & \bar{M}_{I\theta_2}^{\beta} \\
\bar{M}_{o_1I}^{\beta} & \bar{M}_{o_1o_1}^{\beta} & \bar{M}_{o_1\theta_1}^{\beta} & \bar{M}_{o_1o_2}^{\beta} & \bar{M}_{o_1\theta_2}^{\beta} \\
\bar{M}_{\theta_1I}^{\beta} & \bar{M}_{\theta_1o_1}^{\beta} & \bar{M}_{\theta_1\theta_1}^{\beta} & \bar{M}_{\theta_1o_2}^{\beta} & \bar{M}_{\theta_1\theta_2}^{\beta} \\
\bar{M}_{o_2I}^{\beta} & \bar{M}_{o_2o_1}^{\beta} & \bar{M}_{o_2\theta_1}^{\beta} & \bar{M}_{o_2o_2}^{\beta} & \bar{M}_{o_2\theta_2}^{\beta} \\
\bar{M}_{\theta_2I}^{\beta} & \bar{M}_{\theta_2o_1}^{\beta} & \bar{M}_{\theta_2\theta_1}^{\beta} & \bar{M}_{\theta_2o_2}^{\beta} & \bar{M}_{\theta_2\theta_2}^{\beta}
\end{bmatrix}
\begin{Bmatrix}
\ddot{u}_I^{\beta g} \\ \ddot{u}_{o_1}^{\alpha} \\ \ddot{u}_{\theta_1}^{\beta} \\ \ddot{u}_{o_2}^{\gamma} \\ \ddot{u}_{\theta_2}^{\beta}
\end{Bmatrix}
+
\begin{bmatrix}
\bar{K}_{II}^{\beta} & \bar{K}_{Io_1}^{\beta} & \bar{K}_{I\theta_1}^{\beta} & \bar{K}_{Io_2}^{\beta} & \bar{K}_{I\theta_2}^{\beta} \\
\bar{K}_{o_1I}^{\beta} & \bar{K}_{o_1o_1}^{\beta} & \bar{K}_{o_1\theta_1}^{\beta} & \bar{K}_{o_1o_2}^{\beta} & \bar{K}_{o_1\theta_2}^{\beta} \\
\bar{K}_{\theta_1I}^{\beta} & \bar{K}_{\theta_1o_1}^{\beta} & \bar{K}_{\theta_1\theta_1}^{\beta} & \bar{K}_{\theta_1o_2}^{\beta} & \bar{K}_{\theta_1\theta_2}^{\beta} \\
\bar{K}_{o_2I}^{\beta} & \bar{K}_{o_2o_1}^{\beta} & \bar{K}_{o_2\theta_1}^{\beta} & \bar{K}_{o_2o_2}^{\beta} & \bar{K}_{o_2\theta_2}^{\beta} \\
\bar{K}_{\theta_2I}^{\beta} & \bar{K}_{\theta_2o_1}^{\beta} & \bar{K}_{\theta_2\theta_1}^{\beta} & \bar{K}_{\theta_2o_2}^{\beta} & \bar{K}_{\theta_2\theta_2}^{\beta}
\end{bmatrix}
\begin{Bmatrix}
u_I^{\beta g} \\ u_{o_1}^{\alpha} \\ u_{\theta_1}^{\beta} \\ u_{o_2}^{\gamma} \\ u_{\theta_2}^{\beta}
\end{Bmatrix}
=
\begin{Bmatrix}
\mathbf{0} \\ (\bar{T}_o^{\alpha\beta})^{\mathrm{T}} \bar{f}_{o_1}^{\beta} \\ \bar{f}_{\theta_1}^{\beta} \\ (\bar{T}_o^{\beta\gamma})^{\mathrm{T}} \bar{f}_{o_2}^{\beta} \\ \bar{f}_{\theta_2}^{\beta}
\end{Bmatrix}
\tag{7.1.4}
$$

关于式(7.1.4)的详细信息参见文献[17]。

对接结点处的力协调条件为

$$
\begin{cases}
f_{o_1}^{\alpha} + (\bar{T}_o^{\alpha\beta})^{\mathrm{T}} f_{o_1}^{\beta} = \mathbf{0} \\
f_{o_2}^{\gamma} + (\bar{T}_o^{\beta\gamma})^{\mathrm{T}} f_{o_2}^{\beta b} = \mathbf{0}
\end{cases}
\tag{7.1.5}
$$

此外，扭转弹簧在对接结点处产生的力矩满足如下条件

$$
\begin{cases}
f_{\theta_1}^{\alpha} = K_1(u_{\theta_1}^{\beta} - u_{\theta_1}^{\alpha}) \\
f_{\theta_1}^{\beta} = -K_1(u_{\theta_1}^{\beta} - u_{\theta_1}^{\alpha}) \\
f_{\theta_2}^{\beta} = K_2(u_{\theta_2}^{\gamma} - u_{\theta_2}^{\beta}) \\
f_{\theta_2}^{\gamma} = -K_2(u_{\theta_2}^{\gamma} - u_{\theta_2}^{\beta})
\end{cases}
\tag{7.1.6}
$$

式中，矩阵 $\boldsymbol{K}_1$ 和 $\boldsymbol{K}_2$ 分别为由内翼扭转弹簧 K_1 及内翼和外翼之间的扭转弹簧 K_2 组成的对角矩阵。组合上述方程，得到物理坐标系下折叠翼的参数化结构动力学模型为

$$
\boldsymbol{M}_{\mathrm{s}}(\theta)\ddot{\boldsymbol{\chi}}(t) + \boldsymbol{K}_{\mathrm{s}}(\theta, K_1, K_2)\boldsymbol{\chi}(t) = \mathbf{0} \tag{7.1.7}
$$

式中，$\boldsymbol{\chi}(t)$ 表示有限元结点在全局坐标系中的位移矢量，$\boldsymbol{M}_{\mathrm{s}}(\theta)$ 和 $\boldsymbol{K}_{\mathrm{s}}(\theta, K_1, K_2)$ 分别表示特定折叠角下折叠翼的全局质量矩阵和刚度矩阵。

7.1.3　开环气动伺服弹性建模

在特定折叠角下对折叠机翼进行 ASE 建模的程序与传统机翼的程序相同。因此，一旦建立了折叠翼的参数化结构模型，就可以很容易地使用基于偶极子格网

法的气动模型来获得折叠翼的 ASE 参数化模型，主要过程总结如下。

注意到式(7.1.7)给出的方程表达在物理坐标系中维数较高。通过保留前几阶感兴趣的结构模态和一个控制面模态，并考虑到非定常空气动力的作用，得到特定折叠角 θ 下折叠翼的气动弹性方程为

$$\begin{aligned}&\boldsymbol{M}_{\mathrm{ss}}(\theta)\ddot{\boldsymbol{q}}_{\mathrm{s}}(t)+\boldsymbol{D}_{\mathrm{ss}}(\theta)\dot{\boldsymbol{q}}_{\mathrm{s}}(t)+\boldsymbol{K}_{\mathrm{ss}}(\theta)\boldsymbol{q}_{\mathrm{s}}(t)\\&=-\boldsymbol{M}_{\mathrm{sc}}(\theta)\ddot{\delta}_{\mathrm{c}}(t)+q_{\infty}\boldsymbol{Q}_{\mathrm{ss}}(k,M_{\infty})\boldsymbol{q}_{\mathrm{s}}(t)+q_{\infty}\boldsymbol{Q}_{\mathrm{sc}}(k,M_{\infty})\delta_{\mathrm{c}}(t)\end{aligned}\tag{7.1.8}$$

式中，$\boldsymbol{M}_{\mathrm{ss}}(\theta)$、$\boldsymbol{D}_{\mathrm{ss}}(\theta)$、$\boldsymbol{K}_{\mathrm{ss}}(\theta)$ 分别为模态质量、模态阻尼和模态刚度矩阵；$\boldsymbol{M}_{\mathrm{sc}}(\theta)$ 为耦合质量矩阵；$\boldsymbol{q}_{\mathrm{s}}$ 和 δ_{c} 分别表示结构模态位移矢量和控制面偏转角；q_{∞} 为动压；k 为减缩频率；M_{∞} 为自由流马赫数；$\boldsymbol{Q}_{\mathrm{ss}}(k,M_{\infty})$ 和 $\boldsymbol{Q}_{\mathrm{sc}}(k,M_{\infty})$ 分别为结构模态运动和控制面偏转引起的频域广义空气动力矩阵。

注意到广义空气动力矩阵依赖于折叠角 θ，折叠翼的参数化广义空气动力矩阵的计算细节可参考文献[17]。为了将方程(7.1.8)给出的气动弹性模型转化为状态空间形式，需要通过有理函数近似将广义空气动力矩阵 $\boldsymbol{Q}_{\mathrm{ss}}$ 和 $\boldsymbol{Q}_{\mathrm{sc}}$ 从频域转换到 Laplace 域。利用最小状态近似方法，可得

$$\begin{aligned}\left[\boldsymbol{Q}_{\mathrm{ss}}(s)\ \ \boldsymbol{Q}_{\mathrm{sc}}(s)\right]&=\left[\boldsymbol{A}_{\mathrm{ss0}}\quad \boldsymbol{A}_{\mathrm{sc0}}\right]+\left[\boldsymbol{A}_{\mathrm{ss1}}\quad \boldsymbol{A}_{\mathrm{sc1}}\right]\frac{sb_{\mathrm{R}}}{U_{\infty}}+\left[\boldsymbol{A}_{\mathrm{ss2}}\quad \boldsymbol{A}_{\mathrm{sc2}}\right]\left(\frac{sb_{\mathrm{R}}}{U_{\infty}}\right)^{2}\\&\quad+\boldsymbol{D}_{\mathrm{a}}\left(s\boldsymbol{I}-\frac{U_{\infty}}{b_{\mathrm{R}}}\boldsymbol{R}_{\mathrm{a}}\right)^{-1}\left[\boldsymbol{E}_{\mathrm{s}}\ \ \boldsymbol{E}_{\mathrm{c}}\right]s\end{aligned}\tag{7.1.9}$$

式中，U_{∞} 和 b_{R} 分别是来流速度和参考长度。组合方程(7.1.8)与方程(7.1.9)，折叠翼参数化气动弹性模型的状态方程形式为

$$\dot{\boldsymbol{x}}_{\mathrm{ae}}(t)=\boldsymbol{A}_{\mathrm{ae}}(\theta)\boldsymbol{x}_{\mathrm{ae}}(t)+\boldsymbol{B}_{\mathrm{ae}}(\theta)\boldsymbol{u}_{\mathrm{ae}}(t)\tag{7.1.10}$$

式中，状态向量 $\boldsymbol{x}_{\mathrm{ae}}$ 和控制输入向量 $\boldsymbol{u}_{\mathrm{ae}}$ 定义为

$$\boldsymbol{x}_{\mathrm{ae}}=\begin{bmatrix}\boldsymbol{q}_{\mathrm{s}}\\\dot{\boldsymbol{q}}_{\mathrm{s}}\\\boldsymbol{x}_{\mathrm{a}}\end{bmatrix},\quad \boldsymbol{u}_{\mathrm{ae}}=\begin{bmatrix}\delta_{\mathrm{c}}\\\dot{\delta}_{\mathrm{c}}\\\ddot{\delta}_{\mathrm{c}}\end{bmatrix}\tag{7.1.11}$$

上式中，$\boldsymbol{x}_{\mathrm{a}}$ 代表空气动力状态向量。矩阵 $\boldsymbol{A}_{\mathrm{ae}}(\theta)$ 和 $\boldsymbol{B}_{\mathrm{ae}}(\theta)$ 分别为

$$\boldsymbol{A}_{\mathrm{ae}}(\theta)=\begin{bmatrix}0&\boldsymbol{I}&0\\-\bar{\boldsymbol{M}}_{\mathrm{ss}}^{-1}(\theta)\bar{\boldsymbol{K}}_{\mathrm{ss}}(\theta)&-\bar{\boldsymbol{M}}_{\mathrm{ss}}^{-1}(\theta)\bar{\boldsymbol{D}}_{\mathrm{ss}}&q_{\infty}\bar{\boldsymbol{M}}_{\mathrm{ss}}^{-1}(\theta)\boldsymbol{D}_{\mathrm{a}}(\theta)\\0&\boldsymbol{E}_{\mathrm{s}}(\theta)&\left(U_{\infty}/b_{\mathrm{R}}\right)\boldsymbol{R}_{\mathrm{a}}(\theta)\end{bmatrix}\tag{7.1.12}$$

$$\boldsymbol{B}_{\mathrm{ae}}(\theta)=\begin{bmatrix}0&0&0\\q_{\infty}\bar{\boldsymbol{M}}_{\mathrm{ss}}^{-1}(\theta)\boldsymbol{A}_{\mathrm{sc0}}(\theta)&q_{\infty}\dfrac{b_{\mathrm{R}}}{U_{\infty}}\bar{\boldsymbol{M}}_{\mathrm{ss}}^{-1}(\theta)\boldsymbol{A}_{\mathrm{sc1}}(\theta)&-\bar{\boldsymbol{M}}_{\mathrm{ss}}^{-1}(\theta)\bar{\boldsymbol{M}}_{\mathrm{sc}}(\theta)\\0&\boldsymbol{E}_{\mathrm{c}}(\theta)&0\end{bmatrix}\tag{7.1.13}$$

以上两式中，矩阵 $\bar{\boldsymbol{M}}_{ss}(\theta)$ 、 $\bar{\boldsymbol{M}}_{sc}(\theta)$ 、 $\bar{\boldsymbol{D}}_{ss}(\theta)$ 和 $\bar{\boldsymbol{K}}_{ss}(\theta)$ 定义为

$$\begin{cases}\bar{\boldsymbol{M}}_{ss}(\theta)=\boldsymbol{M}_{ss}(\theta)-q_\infty(b_R/U_\infty)^2\boldsymbol{A}_{ss2}(\theta)\\ \bar{\boldsymbol{M}}_{sc}(\theta)=\boldsymbol{M}_{sc}(\theta)-q_\infty(b_R/U_\infty)^2\boldsymbol{A}_{sc2}(\theta)\\ \bar{\boldsymbol{D}}_{ss}(\theta)=\boldsymbol{D}_{ss}(\theta)-\dfrac{q_\infty b_R}{U_\infty}\boldsymbol{A}_{ss1}\\ \bar{\boldsymbol{K}}_{ss}(\theta)=\boldsymbol{K}_{ss}(\theta)-q_\infty\boldsymbol{A}_{ss0}(\theta)\end{cases} \tag{7.1.14}$$

作动器传递函数的一般表达式可写为

$$\frac{\delta_c(s)}{u_{ac}(s)}=\frac{a_0}{s^3+a_2s^2+a_1s+a_0} \tag{7.1.15}$$

式中， u_{ac} 代表控制面偏转指令，常数 a_0 、 a_1 和 a_2 可通过参数估计技术得到。通过的定义状态向量 $\boldsymbol{x}_{ac}=[\delta_c\ \ \dot{\delta}_c\ \ \ddot{\delta}_c]^{\mathrm{T}}$ ，作动器的状态空间模型可写为

$$\dot{\boldsymbol{x}}_{ac}=\boldsymbol{A}_{ac}\boldsymbol{x}_{ac}+\boldsymbol{b}_{ac}u_{ac} \tag{7.1.16}$$

式中

$$\boldsymbol{A}_{ac}=\begin{bmatrix}0&1&0\\0&0&1\\-a_0&-a_1&-a_2\end{bmatrix},\quad \boldsymbol{b}_{ac}=\begin{bmatrix}0\\0\\a_0\end{bmatrix} \tag{7.1.17}$$

计入作动器动特性方程和输出方程后，折叠翼的开环 ASE 状态方程如下

$$\begin{cases}\dot{\boldsymbol{x}}_p(t)=\boldsymbol{A}_p(\theta)\boldsymbol{x}_p(t)+\boldsymbol{b}_p u_{ac}(t)\\ \boldsymbol{y}(t)=\boldsymbol{C}_p(\theta)\boldsymbol{x}_p(t)\end{cases} \tag{7.1.18}$$

式中

$$\boldsymbol{x}_p=\begin{Bmatrix}\boldsymbol{x}_{ae}\\ \boldsymbol{x}_{ac}\end{Bmatrix},\quad \boldsymbol{A}_p(\theta)=\begin{bmatrix}\boldsymbol{A}_{ae}(\theta)&\boldsymbol{B}_{ae}(\theta)\\ \boldsymbol{0}&\boldsymbol{A}_{ac}\end{bmatrix},\quad \boldsymbol{b}_p=\begin{Bmatrix}\boldsymbol{0}\\ \boldsymbol{b}_{ac}\end{Bmatrix} \tag{7.1.19}$$

$\boldsymbol{y}(t)$ 代表输出向量，包括位移、速度、加速度等传感器信号。

传统方法对于不同的折叠角需要重复地建模，因此研究折叠翼的 ASE 行为是十分烦琐的。一旦通过本书提出的建模方法建立了折叠翼的参数化 ASE 模型，就可以进行有效的开环和闭环 ASE 分析。

7.2 参数化颤振主动控制律的设计

本节将 Ram 和 Mottershead[18,19]开发的导纳方法用于折叠翼的参数化主动气动弹性控制。作为一种极点配置方法，基于导纳的控制策略比基于矩阵的控制策

略有几个显著的优点。通过使用导纳方法获得的控制增益可以基于嵌入式传感器和作动器之间的测量或数值计算获得的传递函数来确定。尽管导纳方法已应用于主动气动弹性控制[14-16]，但本研究首次应用于可变体飞机的参数化主动气动弹控制。

基于式(7.1.18)给出的参数化 ASE 模型，可得到折叠翼的开环传递函数如下

$$\boldsymbol{y}(s)=\boldsymbol{H}(s,\theta)\bar{\boldsymbol{k}}_{\mathrm{u}}(\theta)u_{\mathrm{ac}}(s)=\boldsymbol{r}(s,\theta)u_{\mathrm{ac}}(s) \tag{7.2.1}$$

式中，导纳矩阵 $\boldsymbol{H}(s,\theta)$ 定义为

$$\boldsymbol{H}(s,\theta)=\boldsymbol{W}_{\mathrm{s}}(\theta)\left(s^2\bar{\boldsymbol{M}}_{\mathrm{ss}}(\theta)+s\bar{\boldsymbol{D}}_{\mathrm{ss}}(\theta)+\bar{\boldsymbol{K}}_{\mathrm{ss}}(\theta)-q_\infty\boldsymbol{D}_{\mathrm{a}}\left(s\boldsymbol{I}-\frac{U_\infty}{b_R}\boldsymbol{R}_{\mathrm{a}}\right)^{-1}\boldsymbol{E}_{\mathrm{s}}s\right)^{-1} \tag{7.2.2}$$

控制分布向量 $\bar{\boldsymbol{k}}_{\mathrm{u}}(\theta)$ 定义为

$$\bar{\boldsymbol{k}}_{\mathrm{u}}(\theta)=q_\infty\boldsymbol{A}_{\mathrm{c}0}(\theta) \tag{7.2.3}$$

方程(7.2.2)中，$\boldsymbol{W}_{\mathrm{s}}(\theta)$ 是通过结构模态振型和位移传感器位置决定的可逆矩阵。为了简化推导，这里忽略了控制面的惯性和阻尼特性。此外，假设作动器能够在感兴趣的频率范围内足够好地跟踪控制命令。现在考虑一个具有 $2n$ 个极点的 ASE 系统，其中开环特征值为 $\{\lambda_k\}_{k=1}^{2n}$，期望的闭环极点由 $\{\mu_k\}_{k=1}^{p}$ 指定。根据基于导纳的部分极点配置方法，开环 ASE 系统的其余特征值 $\{\lambda_k\}_{k=p+1}^{2n}$ 则保持不变。使用如下比例和微分反馈控制器

$$u_{\mathrm{ac}}(t)=\boldsymbol{f}^{\mathrm{T}}\dot{\boldsymbol{y}}(t)+\boldsymbol{g}^{\mathrm{T}}\boldsymbol{y}(t) \tag{7.2.4}$$

开、闭环 ASE 系统的特征值问题可写为

$$\begin{aligned}&\boldsymbol{H}^{-1}(\lambda_k)\boldsymbol{v}_k=\boldsymbol{0}\\&\boldsymbol{H}^{-1}(\mu_k)\boldsymbol{w}_k=\bar{\boldsymbol{k}}_u(\mu_k\boldsymbol{f}^{\mathrm{T}}+\boldsymbol{g}^{\mathrm{T}})\boldsymbol{w}_k,\quad k=1,2,\cdots,2n\end{aligned} \tag{7.2.5}$$

式中，$\boldsymbol{H}$ 代表式(7.2.2)给出的导纳矩阵；$\bar{\boldsymbol{k}}_u$ 为式(7.2.3)给出的控制分布向量；$\boldsymbol{v}_k$ 和 $\boldsymbol{w}_k$ 分别代表开环、闭环特征向量。

由于开环特征值 $\{\lambda_k\}_{k=p+1}^{2n}$ 是不变的，闭环 ASE 系统的特征值问题变为

$$\boldsymbol{H}^{-1}(\lambda_k)\boldsymbol{w}_k=\bar{\boldsymbol{k}}_u(\lambda_k\boldsymbol{f}^{\mathrm{T}}+\boldsymbol{g}^{\mathrm{T}})\boldsymbol{w}_k,\quad k=p+1,p+2,\cdots,2n \tag{7.2.6}$$

式(7.2.6)的非平凡解为

$$\begin{aligned}&\boldsymbol{w}_k=\boldsymbol{v}_k\\&\bar{\boldsymbol{k}}_u(\lambda_k\boldsymbol{f}^{\mathrm{T}}+\boldsymbol{g}^{\mathrm{T}})\boldsymbol{v}_k=\boldsymbol{0},\ k=p+1,p+2,\cdots,2n\end{aligned} \tag{7.2.7}$$

由于控制分布向量 $\bar{\boldsymbol{k}}_u$ 是非零的，因此有

$$\boldsymbol{v}_k^{\mathrm{T}}\left(\lambda_k\boldsymbol{f}+\boldsymbol{g}\right)=0,\ k=p+1,p+2,\cdots,2n \tag{7.2.8}$$

根据指定的闭环特征值的信息，可以从式(7.2.5)中得到如下表达式

$$\boldsymbol{w}_k=\boldsymbol{H}(\mu_k)\bar{\boldsymbol{k}}_u(\mu_k\boldsymbol{f}^{\mathrm{T}}+\boldsymbol{g}^{\mathrm{T}})\boldsymbol{w}_k=\boldsymbol{r}_{\mu_k}(\mu_k\boldsymbol{f}^{\mathrm{T}}+\boldsymbol{g}^{\mathrm{T}})\boldsymbol{w}_k,\ k=1,2,\cdots,p \tag{7.2.9}$$

由于闭环特征向量 $\boldsymbol{w}_k$ 可以任意缩放，我们有

$$(\mu_k\boldsymbol{f}^{\mathrm{T}}+\boldsymbol{g}^{\mathrm{T}})\boldsymbol{w}_k=1,\ k=1,2,\cdots,p \tag{7.2.10}$$

将式(7.2.10)代入式(7.2.9)中，得到

$$\boldsymbol{w}_k=\boldsymbol{r}_{\mu_k},\ k=1,2,\cdots,p \tag{7.2.11}$$

将式(7.2.11)代入式(7.2.10)中，得到

$$\boldsymbol{r}_{\mu_k}^{\mathrm{T}}(\mu_k\boldsymbol{f}+\boldsymbol{g})=1,\ k=1,2,\cdots,p \tag{7.2.12}$$

由式(7.2.8)和式(7.2.12)，可得到如下方程

$$\begin{bmatrix}\boldsymbol{P}\\ \boldsymbol{Q}\end{bmatrix}\begin{Bmatrix}\boldsymbol{f}\\ \boldsymbol{g}\end{Bmatrix}=\begin{Bmatrix}\boldsymbol{e}\\ \boldsymbol{0}\end{Bmatrix} \tag{7.2.13}$$

式中

$$\boldsymbol{e}=[1\ \ 1\cdots1]^{\mathrm{T}}\in\Re^{p},\ \ \boldsymbol{0}=[0\ \ 0\cdots0]^{\mathrm{T}}\in\Re^{2n-p} \tag{7.2.14}$$

$$\boldsymbol{P}=\begin{bmatrix}\mu_1\boldsymbol{r}_{\mu_1}^{\mathrm{T}} & \boldsymbol{r}_{\mu_1}^{\mathrm{T}}\\ \mu_2\boldsymbol{r}_{\mu_2}^{\mathrm{T}} & \boldsymbol{r}_{\mu_2}^{\mathrm{T}}\\ \vdots & \vdots\\ \mu_p\boldsymbol{r}_{\mu_p}^{\mathrm{T}} & \boldsymbol{r}_{\mu_p}^{\mathrm{T}}\end{bmatrix},\quad \boldsymbol{Q}=\begin{bmatrix}\mu_{p+1}\boldsymbol{v}_{\mu_{p+1}}^{\mathrm{T}} & \boldsymbol{v}_{\mu_{p+1}}^{\mathrm{T}}\\ \mu_{p+2}\boldsymbol{v}_{\mu_{p+2}}^{\mathrm{T}} & \boldsymbol{v}_{\mu_{p+2}}^{\mathrm{T}}\\ \vdots & \vdots\\ \mu_{2n}\boldsymbol{v}_{\mu_{2n}}^{\mathrm{T}} & \boldsymbol{v}_{\mu_{2n}}^{\mathrm{T}}\end{bmatrix} \tag{7.2.15}$$

因此，一旦获得了传递函数 $\boldsymbol{r}(s,\theta)$，就可以很容易地综合出折叠翼的比例和微分反馈控制器，如下

$$u_{\mathrm{ac}}(t)=\boldsymbol{f}(\theta)^{\mathrm{T}}\dot{\boldsymbol{y}}(t)+\boldsymbol{g}(\theta)^{\mathrm{T}}\boldsymbol{y}(t) \tag{7.2.16}$$

式中，控制增益通过求解方程(7.2.13)得到。折叠翼期望的闭环 ASE 行为可通过指定适当闭环特征值来实现。

7.3　数值结果和讨论

7.3.1　开环气动伺服弹性分析

如图 7.3.1 所示折叠机翼模型的所有子结构均由铝板制成，其中机身厚度为 2.0mm，内翼和外翼厚度均为 1.0mm。使用 Nastran 中的四结点 CQUAD4 单元离散这些子结构，并且在每个接口的边界上放置五个对接结点。内侧和外侧扭转弹

簧的刚度系数设置为 $K_1 = K_2 = 4.0\text{N} \cdot \text{m/rad}$ 。图 7.3.1 给出了折叠翼在 0° 折叠角下的有限元模型。将三个子结构视为机翼类部件，并使用偶极子格网法建立非定常气动模型。用于开环 ASE 分析的参数化 ASE 模型利用图 7.1.2 给出的过程建立。

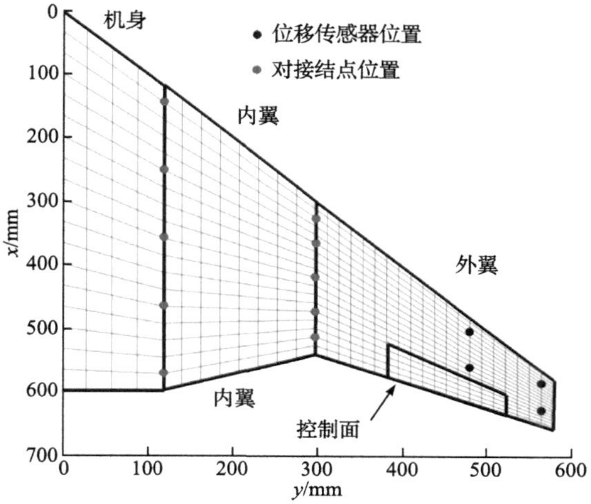

图 7.3.1　折叠翼的有限单元模型

为了研究变体机翼的结构动力学特性，给出了不同折叠角下的固有频率，并将结果与文献[20]中给出的结果进行了比较，如图 7.3.2 所示。对于接近 55° 的折叠角，第二阶模态倾向于与第三阶模态耦合，这导致在随后的开环 ASE 分析中出现了第二阶和第三阶模态之间的颤振模态的转换。图 7.3.3 显示了 $\theta = 60°$ 折叠角下变体机翼的质量归一化振型。

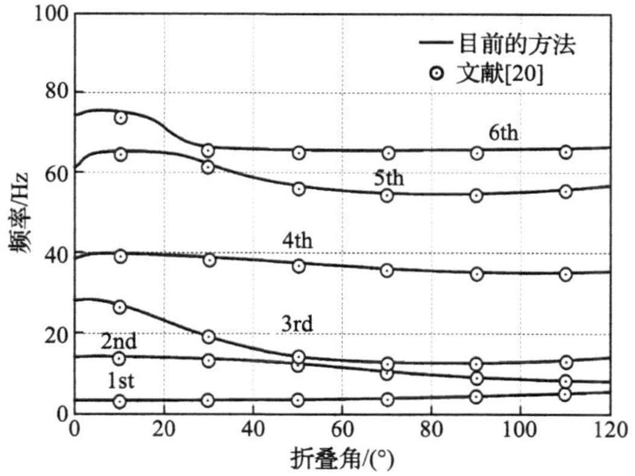

图 7.3.2　前六阶固有频率随折叠角的变化

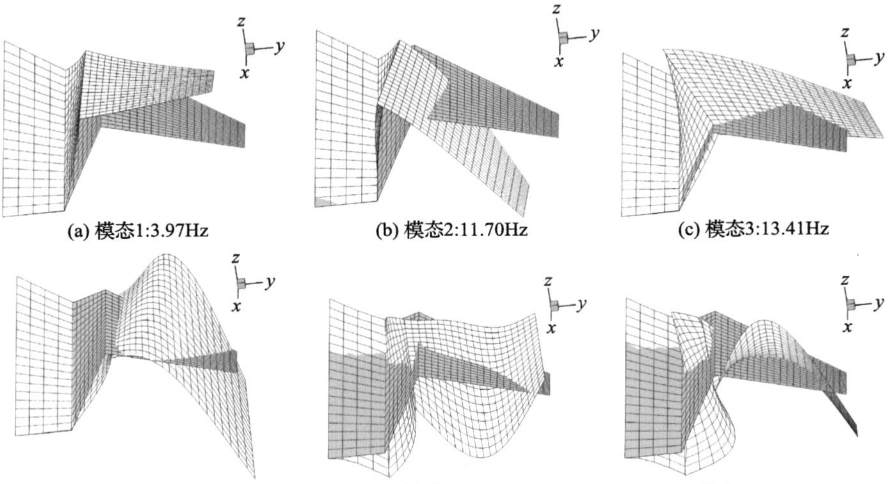

图 7.3.3　折叠翼的前六阶固有振型($\theta=60°$)

保留结构的前六阶固有模态，空气密度取为 $\rho_\infty=1.225\text{kg/m}^3$ ，建立了折叠翼的参数化 ASE 模型。图 7.3.4 显示了两个折叠角 $\theta=30°$ 和 $\theta=55°$ 下不同流速下的根轨迹图。由图可见，当 $\theta=30°$ 时，折叠翼的颤振模态为第二阶模态；当 $\theta=55°$ 时变为第三模态。为了验证折叠翼的气动弹性行为，将变体机翼的颤振特性与文献[20]给出的结果进行了比较，如图 7.3.5 所示。可见，本章方法可以很好地再现不同折叠角下的颤振速度和频率，折叠角对颤振特性有显著影响。具体而言，在 0°～40° 的折叠角范围内，颤振速度约为 32.5m/s。随后出现了颤振速度的凹坑，在 54° 左右的折叠角下，颤振速度达到最小值，为 21.0m/s。随后，折叠翼的颤振速度随着折叠角的增加逐渐增加，在 $\theta=95°$ 时折叠角处达到最大值 50.2m/s。折

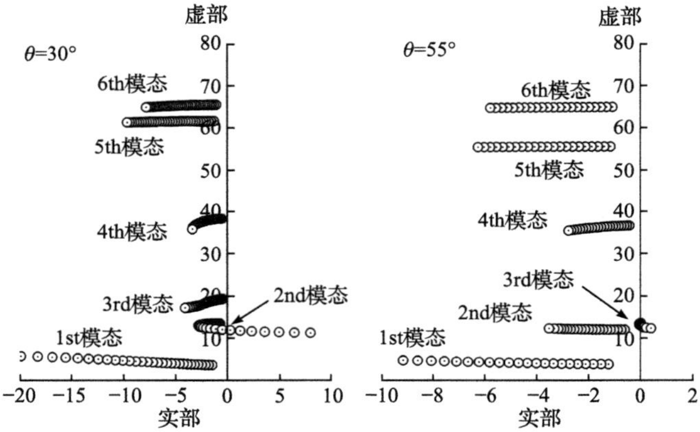

图 7.3.4　不同流速下的根轨迹图

叠角大于113°后，颤振速度显著下降。在$0° \leqslant \theta \leqslant 95°$的折叠角范围内，折叠翼的颤振模态主要是第二阶模态。在$51° \leqslant \theta \leqslant 62°$的折叠角范围内，第三阶模态变得不稳定。随后颤振模态切换为第二阶模态。在$96° \leqslant \theta \leqslant 112°$范围内，颤振模态换到第四阶模态。最后，折叠翼的颤振模态变为第三阶模态。

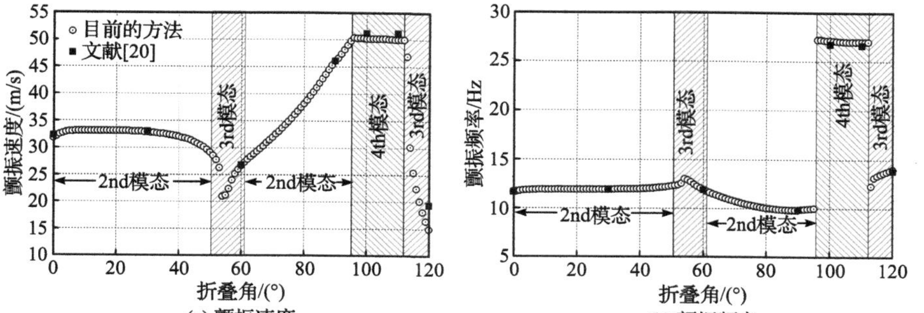

(a) 颤振速度 (b) 颤振频率

图 7.3.5 折叠翼在不同折叠角下的颤振边界

7.3.2 参数化控制增益综合

开环 ASE 分析结果所示，折叠角在$0° \leqslant \theta \leqslant 80°$的范围内，折叠翼的颤振速度低于40.0m/s。可见，折叠机翼的飞行性能受到了颤振包线的极大限制。本节通过导纳法给出了参数化控制增益，通过主动控制技术实现了折叠翼的颤振边界扩展。

通过保留结构前四阶模态并使用图 7.3.1 所示的四个位移传感器，建立了折叠翼的参数化 ASE 模型。为了抑制气动弹性振动并扩大颤振边界，折叠翼 ASE 模型的闭环极点选择如下

$$\begin{aligned}&(\mu_{1-4})_k = (\lambda_{1-4})_k\\&\mathrm{Re}(\mu_f)_k = \mathrm{Re}(\lambda_f)_k + \kappa_d d_{f\min}(k/n)^3\\&\mathrm{Im}(\mu_f)_k = \mathrm{Im}(\lambda_f)_k,\ k=1,2,\cdots,n\end{aligned} \tag{7.3.1}$$

式中，κ_d是一个常数，下标f指颤振模态。$d_{f\min}$表示在均匀间隔的速度下，颤振模态对应的开环特征值的最小实部，其中速度范围为从$U_1 = U_{\text{start}} = 1.0\text{m/s}$到$U_n = U_{\text{end}} = 50.0\text{m/s}$。折叠翼在感兴趣的折叠角范围内的参数化控制增益可以通过求解线性方程(7.2.13)确定。

当颤振模态在如图 7.3.5 所示的$51° \leqslant \theta \leqslant 62°$范围内切换时，利用极点配置方法很难综合出能在整个折叠角范围内光滑变化的参数化控制律。因此，使用导纳法研究参数化主动气动弹性控制时，将折叠角分为三个区域：$0° \leqslant \theta < 51°$、$51° \leqslant \theta < 62°$和$62° \leqslant \theta \leqslant 80°$。

第一个区域内，颤振模态为第二阶模态，位移增益和速度增益随流速和折叠角的变化分别如图 7.3.6 和图 7.3.7 所示。这个结果表明，使用导纳方法可以实现

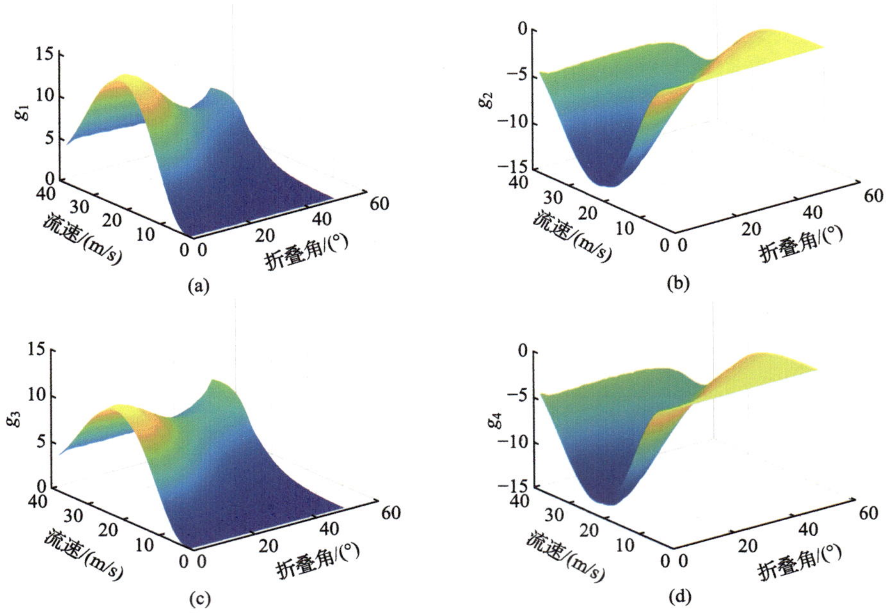

图 7.3.6　位移增益随流速和折叠角的变化($0° \leqslant \theta < 51°$)

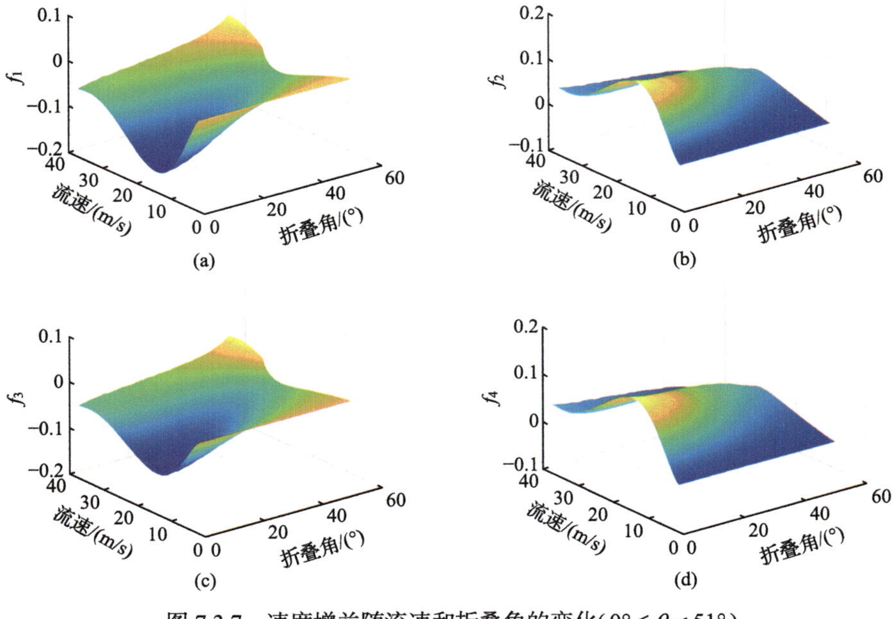

图 7.3.7　速度增益随流速和折叠角的变化($0° \leqslant \theta < 51°$)

位移和速度反馈增益的光滑变化。折叠翼的主动气动弹性控制规律可以在第一区域内实现光滑的增益调度。

对于第二个区域，$51° \leqslant \theta < 62°$，折叠翼的颤振模态从第二阶模态变为第三阶模态。由于折叠角只有很小的变化，在折叠角 $\theta = 56°$ 处综合的控制律用于第二区域上折叠翼的主动气动弹性控制。图 7.3.8 显示了由基于导纳的控制策略确定的位移增益和速度增益随流速的变化。结果表明，利用导纳基的方法可以实现位移和速度反馈增益的光滑演化，折叠翼的主动气动弹性控制律可以在第二区域内实现光滑切换。

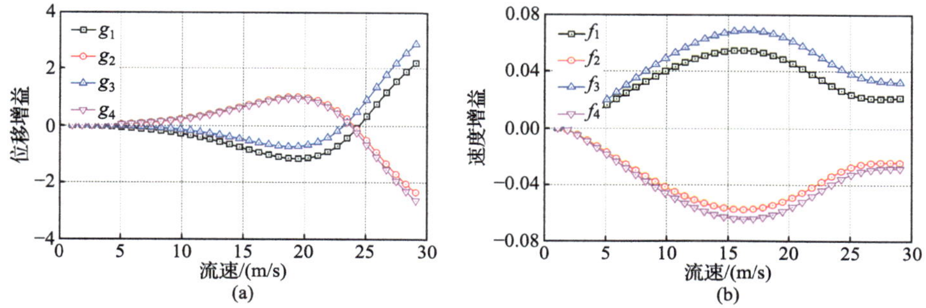

图 7.3.8 位移增益和速度增益随流速的变化($51° \leqslant \theta < 62°$)

对于最后一个区域，$62° \leqslant \theta \leqslant 80°$，该区域的颤振模态为第二阶模态，位移增益和速度增益随流速和折叠角的变化分别如图 7.3.9 和图 7.3.10 所示。与第一和第二区域类似，在最后一个区域内实现了位移和速度反馈增益的光滑演变。因此，该控制律也可以用于折叠翼在该区域内的主动气动弹性控制。此外，注意到在低流速下，位移和速度增益接近零，这是合理的，因为此时开环 ASE 系统的阻尼比足够大，在这些工作条件下不再需要主动气动弹性控制。

7.3.3 闭环气动伺服弹性分析

首先考察给定折叠角下低于颤振速度下的折叠翼的闭环 ASE 行为。图 7.3.11 给

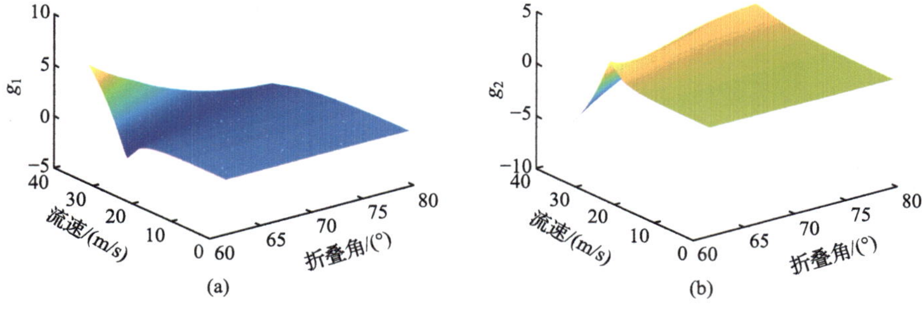

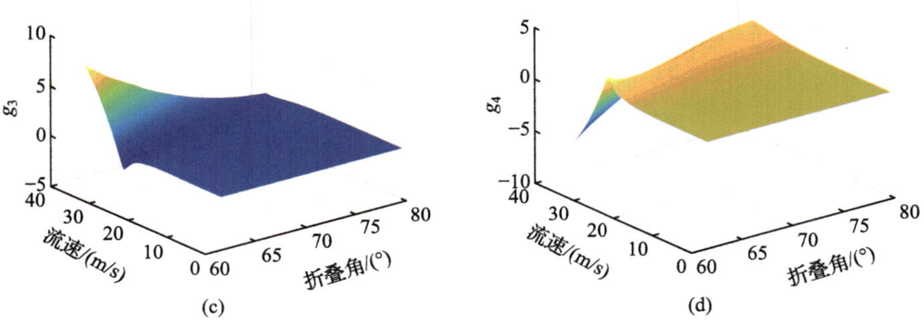

图 7.3.9　位移增益随流速和折叠角的变化($62° \leqslant \theta \leqslant 80°$)

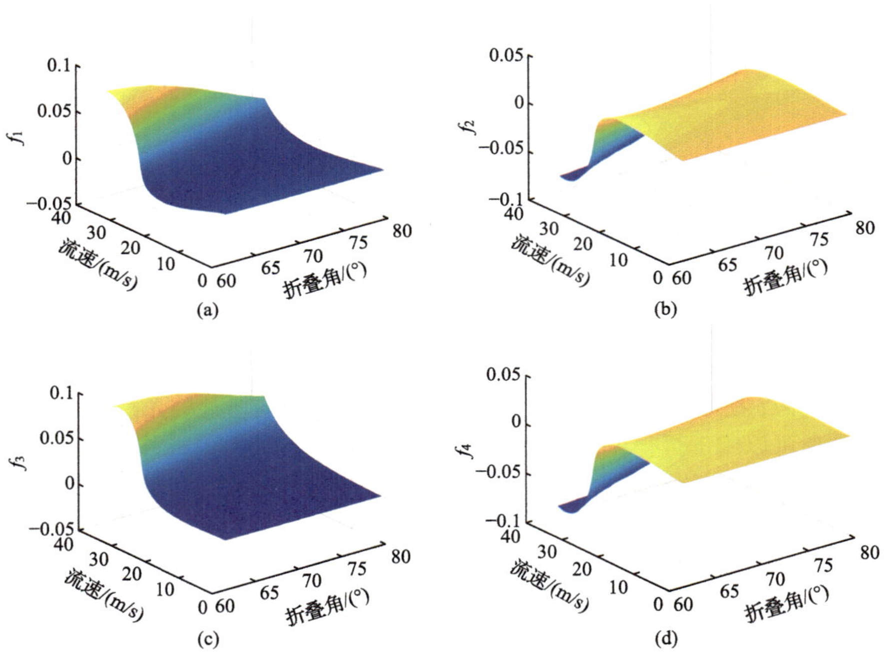

图 7.3.10　速度增益随流速和折叠角的变化($62° \leqslant \theta \leqslant 80°$)

出了折叠角 $\theta = 20°$ 和流速 $U_\infty = 29.8\text{m/s}$ 下的开环和闭环 ASE 响应的比较。图 7.3.12 给出了后缘控制面的指令偏转。在低于颤振速度下开环系统本身就是稳定的，启动颤振主动抑制系统后的闭环系统也是稳定的。

为了验证基于导纳的控制方法的有效性，研究了折叠翼在开环颤振速度以上的闭环 ASE 行为。图 7.3.13 给出了折叠翼在 $U_\infty = 36.4\text{m/s}$ 下的开环和闭环 ASE 响应。图 7.3.14 给出了后缘控制面的指令偏转。如图 7.3.13 所示，在 $U_\infty = 36.4\text{m/s}$ 下，系统发生了颤振现象，通过基于导纳的主动控制的作用，成功抑制了颤振。

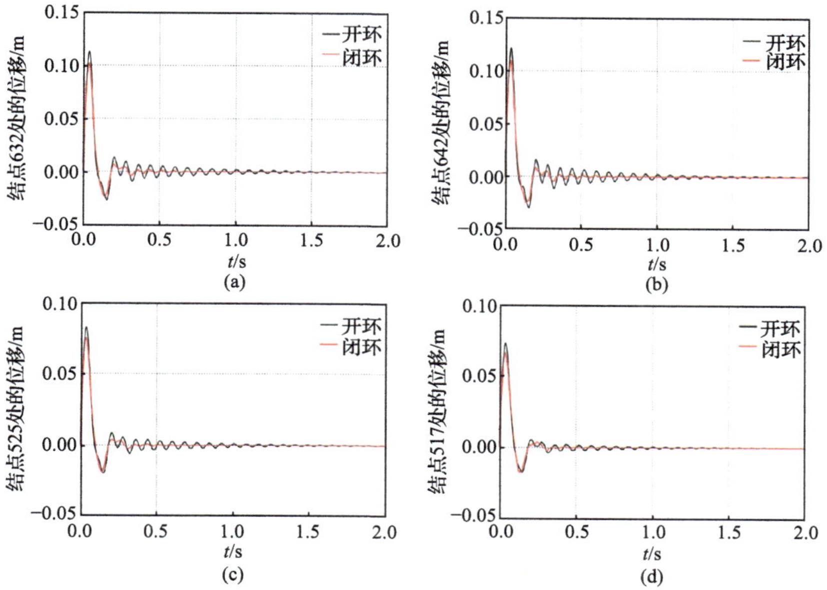

图 7.3.11　$\theta=20°$ 和 $U_\infty=29.8\text{m/s}$ 下的气动弹性响应

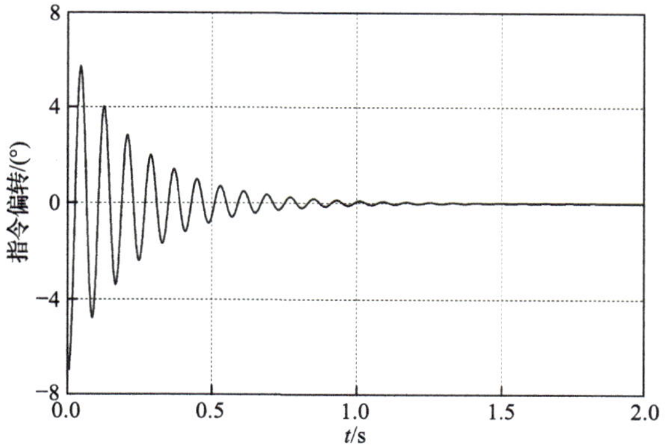

图 7.3.12　$\theta=20°$ 和 $U_\infty=29.8\text{m/s}$ 下的控制面指令偏转

图 7.3.14 给出的控制面指令偏转信号表明，当后缘控制面的最大偏转命令小于10°时，主动颤振抑制所需的能量在可接受的范围内。

为了揭示折叠翼在不同流速下的 ASE 行为，图 7.3.15 给出了折叠翼在折叠角 $\theta=20°$、$\theta=55°$ 和 $\theta=70°$ 下的开环和闭环系统根轨迹。这些结果表明，基于导纳的控制在增加颤振模态的阻尼比的同时又不影响其他模态。因此，基于导纳方法综合出的主动气动弹性控制律可以有效抑制气动弹性振动，并在给定的折叠角下扩展折叠翼的颤振边界。

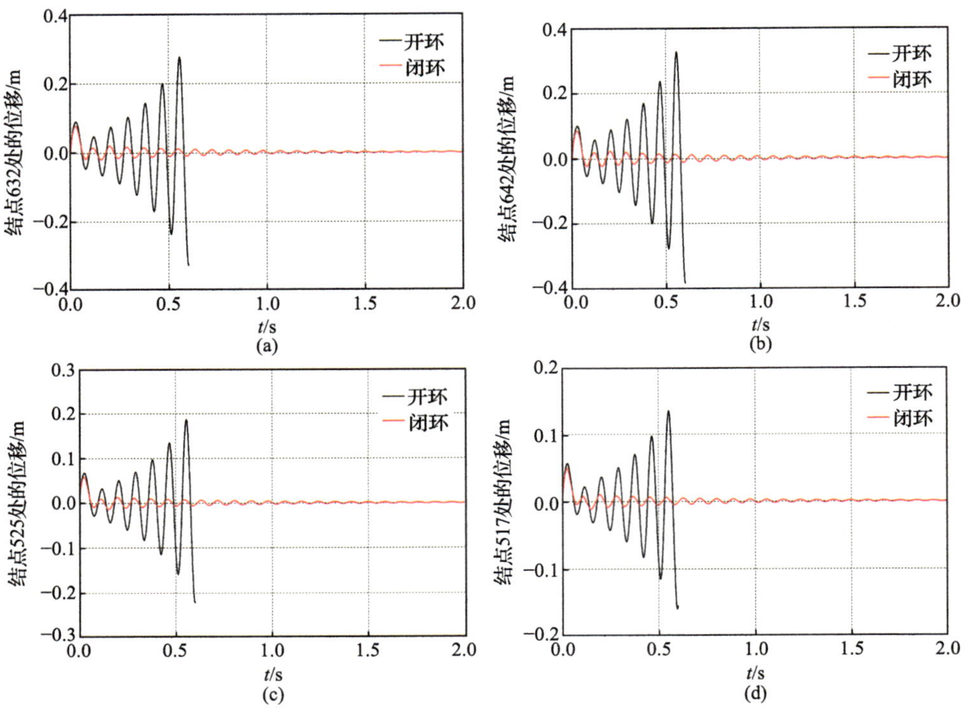

图 7.3.13　$\theta = 20°$ 和 $U_\infty = 36.4\text{m/s}$ 下的气动弹性响应

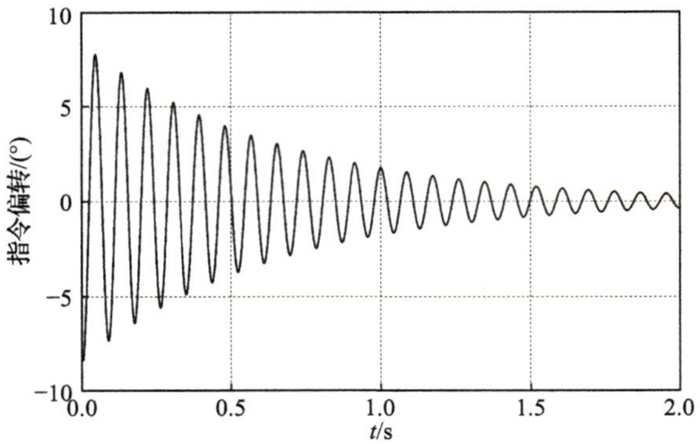

图 7.3.14　$\theta = 20°$ 和 $U_\infty = 36.4\text{m/s}$ 下的控制面指令偏转

最后，验证参数化主动气动弹性控制在给定折叠角变化范围内的颤振边界扩展功能。图 7.3.16 给出了 $\theta = 0°$ 和 $\theta = 80°$ 折叠角范围内折叠翼的开环和闭环颤振边界的比较。很明显，在大多数折叠角范围内，开环颤振边界增加了 13%以上。此外，由于颤振模态的切换，闭环颤振速度也出现了一个急剧下降的凹坑。

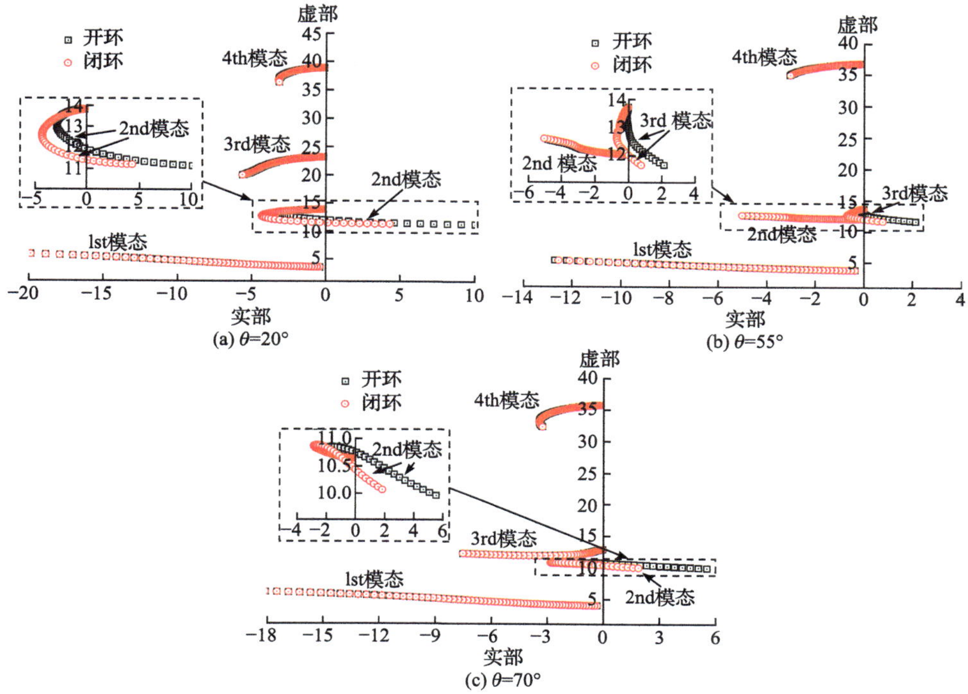

(a) θ=20°　(b) θ=55°　(c) θ=70°

图 7.3.15　开环和闭环系统根轨迹的比较

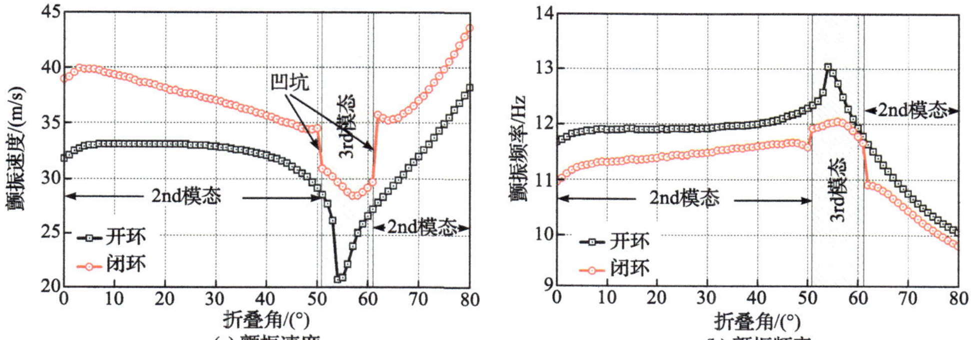

(a) 颤振速度　(b) 颤振频率

图 7.3.16　折叠翼的开环和闭环颤振边界

7.4　本 章 小 结

本章根据变体机翼可具有不同构型这一特点，将参数化 ASE 建模方法与基于导纳的控制策略相结合，提出了一种参数化主动气动弹性控制律的设计方法，实现了折叠翼在不同折叠角下的颤振主动抑制功能。尽管折叠翼的动力学行为对变体运动的控制参数很敏感，但在较宽的折叠角和流速范围内，作者给出的设计方法可以获得控制增益的光滑演变，保证了主动气动弹性控制能够随着参数的变化实现光滑切换。所设计的参数化控制律扩大了折叠翼的颤振边界，不会在控制律转换期间激发不期望的振动。本章的主要目的是给出一种基于导纳的参变气动弹性系统控制律的设计方法。在后续研究中，控制器的设计可考虑使用便于获取的加速度信号。

参 考 文 献

[1] Weisshaar T A. Morphing aircraft systems: historical perspectives and future challenges. Journal of Aircraft, 2013, 50(2): 337-353.

[2] Verstraete M L, Roccia B A, Mook D T, et al. A co-simulation methodology to simulate the nonlinear aeroelastic behavior of a folding-wing concept in different flight configurations. Nonlinear Dynamics, 2019, 98:907-927.

[3] Mukhopadhyay V. Transonic flutter suppression control law design and wind-tunnel test results. Journal of Guidance Control and Dynamics, 2000, 23 (5):930-937.

[4] Behal A, Rao V M, Marzocca P, et al. Adaptive control for a nonlinear wing section with multiple flaps. Journal of Guidance Control and Dynamics, 2006, 29 (3):744-749.

[5] Huang R, Hu H Y, Zhao Y H. Designing active flutter suppression for high-dimensional aeroelastic systems involving a control delay. Journal of Fluids and Structures, 2012, 34:33-50.

[6] Huang R, Hu H Y, Zhao Y H. Single-input/single-output adaptive flutter suppression of a three-dimensional aeroelastic system. Journal of Guidance Control and Dynamics, 2012, 35 (2):659-665.

[7] Huang R, Qian W, Hu H Y, et al. Design of active flutter suppression and wind-tunnel tests of a wing model involving a control delay. Journal of Fluids and Structures, 2015, 55:409-427.

[8] Huang R, Zhao Y H, Hu H Y. Wind-tunnel tests for active flutter control and closed-loop flutter identification. AIAA Journal, 2016, 54 (7):2089-2099.

[9] Liu H J, Zhao Y H, Hu H Y. Adaptive flutter suppression for a fighter wing via recurrent neural networks over a wide transonic range. International Journal of Aerospace Engineering, 2016, 2016: 7673146.

[10] Zeng J, Kukreja S, Moulin B. Experimental model-based aeroelastic control for flutter suppression and gust-load alleviation. Journal of Guidance Control and Dynamics, 2012, 35(5): 1377-1390.

[11] Haghighat S, Liu H T, Martins J R. Model-predictive gust load alleviation controller for a highly flexible aircraft. Journal of Guidance Control and Dynamics, 2012, 35(6):1751-1766.

[12] Fonte F, Ricci S, Mantegazza P. Gust load alleviation for a regional aircraft through a static output feedback. Journal of Aircraft, 2015, 52(5):1559-1574.

[13] Liu H, Wang X. Aeroservoelastic design of piezo-composite wings for gust load alleviation. Journal of Fluids and Structures, 2019, 88:83-99.

[14] Mokrani B, Palazzo F, Mottershead J E, et al. Multiple-input multiple-output experimental aeroelastic control using a receptance-based method. AIAA Journal, 2019, 57(7): 3066-3077.

[15] Singh K V, McDonough L A, Kolonay R, et al. Receptance-based active aeroelastic control using

multiple control surfaces. Journal of Aircraft, 2014, 51(1):335-342.
[16] Papatheou E, Tantaroudas N D, Ronch A D, et al. Active control for flutter suppression: an experimental investigation. International Forum on Aeroelasticity and Structural Dynamics, 2013.
[17] Zhao Y H, Hu H Y. Parameterized aeroelastic modeling and flutter analysis for a folding wing. Journal of Sound and Vibration, 2012, 331(2):308-324.
[18] Ram Y M, Mottershead J E. Receptance method in active vibration control. AIAA Journal, 2007, 45(3):562-567.
[19] Ram Y M, Mottershead J E. Multiple-input active vibration control by partial pole placement using the method of receptances. Mechanical Systems and Signal Processing, 2013, 40(2): 727-735.
[20] Huang R, Yang Z J, Yao X J, et al. Parameterized modeling methodology for efficient aeroservoelastic analysis of a morphing wing. AIAA Journal, 2019, 57(12):5543-5552.

附录 A　切向数据格式

根据式(2.2.4)中的原始采样数据生成式(2.2.5)和式(2.2.6)中的切向数据。采用交替取点的划分方案，右切向和左切向数据集的数据量分别为

$$\overline{n}=2f+1\ ,\ \ \underline{n}=2(N-f) \tag{A.1}$$

式中，$f=\text{floor}(N/2)$，floor 表示向负实轴方向取整。

式(2.2.5)中的右切向数据按照以下规则生成

$$\lambda_1=0,\ \lambda_{2i}=\mathrm{i}k_{2i},\ \lambda_{2i+1}=-\mathrm{i}k_{2i} \tag{A.2}$$

$$\boldsymbol{r}_1=(\boldsymbol{I}_m)_1,\ \boldsymbol{r}_{2i}=(\boldsymbol{I}_m)_j,\ \boldsymbol{r}_{2i+1}=(\boldsymbol{I}_m)_j \tag{A.3}$$

$$\boldsymbol{w}_1=(\boldsymbol{Q}_0)_1,\ \boldsymbol{w}_{2i}=(\boldsymbol{Q}_{2i})_j,\ \boldsymbol{w}_{2i+1}=(\overline{\boldsymbol{Q}}_{2i})_j \tag{A.4}$$

式中，$i=1,\cdots,f$，$j=\text{mod}(i,m)+1$，mod 为取余数。$\boldsymbol{I}_m$ 为 m 阶单位矩阵，$(\ )_j$ 表示取矩阵的第 j 列。式(2.2.6)中的左切向数据按照以下规则生成

$$\mu_{2i-1}=\mathrm{i}k_{2i-1},\qquad \mu_{2i}=-\mathrm{i}k_{2i-1} \tag{A.5}$$

$$\boldsymbol{l}_{2i-1}=(\boldsymbol{I}_q)_j,\qquad \boldsymbol{l}_{2i}=(\boldsymbol{I}_q)_j \tag{A.6}$$

$$\boldsymbol{v}_{2i-1}=(\boldsymbol{Q}_{2i-1}^{\mathrm{T}})_j,\qquad \boldsymbol{v}_{2i}=(\overline{\boldsymbol{Q}}_{2i-1}^{\mathrm{T}})_j \tag{A.7}$$

式中，$i=1,\cdots,N-f$，$j=\text{mod}(i-1,q)+1$。$\boldsymbol{I}_q$ 为 q 阶单位矩阵。

附录 B　切向插值条件成立的证明

切向插值条件成立的证明如下。

1. $\boldsymbol{Y}$ 和 $\boldsymbol{X}$ 的性质

(1) 根据 SVD 的特点可知，$\boldsymbol{Y}$ 的列向量构成$[\mathbb{L}\quad \mathbb{L}_{\mathrm{s}}]$列空间的标准正交基，$\boldsymbol{X}$ 的列向量构成$[\mathbb{L}^*\quad \mathbb{L}_{\mathrm{s}}^*]$列空间的标准正交基。因此有

$$\operatorname{span}\boldsymbol{Y}=\operatorname{span}[\mathbb{L}\quad \mathbb{L}_{\mathrm{s}}]，\ \operatorname{span}\boldsymbol{X}=\operatorname{span}[\mathbb{L}^*\quad \mathbb{L}_{\mathrm{s}}^*] \tag{B.1}$$

(2) 考察$\mathbb{L}$、$\mathbb{L}_{\mathrm{s}}$和$\mathbb{L}^*$、$\mathbb{L}_{\mathrm{s}}^*$的列空间，并根据式(2.2.18)考察$\boldsymbol{V}$、$\boldsymbol{W}$的列空间，可知以下包含关系成立

$$\operatorname{span}\mathbb{L}，\ \operatorname{span}\mathbb{L}_{\mathrm{s}}，\ \operatorname{span}\boldsymbol{V}\subseteq\operatorname{span}[\mathbb{L}\quad \mathbb{L}_{\mathrm{s}}] \tag{B.2}$$

$$\operatorname{span}\mathbb{L}^*，\ \operatorname{span}\mathbb{L}_{\mathrm{s}}^*，\ \operatorname{span}\boldsymbol{W}^*\subseteq\operatorname{span}[\mathbb{L}^*\quad \mathbb{L}_{\mathrm{s}}^*] \tag{B.3}$$

(3) 由$\boldsymbol{Y}^*\boldsymbol{Y}=\boldsymbol{I}_n$可知，对于$\forall \boldsymbol{z}\in\operatorname{span}\boldsymbol{Y}$，都有$\boldsymbol{YY}^*\boldsymbol{z}=\boldsymbol{z}$。类似地，由$\boldsymbol{X}^*\boldsymbol{X}=\boldsymbol{I}_n$可知，对于$\forall \boldsymbol{z}^*\in\operatorname{span}\boldsymbol{X}$，都有$\boldsymbol{zXX}^*=\boldsymbol{z}$。以上结论应用于(2)中的各矩阵并代入(1)中的关系，可推出由式(2.2.23)中 SVD 得到的矩阵$\boldsymbol{Y}$和$\boldsymbol{X}$使下列等式成立

$$\boldsymbol{YY}^*\mathbb{L}=\mathbb{L}，\ \boldsymbol{YY}^*\mathbb{L}_{\mathrm{s}}=\mathbb{L}_{\mathrm{s}}，\ \boldsymbol{YY}^*\boldsymbol{V}=\boldsymbol{V} \tag{B.4}$$

$$\mathbb{L}\boldsymbol{XX}^*=\mathbb{L}，\ \mathbb{L}_{\mathrm{s}}\boldsymbol{XX}^*=\mathbb{L}_{\mathrm{s}}，\ \boldsymbol{WXX}^*=\boldsymbol{W} \tag{B.5}$$

2. 正则性说明

对于$\forall x\in\{\lambda_i\}\cup\{\mu_j\}$，利用 1.中的结果进行如下推导

$$\boldsymbol{Y}(x\boldsymbol{E}-\boldsymbol{A})\boldsymbol{X}^*=-\boldsymbol{YY}^*(x\mathbb{L}-\mathbb{L}_{\mathrm{s}})\boldsymbol{XX}^*=-(x\mathbb{L}-\mathbb{L}_{\mathrm{s}}) \tag{B.6}$$

由于$(x\boldsymbol{E}-\boldsymbol{A})$左乘列满秩的$\boldsymbol{Y}$和右乘行满秩的$\boldsymbol{X}^*$后秩不变，结合式(2.2.22)可得

$$\operatorname{rank}(x\boldsymbol{E}-\boldsymbol{A})=\operatorname{rank}\boldsymbol{Y}(x\boldsymbol{E}-\boldsymbol{A})\boldsymbol{X}^*=\operatorname{rank}(x\mathbb{L}-\mathbb{L}_{\mathrm{s}})=n \tag{B.7}$$

矩阵$(x\boldsymbol{E}-\boldsymbol{A})$非奇异，因此矩阵束$(\boldsymbol{A},\boldsymbol{E})$是正则的。另外，$\{\lambda_i\}\cup\{\mu_j\}$中的点均不为系统的极点。

3. $\boldsymbol{Y}$ 和 $\boldsymbol{X}$ 的展开

利用 1 中的结果和式(2.2.18)，可推出如下关系式成立

$$\boldsymbol{MYE} - \boldsymbol{YA} = (\boldsymbol{YY}^* \mathbb{L}_s - \boldsymbol{MYY}^* \mathbb{L})\boldsymbol{X} = (\mathbb{L}_s - \boldsymbol{M}\mathbb{L})\boldsymbol{X} = \boldsymbol{LWX} = \boldsymbol{LC} \tag{B.8}$$

$$\boldsymbol{EX}^* \boldsymbol{\Lambda} - \boldsymbol{AX}^* = \boldsymbol{Y}^*(\mathbb{L}_s \boldsymbol{XX}^* - \mathbb{L}\boldsymbol{XX}^* \boldsymbol{\Lambda}) = \boldsymbol{Y}^*(\mathbb{L}_s - \mathbb{L}\boldsymbol{\Lambda}) = \boldsymbol{Y}^* \boldsymbol{VR} = \boldsymbol{BR} \tag{B.9}$$

注意 $\boldsymbol{MYE} - \boldsymbol{YA} = \boldsymbol{LC}$ 和 $\boldsymbol{EX}^*\boldsymbol{\Lambda} - \boldsymbol{AX}^* = \boldsymbol{BR}$ 分别可看作以 $\boldsymbol{Y}$ 和 $\boldsymbol{X}^*$ 为未知量的广义 Sylvester 方程。由于矩阵束 $(\boldsymbol{A}, \boldsymbol{E})$ 正则，以及 $\{\lambda_i\}$ 和 $\{\mu_j\}$ 均不为 $(\boldsymbol{A}, \boldsymbol{E})$ 的特征值，这两个方程有唯一解。易验证以下 $\boldsymbol{Y}$ 和 $\boldsymbol{X}^*$ 满足上述广义 Sylvester 方程，因此下式即为 $\boldsymbol{Y}$ 和 $\boldsymbol{X}^*$ 的展开式

$$\boldsymbol{Y} = \begin{bmatrix} \boldsymbol{l}_1^{\mathrm{T}} \boldsymbol{C}(\mu_1 \boldsymbol{E} - \boldsymbol{A})^{-1} \\ \vdots \\ \boldsymbol{l}_{\underline{n}}^{\mathrm{T}} \boldsymbol{C}(\mu_{\underline{n}} \boldsymbol{E} - \boldsymbol{A})^{-1} \end{bmatrix}, \quad \boldsymbol{X}^* = \begin{bmatrix} (\lambda_1 \boldsymbol{E} - \boldsymbol{A})^{-1} \boldsymbol{B}\boldsymbol{r}_1 & \cdots & (\lambda_{\overline{n}} \boldsymbol{E} - \boldsymbol{A})^{-1} \boldsymbol{B}\boldsymbol{r}_{\overline{n}} \end{bmatrix} \tag{B.10}$$

上面的展开式表明 $\boldsymbol{Y}$ 和 $\boldsymbol{X}^*$ 分别为所构建的系统在采样点处的广义切向能观和能控性矩阵。

4. 切向插值

得到 1.和 3.中的结果后，进行如下推导，即证明由式(2.2.24)构造的系统传递函数的右切向和左切向插值条件满足

$$\boldsymbol{C}(\lambda_i \boldsymbol{E} - \boldsymbol{A})^{-1} \boldsymbol{B}\boldsymbol{r}_i = \boldsymbol{CX}^* \boldsymbol{e}_i = \boldsymbol{WXX}^* \boldsymbol{e}_i = \boldsymbol{W}\boldsymbol{e}_i = \boldsymbol{w}_i\,, \quad i = 1, \cdots, \overline{n} \tag{B.11}$$

$$\boldsymbol{l}_j^{\mathrm{T}} \boldsymbol{C}(\mu_j \boldsymbol{E} - \boldsymbol{A})^{-1} \boldsymbol{B} = \boldsymbol{e}_j^{\mathrm{T}} \boldsymbol{YB} = \boldsymbol{e}_j^{\mathrm{T}} \boldsymbol{YY}^* \boldsymbol{V} = \boldsymbol{e}_j^{\mathrm{T}} \boldsymbol{V} = \boldsymbol{v}_j^{\mathrm{T}}\,, \quad j = 1, \cdots, \underline{n} \tag{B.12}$$

式中，$\boldsymbol{e}_i \in \mathbb{R}^{\overline{n}}$，$\boldsymbol{e}_j \in \mathbb{R}^{\underline{n}}$ 为选择向量，第 i 或 j 个元素为 1，其余为 0。

附录 C　实 Loewner 矩阵的构造方法

根据附录 A 中生成的切向数据构造式(2.2.37)和式(2.2.38)中的酉矩阵 $\boldsymbol{G}$ 和 $\boldsymbol{P}$，表示如下

$$\boldsymbol{G}=\text{blockdiag}(1 \quad \underbrace{\boldsymbol{T} \quad \cdots \quad \boldsymbol{T}}_{f}) \tag{C.1}$$

$$\boldsymbol{P}=\text{blockdiag}(\underbrace{\boldsymbol{T} \quad \boldsymbol{T} \quad \cdots \quad \boldsymbol{T}}_{N-f}) \tag{C.2}$$

式中

$$\boldsymbol{T}=\frac{1}{\sqrt{2}}\begin{bmatrix} 1 & 1 \\ \mathrm{i} & -\mathrm{i} \end{bmatrix} \tag{C.3}$$

右切向数据构成的实矩阵为

$$\boldsymbol{\Lambda}_{\mathrm{R}}=\text{blockdiag}(0 \quad \boldsymbol{\Lambda}_1 \quad \cdots \quad \boldsymbol{\Lambda}_f) \tag{C.4}$$

$$\boldsymbol{R}_{\mathrm{R}}=\left[(\boldsymbol{I}_m)_1 \quad \boldsymbol{R}_1 \quad \cdots \quad \boldsymbol{R}_f\right] \tag{C.5}$$

$$\boldsymbol{W}_{\mathrm{R}}=\left[(\boldsymbol{Q}_0)_1 \quad \boldsymbol{W}_1 \quad \cdots \quad \boldsymbol{W}_f\right] \tag{C.6}$$

式中

$$\boldsymbol{\Lambda}_i=\begin{bmatrix} 0 & k_{2i} \\ -k_{2i} & 0 \end{bmatrix}, \quad \boldsymbol{R}_i=\sqrt{2}\left[(\boldsymbol{I}_m)_j \quad \boldsymbol{0}\right] \tag{C.7}$$

$$\boldsymbol{W}_i=\sqrt{2}\left[\mathrm{Re}(\boldsymbol{Q}_{2i})_j \quad \mathrm{Im}(\boldsymbol{Q}_{2i})_j\right] \tag{C.8}$$

$$i=1,\cdots,f, \quad j=\mathrm{mod}(i,m)+1 \tag{C.9}$$

左切向数据构成的实矩阵为

$$\boldsymbol{M}_{\mathrm{R}}=\text{blockdiag}(\boldsymbol{M}_1 \quad \cdots \quad \boldsymbol{M}_{N-f}) \tag{C.10}$$

$$\boldsymbol{L}_{\mathrm{R}}^{\mathrm{T}}=[\boldsymbol{L}_1 \quad \cdots \quad \boldsymbol{L}_{N-f}] \tag{C.11}$$

$$\boldsymbol{V}_{\mathrm{R}}^{\mathrm{T}}=[\boldsymbol{V}_1 \quad \cdots \quad \boldsymbol{V}_{N-f}] \tag{C.12}$$

式中

$$\boldsymbol{M}_i=\begin{bmatrix} 0 & k_{2i-1} \\ -k_{2i-1} & 0 \end{bmatrix}, \quad \boldsymbol{L}_i=\sqrt{2}\left[(\boldsymbol{I}_q)_j \quad \boldsymbol{0}\right] \tag{C.13}$$

$$V_i = \sqrt{2}\begin{bmatrix}\mathrm{Re}(\boldsymbol{Q}_{2i-1}^{\mathrm{T}})_j & -\mathrm{Im}(\boldsymbol{Q}_{2i-1}^{\mathrm{T}})_j\end{bmatrix} \tag{C.14}$$

$$i = 1,\cdots,N-f\,,\quad j = \mathrm{mod}(i-1,q)+1 \tag{C.15}$$

注意到 $\boldsymbol{\Lambda}_{\mathrm{R}}$ 和 $\boldsymbol{M}_{\mathrm{R}}$ 并非对角阵而 $\boldsymbol{\Lambda}_{\mathrm{R}}^2$ 和 $\boldsymbol{M}_{\mathrm{R}}^2$ 是对角阵。为了高效计算实 Loewner 矩阵，希望将式(2.2.39)和式(2.2.40)中 Sylvester 方程的系数矩阵转换成对角阵的形式。对式(2.2.39)的两端分别左乘 $\boldsymbol{M}_{\mathrm{R}}$ 以及右乘 $\boldsymbol{\Lambda}_{\mathrm{R}}$，然后将结果相加，式(2.2.40)也进行类似的处理，得到如下 Sylvester 方程用于快速求解实 Loewner 矩阵

$$\boldsymbol{M}_{\mathrm{R}}^2\mathbb{L}_{\mathrm{R}} - \mathbb{L}_{\mathrm{R}}\boldsymbol{\Lambda}_{\mathrm{R}}^2 = \boldsymbol{N}_{\mathrm{R}} \tag{C.16}$$

$$\boldsymbol{M}_{\mathrm{R}}^2\mathbb{L}_{\mathrm{Rs}} - \mathbb{L}_{\mathrm{Rs}}\boldsymbol{\Lambda}_{\mathrm{R}}^2 = \boldsymbol{N}_{\mathrm{Rs}} \tag{C.17}$$

式中

$$\boldsymbol{N}_{\mathrm{R}} = \boldsymbol{M}_{\mathrm{R}}(\boldsymbol{V}_{\mathrm{R}}\boldsymbol{R}_{\mathrm{R}} - \boldsymbol{L}_{\mathrm{R}}\boldsymbol{W}_{\mathrm{R}}) + (\boldsymbol{V}_{\mathrm{R}}\boldsymbol{R}_{\mathrm{R}} - \boldsymbol{L}_{\mathrm{R}}\boldsymbol{W}_{\mathrm{R}})\boldsymbol{\Lambda}_{\mathrm{R}} \tag{C.18}$$

$$\boldsymbol{N}_{\mathrm{Rs}} = \boldsymbol{M}_{\mathrm{R}}(\boldsymbol{V}_{\mathrm{R}}\boldsymbol{R}_{\mathrm{R}} - \boldsymbol{L}_{\mathrm{R}}\boldsymbol{W}_{\mathrm{R}})\boldsymbol{\Lambda}_{\mathrm{R}} + \boldsymbol{M}_{\mathrm{R}}^2\boldsymbol{V}_{\mathrm{R}}\boldsymbol{R}_{\mathrm{R}} - \boldsymbol{L}_{\mathrm{R}}\boldsymbol{W}_{\mathrm{R}}\boldsymbol{\Lambda}_{\mathrm{R}}^2 \tag{C.19}$$